光谱滴定学

单　鹏　艾连峰　王　飞　著

U0395401

东北大学出版社
·沈　阳·

ⓒ 单　鹏　艾连峰　王　飞　2024

图书在版编目（CIP）数据

光谱滴定学 / 单鹏，艾连峰，王飞著. —沈阳：
东北大学出版社，2024.10. -- ISBN 978-7-5517-3547
-6

Ⅰ. O655.2

中国国家版本馆CIP数据核字第20243HW973号

出　版　者：东北大学出版社
　　　　　　地址：沈阳市和平区文化路三号巷11号
　　　　　　邮编：110819
　　　　　　电话：024-83683655（总编室）
　　　　　　　　　024-83687331（营销部）
　　　　　　网址：http://press.neu.edu.cn
印　刷　者：辽宁一诺广告印务有限公司
发　行　者：东北大学出版社
幅面尺寸：170 mm × 240 mm
印　　张：22.75
字　　数：400千字
出版时间：2024年10月第1版
印刷时间：2024年10月第1次印刷
责任编辑：邱　静
责任校对：高艳君
封面设计：潘正一
责任出版：初　茗

ISBN 978-7-5517-3547-6　　　　　　　　　　　定价：98.00元

前　言

可见光全谱滴定技术原创人王飞继2019年出版《化学光谱滴定技术》、2024年初出版《光谱滴定学在指示剂中的应用与解析》之后，邀请单鹏博士、艾连峰博士共同对滴定领域和化学反应中可见光全光谱滴定技术进行原理性提炼，建立"光谱滴定学"，共同撰写了《光谱滴定学》。

滴定分析技术是化学分析的基础，于1824年由法国化学家 Joseph Louis Gay-Lussac 建立人眼感知颜色改变、大脑分析记忆、语言形容表达"滴定终点"的滴定分析方法，至今已有200年历史，逐步演变为以感官滴定技术占主导地位、辅以电位滴定技术和温度滴定技术的分析体系。其中，电位滴定技术和温度滴定技术主要应用于纯净物质的测量，对于不同基质的需求，仍然以感官滴定技术为主而建立了庞大、悠久、系统的测量标准方法、应用体系。

局限于传统的感官滴定的测量过程，以眼睛为传感器、脑想象颜色信息、语言形容颜色，存在以颜色变化为滴定终点的痼疾：① 色评价环境条件苛刻，不具备感官评价判定条件。对于色评价条件（例如标准照明体类型、照度、显色指数、观察者、观察角度、背景色等条件），除非个别专业实验室，绝大多数实验室难以实现；感官评价的结果需要至少5名具备感官评价资格的专业人员共同评价，这在实际的滴定分析中是无法实现的。② 人的眼睛进化缺陷。受生物进化影响，眼睛是非理想光学器件，视网膜上只有3种锥形感光细胞，只能感受红色、蓝色和绿色光谱，无法感知其余全部可见光光谱，大脑感知的其他颜色是"虚拟"出来的，无法区分同色异谱现象。③ 反应终点判定依据的不确定性。反应终点结果描述的语言存在理解上的不确定性，同时，反应终点的颜色没有明确的参数用于判定，只能依靠个人感觉和理解。④ 无法量值溯源。依靠主观观察和记忆描述滴定过程的颜色变化，测量过程无法客观量值溯源，无法满足现代计量学的要求。⑤ 缺少检出限等方法学参数。

著者经过10余年的研究，遵从色度学原理、化学反应颜色变化原理，用可见光全光谱滴定技术（VSTT，简称光谱滴定技术）替代人眼感受、脑想象和语言形容的颜色测量过程，在滴定分析中建立了唯一一个中国人原创的学科——"光谱滴定学"。

本书是滴定分析领域唯一一部从学科的角度，系统研究了光谱滴定学的原理，确定了光谱滴定的概念与内涵，提炼出光谱滴定学基本规则，建立了光谱滴定分析中真实颜色信号的提取与滴定色变曲线方程公式的著作。

本书共分6章30节。第1章为"光与CIELAB色空间基本原理"，介绍了前人的研究成果与实验光学的基本概念，色度学基本测量原理与唯一一个真实颜色的测量方法CIE 1976（$L^*a^*b^*$）色空间（简称"CIELAB色空间"）相关参数的计算方法；第2章为"全光谱滴定静态化学溶液颜色标志量化分级方法"，介绍了静态化学溶液的颜色模型理论依据和计算原理，静态颜色体系的$L^*a^*b^*$量化分级模型（W_{1690}分级模型）和$L^*C_{ab}^*h_{ab}$量化分级模型（W_{4400}分级模型）及其应用；第3章为"光谱滴定学概述与原理"，介绍了著者创立的光谱滴定学的基本规则、光谱滴定方法的色变曲线S，S_δ，S_Δ和S_J系列计算公式；第4章为"全光谱滴定色变曲线的选择"，介绍了常用的全光谱滴定色变曲线参数选择、测量技术数据的有效性控制及计算方法；第5章为"光谱信号去噪分离技术处理系统"，介绍了光谱信号分离的重叠峰解析、小波变换原理、卡尔曼滤波（Kalman filter，KF）、Whittaker平滑器及基线校正，用试剂应用案例进行了分析；第6章为"人工滴定（感官滴定）与全光谱滴定"，介绍了感官滴定的缺陷与全光谱滴定应用前景。

本书由王飞邀请单鹏博士、艾连峰博士共同撰写。单鹏博士撰写了13万字，内容为第5章5.1节。艾连峰博士撰写了约21万字，内容为第1章、第2章、第3章3.3节第4章、第5章5.2节和第6章。王飞撰写了6万字，内容为第3章3.1节、3.2节、3.4节。

单鹏（1985—），男，中国科学院大学自动化研究所模式识别与智能系统专业，工学博士。东北大学秦皇岛分校控制工程学院副教授。十多年来一直从事机器学习、信号处理及人工智能在光谱信号分析中的应用研

究。主持国家级课题1项及省部级课题2项，参加出版著作1部，论文20篇，国内外授权专利7项。

艾连峰（1980—），男，分析化学硕士，细胞生物学博士。石家庄海关技术中心副主任，正高级工程师。曾获全国青年岗位能手、河北省五四青年提名奖、原国家质量监督检验检疫总局先进个人称号。现为河北省人民政府食品安全委员会专家、河北省食品安全标准审评委员会委员、河北省检验检疫学会副理事长、中国海关总署海关技术规范食品专业委员会委员。现主要从事质谱检测分析研究工作。近年来，主持省部级科研课题4项，获河北省科技进步奖二等奖2项，获河北省自然科学奖二等奖1项，获国家质检总局科技兴检三等奖1项；主持和作为主要完成人制定国家标准4项，检验检疫行业标准6项，参与制定国家标准7项；参与编写著作3部；发表论文30余篇；获得发明专利4件。

王飞（1964—），男，毕业于中国农业大学，本科学历，理学学士。秦皇岛海关技术中心正高级工程师。中国化学会会员，中国仪器仪表学会会员，中国仪器仪表学会分析仪器分会高级会员，石家庄海关科技委进出口食品安全专业技术组成员，河北科技师范学院校外导师。现主要从事光谱滴定学、全光谱滴定仪与光谱–电位–温度多维参数结构分析测量装置、全光谱测量技术、溶液中物质结构分析技术研究。用数字化、图形化的色变曲线坐标替代感官描述，有望继承、替代感官滴定的庞大理论与技术体系，发展为光谱滴定学新学科。基于光谱滴定理论，研制出系列光谱滴定仪，在食品、水、油、化学试剂的测量领域得到了验证和应用。承担省部级课题6项（主持2项），获得省部级科技进步奖一等奖、二等奖各1项，参加或独立出版著作4部，申请或授权国内外专利22个，主持或参加制定国家或行业标准16个，发表论文50篇。

需要说明的是，本书在出版分类上是"著"（"著"级别的原创部分要求

80%以上，要求高于"编著"和"编"。由于不是"编著"和"编"级别，所以没有编写人员，内容由作者共同完成）。按照《中华人民共和国著作权法》第二章第二节第十三条规定，"两人以上合作创作的作品，著作权由合作者共同享有"，即本书的著者（单鹏、艾连峰和王飞）享有共同的著作权，对本书的贡献等同，排名不分先后。

本书建立光谱滴定学是为了解决感官滴定不适应现代测量要求的问题。光谱滴定学是沿用感官辨色原理、用更科学的全光谱表征方法建立的客观测量方法，更直接地对化学反应过程的颜色变化提取全部或部分光谱信号建立色变滴定曲线，该曲线上的突变峰即颜色突变点。光谱滴定学适用于化学原理、结构分析、眼睛变色原理验证、化学滴定分析方法建立、指示剂光谱性能研究、新创立技术的联用与方法开发，在石油化工、无机化工品、医疗、食品、矿产、环保、医药、农林畜牧、海洋等各领域均有应用。

依据光谱滴定学原理研发的标准色评价条件滴定仪、全光谱滴定仪、化学反应形态可见光全光谱–电位–温度多维形态分析仪已经在水、农产品、标准物质、酒、食用油、矿石、指示剂等样品的检测与结构分析成功应用多年，取得了多项前辈未曾探索到的成果，为进一步研究溶液中物质结构提供了新的测量工具和技术。

本书抛砖引玉，为光谱滴定学建立了基础框架。局限于著者水平，光谱滴定学基础理论尚待补充和完善，书中难免存在疏漏之处，恳请同行专家及学者、读者批评指正，补充和完善光谱滴定学。

本书得到以下课题内容支持：

（1）海关总署科技项目（2020年，项目编号2020HK215）："基于光谱滴定理论的进出口食品快速检验技术及装备研发"；

（2）河北省科技支撑计划项目（2016年，项目编号16275519）："中国葡萄酒颜色数据库建立、分级模型研究及测量仪器研发"；

（3）海关总署科技项目（2020年，项目编号2020HK216）："进出口葡萄酒质量安全风险因子鉴定评估关键技术研究与应用"。

著　者

2024年1月

目 录

第1章
光与CIELAB色空间基本原理

1.1 光的基本概念

（1）可见光。波长在380～780 nm的电磁波叫可见光。

（2）单色光。具有单一波长的光叫单色光。

（3）复色光。不同波长的单色光混合而成的光叫复色光。

（4）光源。光源指能发出一定波长范围的电磁波（包括可见光与紫外线、红外线、X射线等不可见光）的物体。在可见光范围的光源定义是正在发出可见光的物体，"正在"这个条件必须具备。光源可以是天然的或人造的，可分为三类。第一类是通过热效应产生光的光源，如太阳、白炽灯。第二类是原子跃迁发光的光源，如荧光灯、高压汞灯。第三类是物质内部带电粒子加速运动产生光的光源，如同步加速器，它在工作时可发出同步辐射光。

（5）光线。由发光点发出的光抽象为能够传输能量的几何线叫光线，光线代表光的传播方向。

（6）波面。振动相位相同的各点在某一瞬间所构成的曲面叫波面。

（7）光束。与波面对应的法线束叫光束。

（8）光的色散。复色光分解为单色光的现象叫光的色散。

牛顿最先利用三棱镜观察到光的色散，把白光分解为彩色光带（光谱）。色散现象说明，光在介质中的折射率 n（或传播速度 $v=c/n$，c 是光速）随光的频率的不同而变化。

当光照到物体上时，一部分光被物体反射，一部分光被物体吸收，如果物体是透明的，还有一部分光透过物体。透过的光决定透明物体的颜色，反射的光决定不透明物体的颜色。不同物体对不同颜色的反射、吸收和透过的情况不同，因此呈现不同的色彩。比如红色的光照在一个绿色的物体上，那么物体显示的是黑色。因为绿色的物体只能反射绿色的光，而不能反射红色的光，所以把红色的光吸收了，就只能显示黑色了。物体表面如果是白色的，就反射所有颜色的光。

普通光由许多光子组成。在普通光的光谱中，光子的波长（或频率）、相位、偏振方向、传播方向不一致。激光（单色光）的所有光子都是相互关联的，即它们的波长（或频率）、相位、偏振方向、传播方向都一致。

电磁辐射的波长范围见图1.1。可见光辐射的光谱范围没有非常精确的界限，因为观察者的视网膜接收到的辐射功率和观察者的视觉灵敏度存在差异，见图1.2。

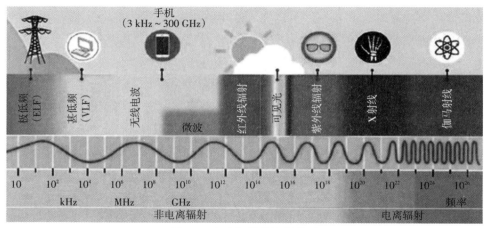

图1.1 电磁辐射的波长范围

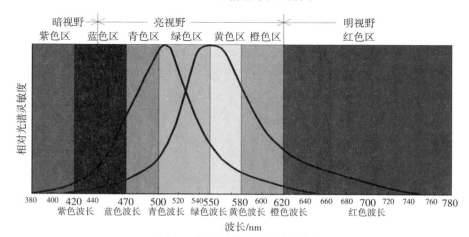

图1.2 人眼对光谱的灵敏度曲线

人眼是一种光学系统，能够在视网膜上产生图像。它由角膜、晶状体、虹膜以及玻璃体等组成，能够对以 10^5 系数变化的照明水平简单而快速地做出反应。人眼能够感知的最小照度为 10^{-12} lx（相当于夜空中黯淡的星光）。

为了能够感知光，人眼中包含锥状细胞和杆状细胞两种感光器：锥状细胞感受各种颜色（明视觉），在波长 555 nm 的黄绿光谱区域，其灵敏度最高；杆状细胞使人们看到黑白画面（夜间视觉），在波长 507 nm 的绿光谱区域，其灵敏度最高。光谱分类表见表 1.1。

表 1.1　紫外线、可见光、红外线光谱分类表

分类	波长范围	可见光分类		
		颜色分类	波长范围/nm	特征波长/nm
紫外线辐射 C（UV-C）	100 ~ 280 nm			
紫外线辐射 B（UV-B）	280 ~ 315 nm			
紫外线辐射 A（UV-A）	315 ~ 380 nm			
可见光（VL）	380 ~ 780 nm	紫色	380 ~ 420	420
		蓝色	420 ~ 470	470
		青色	470 ~ 500	500
		绿色	500 ~ 570	550
		黄色	570 ~ 600	580
		橙色	600 ~ 630	620
		红色	630 ~ 780	700
红外线 A（IR-A）	780 nm ~ 1.4 μm			
红外线 B（IR-B）	1.4 ~ 3 μm			
红外线 C（IR-C）	3 μm ~ 1 mm			

注：本书研究的光源是指人造物体热效应产生可见光的光源。表中各区间包括上限，不包括下限。

1.2　传统光学定律

1.2.1　光的反射定律

光的反射又称菲涅耳反射。除了金属之外，物质均有不同程度的菲涅耳效应。光的反射定律由法国物理学家菲涅耳（1788—1827）提出，他发现了反射或折射与视点角度之间的关系。

光的反射定律：光遇到任何物体的表面都会发生反射，入射光线、反射光线和分界面上入射点的法线三者在同一平面内。垂直于镜面的直线叫作法线；入射光线与法线的夹角叫作入射角；反射光线与法线的夹角叫作反射角。入射光线、反射光线分居法线两侧；反射角等于入射角。光的反射示意图见图1.3。

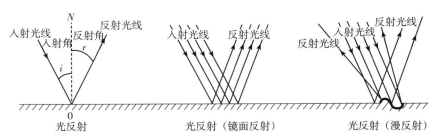

图1.3　光的反射示意图

反射在物理学中分为两种：镜面反射和漫反射。镜面反射发生在十分光滑的物体表面（如镜面）。两条平行光线在表面光滑的物体上反射过后仍处于平行状态。凹凸不平的物体表面（如磨砂玻璃）会将光线向着四面八方反射，这种反射叫作漫反射。大多数反射现象为漫反射。

光具有可逆性。光在反射现象中，光路是可逆的。

存在特殊情况，当光垂直入射时，入射角和反射角都是0，法线、入射光线、反射光线重合。

1.2.2　光的折射定律

1621年，荷兰科学家斯涅耳提出了光的折射定律。

（1）光的折射。光从一种介质射到另一种介质的平滑界面时，一部分被界面反射，另一部分进入界面，在另一种介质中发生折射。光线从一种介质斜射入另一种介质时，传播方向发生偏折的现象，称为光的折射。折射光线与法线的夹角叫作折射角。若射入的介质密度大于原本光线所在介质的密度，则折射角小于入射角；反之，则折射角大于入射角。若入射角为0，则折射角也为0。

（2）光的折射定律。折射光线与入射光线、法线处在同一平面内，折射光线与入射光线分别位于法线的两侧；入射角的正弦与折射角的正弦成正比，即

$$n_{12} = \frac{\sin \theta_1}{\sin \theta_2}$$

式中，n_{12}是比例常数，称为第二介质对第一介质的相对折射率。光的折射定律可由惠更斯原理推导出。

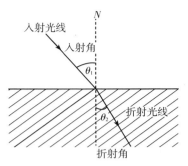

光的折射示意图见图1.4。

图1.4 光的折射示意图

1.2.3 最短光程原理（费马原理）

（1）光程。光线在介质中传播的几何距离L与介质折射率的乘积称为光程。

（2）费马原理。① 光线从一点传播到另一点，其光程为极值（极大、极小、常量）。② 两点间光线的实际路径是其光程平稳的路径。

利用费马原理，可以导出光的直线传播定律和反射定律、折射定律。

1.2.4 马吕斯定律

马吕斯定律是法国物理学家马吕斯在1808年阐述的一条几何光学的定律：光线束在各向同性的均匀介质中传播时，始终保持着与波面的正交性，并且入射波面与出射波面对应点之间的光程均为定值，见图1.5。

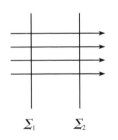  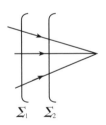

图1.5 马吕斯定律示意图

1.2.5 光的吸收定律

光的吸收是指溶液中发生化学反应的原子、离子、功能基团，由于结构的改变，对某段波长的光进行吸收，能量由低能态跃迁到高能态的现象。光的吸收有广泛的应用。根据物质的吸收光谱可得到高灵敏度的定性或定量化学分析方法，如吸收光谱分析、分光光度测定、比色法、光谱滴定等。吸收光谱的线型结合CIELAB色空间处理技术可用于帮助确定物质的化学结构。在光谱滴定实验中，通常用一束平行光照射在溶液中，测量发光强度随穿透距离的增加而衰减的现象。

物理学中有关光的吸收的定律有两个，分别是布格-朗伯定律和朗伯-比尔定律。

1.2.5.1　光的吸收定律（布格-朗伯定律）

1729年，皮埃尔·布格阐明了物质对光的吸收程度和吸收介质厚度之间的关系。对于光的吸收，重要的不是物质层的厚度，而是光通过的物质层中包含的吸收物质的质量。

1760年，朗伯在皮埃尔·布格实验的基础上，发现了吸收定律的数学规律：频率为γ、光强为I的单色准直光束，在物质中垂直经过厚度为dL的薄层时，光强的减弱dI正比于I与dL的乘积。

1.2.5.2　光的吸收定律（朗伯-比尔定律）

1852年，奥古斯特·比尔用实验结果证明，当一束平行单色光垂直通过某一均匀非散射的吸光物质时，其吸光度（A）与吸光物质的浓度（c）及吸收层厚度（L）成正比，即

$$A = \lg \frac{1}{T} = KLc$$

式中，　A——吸光度；

　　　　T——透射比，即透射光强度I与入射光强度I_0的比值；

　　　　K——摩尔吸光系数，它与吸收物质的性质及入射光的波长λ有关；

　　　　L——光在反应溶液中的测量距离，cm；

　　　　c——吸光物质的浓度，mol/L。

根据朗伯-比尔定律，当吸收介质厚度不变时，A与c应该成正比。但在实际测定时，标准曲线常会出现向浓度轴弯曲（负偏离）或者向吸光度轴弯曲（正偏离）的现象。偏离的主要原因是测定时的实际情况不完全符合使朗伯-比尔定律成立的前提条件。例如，物理因素的非单色光、非平行入射光、介质不均匀，以及化学因素的溶液浓度过高、反应的水解或解离。

1.2.5.3　光的吸收定律适用范围

布格-朗伯定律广泛成立，而朗伯-比尔定律则在许多情形下不成立。

朗伯-比尔定律必须满足下列全部条件：入射光为平行单色光且垂直照射，吸光物质为均匀非散射体系，吸光质点之间无相互作用，辐射与物质之间的作用仅限于光吸收（无荧光和光化学现象发生），吸光度为 0.2～0.8，适用于浓度小于 0.01 mol/L 的稀溶液。在实际中，化学反应不可能全部满足以上条件，这种情况叫偏离光吸收定律，即吸光度对溶液浓度作图所得的直线的截距不为 0 或吸光度与溶液浓度关系是非线性的现象。

偏离光吸收定律的成因有以下几种。

（1）单色光不单纯。入射光为一束波段很窄的谱带，当其光谱带的宽度大于吸收光谱带时，投射在试样上的光就产生非吸收影响。

（2）溶液性质引起的偏离。当溶液浓度高时，吸光粒子间的平均距离减小，受粒子间电荷分布相互作用的影响，溶液的摩尔吸光系数发生改变。

（3）溶质和溶剂的性质。溶质和溶剂相互作用，生色团和助色团发生相应的变化，使吸收光谱的波长朝长波长方向移动或朝短波长方向移动，即红移和蓝移。

（4）介质不均匀性。若被测溶液不均匀，是胶体溶液、乳浊液或悬浮液，则入射光通过溶液后，除了一部分被溶液吸收，还产生反射、散射而损失，导致透光率减小，透射比减小，实际测量吸光度增大，标准曲线偏离直线向吸光度轴弯曲。

（5）溶质的变化。化学反应的解离、缔合、生成络合物或溶剂化等使吸光度与浓度的比例关系发生变化。

（6）化学反应的呈色影响。溶液中有色质基团聚合与缔合，形成新的化合物或发生互变异构等化学变化，以及受到某些有色物质在光照下的化学分解、自身的氧化还原、干扰离子和显色剂的作用等。

在化学全光谱滴定中，采用连续同步测量技术，测量可见光光谱的吸光度、pH 值、加入试剂的体积、CIELAB 色空间的参数值，不受朗伯-比尔定律的限制，可以即时分析物质结构，用于滴定领域的全光谱滴定技术，为化学分析引入新的测量分析技术。

1.3　CIELAB色空间基本概念

CIELAB 色空间常用的基本概念主要有以下几种。

（1）色空间（color space）。表示颜色的三维空间叫色空间。

（2）均匀色空间（uniform color space）。能以相同距离表示相同知觉色差的色空间叫均匀色空间。

（3）CIELAB色空间（CIELAB color space）。该空间是CIE在1976年推荐的均匀色空间。该空间是三维直角坐标系统。

（4）明度（lightness）。明度是表示物体表面颜色明亮程度的视知觉特性值，以绝对白色和绝对黑色为基准给予分度。明度是颜色的三个属性之一。

（5）心理明度（psychrometric lightness）。在均匀色空间中，心理明度相当于明度的坐标。

（6）明度值。明度值指心理明度的值，用L^*表示。

（7）心理彩度坐标（psychrometric chroma coordinates）。在均匀色空间中，心理彩度坐标表示等明度面内的两个坐标。例如，在CIELAB色空间中的两个坐标a^*和b^*。

（8）红-绿色品指数值。样品在CIELAB色空间中的心理彩度坐标中左右方向轴上的值称为红-绿色品指数值，用a^*表示。

（9）黄-蓝色品指数值。样品在CIELAB色空间中的心理彩度坐标中前后方向轴上的值称为黄-蓝色品指数值，用b^*表示。

（10）彩度（chroma）。彩度是用距离等明度无彩色点的视知觉特性来表示物体表面颜色的浓淡，并给予分度。彩度是颜色的三个属性之一。

（11）彩度值。彩度值指彩度的值，用C_{ab}^*表示。

（12）色调（hue）。色调又称色相，表示红、黄、绿、蓝、紫等颜色的特性，用H^*表示。色调是颜色的三个属性之一。

（13）色调角。色调角指色调的值，用h_{ab}表示。

（14）色差（color difference）。色差是定量表示的色知觉差别，用ΔE表示。

（15）三刺激值（tristimulus values）。在三色系统中，与待测色刺激达到色匹配所需的三种参照色刺激的量称为三刺激值。在CIE 1964标准色度系统中，用X_{10}，Y_{10}，Z_{10}表示三刺激值。

（16）色匹配函数（color matching function）。色匹配函数指匹配等能光谱各波长所需的参考三刺激值X_{10}，Y_{10}，Z_{10}的一组归一化单色辐射三刺激值。

（17）CIE标准照明体（CIE standard illuminants）。CIE标准照明体是由国际照明委员会（Commission Internationale de l'Eclairage，CIE）规定的入射在

物体上的一个特定的相对光谱功率分布，包括标准照明体 D_{65}，相关色温约为 6504 K 的平均昼光。

（18）CIE 1964 标准色度观察者（CIE 1964 standard colorimetric observer）。CIE 1964 标准色度观察者指色度特性与 CIE 1964 标准色度系统中的色匹配函数 $\bar{x}_{10}(\lambda)$，$\bar{y}_{10}(\lambda)$，$\bar{z}_{10}(\lambda)$ 一致，适用于大于 4° 的视场范围。

（19）色刺激函数（color stimulus function）。色刺激以辐射亮度或辐射功率一类辐射度量作为波长函数的光谱密集度的表达式称为色刺激函数。

（20）相对色刺激函数（relative color stimulus function）。色刺激函数的相对光谱功率分布称为相对色刺激函数。

（21）光谱透射比（spectral transmittance）。物体透射的波长 λ 的辐通量或光通量与入射到物体表面的波长 λ 的辐通量或光通量之比称为光谱透射比，用 $\tau(\lambda)$ 表示。

（22）色刺激值（tristimulus value）。色刺激值是用三刺激值表示的色刺激性质的量。

CIE 1964 标准色度观察者中的色刺激值 X 用 X_{10} 表示。

CIE 1964 标准色度观察者中的色刺激值 Y 用 Y_{10} 表示。

CIE 1964 标准色度观察者中的色刺激值 Z 用 Z_{10} 表示。

（23）视觉作业（visual task）。在工作和活动中，对呈现在背景前的细部和目标的观察过程称为视觉作业。

（24）发光强度（luminous intensity）。发光体在给定方向上的发光强度是该发光体在该方向的立体角元 $d\Omega$ 内传输的光通量 $d\Phi$ 除以该立体角元所得之商，即单位立体角的光通量。其单位为坎德拉（cd），1 cd = 1 lm/sr。

（25）照度（illuminance）。照度是入射在包含该点的面元上的光通量 $d\Phi$ 除以该面元面积 dA 所得之商，单位为勒克斯（lx），1 lx = 1 lm/m^2。

（26）照度均匀度（uniformity ratio of illuminance）。照度均匀度是规定表面上的最小照度与平均照度之比，符号是 U_0。

（27）显色性（color rendering）。显色性指与参考标准光源相比较，光源显现物体颜色的特性。

（28）显色指数（color rendering index）。显色指数是光源显色性的度量，用被测光源下物体颜色和参考标准光源下物体颜色的相符合程度来表示。

（29）一般显色指数（general color rendering index）。一般显色指数是光

源对 CIE 规定的第 1~8 种标准颜色样品显色指数的平均值，通称显色指数，符号是 R_a。

（30）特殊显色指数（special color rendering index）。特殊显色指数是光源对国际照明委员会规定的第 9~15 种标准颜色样品的显色指数，符号是 R_i。

（31）色温（color temperature）。当光源的色品与某一温度下黑体的色品相同时，该黑体的绝对温度为此光源的色温，亦称色度，单位为开（K）。

（32）色品（chromaticity）。用国际照明委员会标准色度系统所表示的颜色性质称为色品。色品是由色品坐标定义的色刺激性质。

（33）色品图（chromaticity diagram）。色品图是表示颜色色品坐标的平面图。

（34）色品坐标（chromaticity coordinates）。色品坐标指每个三刺激值与其总和之比。在 CIE 1931-XYZ 系统中，由三刺激值可计算被测物的色品坐标 x，y，z。

（35）色容差（chromaticity tolerances）。色容差表征一批光源中各光源与光源额定色品的偏离，用颜色匹配标准偏差 SDCM 表示。

（36）反射比（reflectance）。在入射辐射的光谱组成、偏振状态和几何分布给定状态下，反射的辐射通量或光通量与入射的辐射通量或光通量之比称为反射比。

（37）光谱光效率函数（luminous efficiency）。人眼的视神经对各种不同波长的感光灵敏度差异。

（38）色变指数。引起全光谱滴定技术可测量变化的单位质量。

（39）指示剂色变指数。指示剂色变指数是反映溶液中单位指示剂引起反应的全光谱滴定技术可测量变化的量。

1.4　CIE 色度系统简介

颜色涉及物理学、生物学、心理学和材料学等多种学科，是人的大脑对物体的一种主观感觉，用数学方法来描述这种感觉是一件很困难的事。现在已经有很多有关颜色的理论、测量技术和标准，但是到目前为止，似乎还没有一种人类感知颜色的理论被普遍接受。

1.4.1　CIE色度系统发展历史

为了统一测量条件，建立一套界定和测量色彩的技术，国际光度委员会（International Photometric Commission，IPC）于1900年成立，1913年改为CIE，总部设在奥地利维也纳。CIE制定了一系列色度标准，一直沿用到现在。

CIE目前约有40个成员国单位，大会每4年举办一次，是与国际电工委员会（IEC）、国际标准化组织（ISO）享有同等知名度的国际化专业组织。CIE共有6个分部从事光和照明领域的研究。第一分部，视觉和颜色；第二分部，光与辐射的测量；第三分部，内部环境和照明设计；第四分部，交通照明和信号；第五分部，外部照明和其他应用；第六分部，光生物和光化学。原有第七分部（图像技术）在1999年并入其他分部。

CIE对光源、照明条件和观察条件也做了规定，建立了颜色测量原理、基本数据和计算方法，称为CIE标准色度系统。CIE标准色度系统的核心内容是用三刺激值及其派生参数来表示颜色，其原理是任何一种颜色都可以用三原色的量，即三刺激值来表示。选用不同的三原色，对于同一颜色将有不同的三刺激值。为了统一颜色表示方法，CIE对三原色做了规定。

光谱三刺激值或颜色匹配函数是用三刺激值表示颜色的极为重要的数据。对于同一组三原色，正常颜色视觉不同人测得的光谱三刺激值数据很接近。为了统一颜色的表示方法，CIE将测得的光谱三刺激值的平均数据作为标准数据，并称之为"标准色度观察者"。

对于物体色，光源、照明和观察条件对颜色有一定影响。CIE对三刺激值和色品坐标的计算方法做了规定。

CIE在1931年的第八次会议上提出和推荐了CIE 1931标准色度系统，它包括CIE 1931-RGB和CIE 1931-XYZ两个子系统。

1.4.2　CIE 1931-RGB系统

该系统以波长分别为7×10^{-7} m（红色）、5.461×10^{-7} m（绿色）和4.358×10^{-7} m（蓝色）的光谱色为三原色，并且分别用R，G，B表示。该系统规定，用上述三原色匹配等能白光（E光源）三刺激值相等。R，G，B的单位三刺激值的光亮度比为$1.000 : 4.5907 : 0.0601$，辐亮度比为$72.0962 : 1.3791 : 1.000$。

CIE 1931-RGB系统的光谱三刺激值由莱特实验和吉尔德实验数据换算为

既定三原色系统数据后的平均值来确定，并定名为"CIE 1931-RGB 系统标准色度观察者光谱三刺激值"（简称"CIE 1931-RGB 系统标准观察者"）。光谱三刺激值分别用 $\bar{r}(\lambda)$，$\bar{g}(\lambda)$ 和 $\bar{b}(\lambda)$ 表示。CIE 1931-RGB 系统的三刺激值图见图 1.6，CIE 1931-RGB 系统色品图见图 1.7。

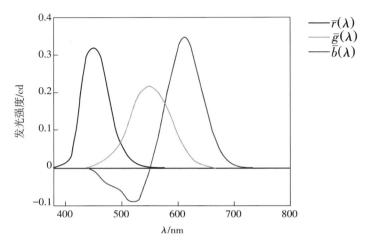

图 1.6　CIE 1931-RGB 系统的三刺激值图

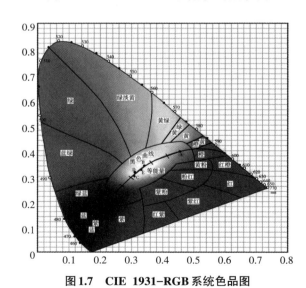

图 1.7　CIE 1931-RGB 系统色品图

　　RGB 模型采用物理三基色，其物理意义很清楚，但它是一种与设备相关的颜色模型。每一种设备（包括人眼和现在使用的扫描仪、监视器和打印机等）使用 RGB 模型时都有各自的定义，尽管各自工作很圆满、很直观，但不能通用。

CIE 1931-RGB 系统可以用来标定颜色和进行色度计算。但是该系统的光谱三刺激值存在负值，这既不便于计算，也难以理解。因此，CIE 同时推荐另一个色度系统，即 CIE 1931-XYZ 系统。CIE 1931-XYZ 系统是在 CIE 1931-RGB 系统的基础上，经重新选定三原色和数据变换而确定的。

1.4.3　CIE 1931-XYZ 系统

为了从基色出发定义一种与设备无关的颜色模型，根据视觉的数学模型和颜色匹配实验结果，CIE 制定了一个称为"CIE 1931 标准观察者"的规范，实际上是用三条曲线表示的一套颜色匹配函数，因此许多文献中称之为"CIE 1931 标准匹配函数"。在颜色匹配实验中，规定观察者的视野角度为 2°，因此也称该规范为"标准观察者的三基色刺激值曲线"。

1931 年 9 月，CIE 在 RGB 模型基础上，用数学的方法从真实的基色推导出理论的三基色，创建了一个新的颜色系统，使颜料、染料和印刷等工业能够明确指定产品的颜色。该系统的内容包含以下几项。

1.4.3.1　标准色度观察者标准

标准色度观察者标准是普通人眼对颜色的响应。该标准采用想象的 (X)，(Y)，(Z) 三原色，用颜色匹配函数表示。匹配物体反射色光所需的红、绿、蓝三原色的数量为物体三刺激值，即 X，Y，Z 也是物体色的色度值。物体色彩感觉形成四大要素是光源、有颜色物体、眼睛和大脑，物体三刺激值的计算涉及光源能量分布 $S(\lambda)$，物体表面反射性能 $\rho(\lambda)$，以及人眼的颜色视觉 $\bar{x}(\lambda)$，$\bar{y}(\lambda)$，$\bar{z}(\lambda)$ 三方面的特征参数。颜色匹配实验使用 2° 视野。用此三原色匹配等能光谱色，三刺激值均为正值。该系统的光谱三刺激值经标准化，定名为"CIE 1931 标准色度观察者光谱三刺激值"，简称"CIE 1931 标准色度观察者"。

1.4.3.2　标准光源

标准光源是用于比较颜色的光源规范。

1.4.3.3　CIE XYZ 基色系统

CIE XYZ 基色系统是与 RGB 相关的相像的基色系统，但更适用于颜色的计算。

1.4.3.4　CIE XYZ颜色空间

CIE XYZ颜色空间是一个由CIE XYZ基色系统导出的颜色空间，它把与颜色属性相关的X和Y从与明度属性相关的亮度Y中分离开。X，Y，Z三个分量中，X和Y代表的是色度，其中Y分量既可以代表亮度，也可以代表色度，三个分量的单位都是cd/m^2。

1.4.3.5　CIE色度图

CIE色度图是容易看到颜色之间关系的一种图。

在CIE 1931-XYZ系统中，(X) (Y) (Z)为三原色在CIE 1931-RGB系统色品图上色品点所形成的颜色三角形，选取色品图上光谱色色品轨迹上波长为$5.4 \times 10^{-7} \sim 7 \times 10^{-7}$ m段向两端延伸的直线作为新三原色色品点形成颜色三角形的(X) (Y)边。此线的色品坐标方程式为$r + 0.99g - 1 = 0$；选取靠近光谱色色品轨迹上波长为5.03×10^{-7} m的一条直线作为(X) (Y) (Z)三角形的(Y) (Z)边，其色品坐标方程式为$1.45r + 0.55g + 1 = 0$；选取色品图上的无亮度线作为(X) (Y) (Z)三角形的(X) (Z)边。

在CIE 1931-RGB系统中，三刺激值相等时三原色的光亮度比$L(R):L(G):L(B) = 1.000:4.5907:0.0601$。如果颜色$C$的色品坐标分别为$r$，$g$和$b$，其相对亮度$L(C)$可表示为：$L(C) = r + 4.5907g + 0.0601b$；若$C$点恰好在无亮度线上，即$L(C) = 0$，则有$r + 4.5907g + 0.0601b = 0$；把$b = 1 - r - g$代入上式，得$0.9399r + 4.5306g + 0.0601 = 0$。上式就是CIE 1931-RGB系统色品图上的无亮度线方程，也就是(X) (Y) (Z)三角形(X) (Z)边的方程。三个方程所代表的三条直线构成的三角形的顶点便是选定三原色(X)，(Y)，(Z)的色品点。通过解联立方程求得的(X)，(Y)，(Z)三原色在CIE 1931-RGB系统的色品坐标见表1.2。

表1.2　三原色在CIE 1931-RGB系统的色品坐标 (X)，(Y)，(Z)

坐标	r	g	b
(X)	1.2750	−0.2778	0.0028
(Y)	−1.7392	2.7671	−0.0279
(Z)	−0.7431	0.1409	1.6022

CIE 1931-RGB 系统和 CIE 1931-XYZ 系统的基本数据都是从莱特和吉尔德 2°视野实验数据换算求得的，因此它们只适用小视场（$w<4°$）情况下的颜色标定。

1.4.4　CIELAB 色空间相关参数的计算方法

1976 年，CIE 又召开了一次具有历史意义的会议，试图解决 CIE 1931-XYZ 系统中所存在的两个问题：使用明度和色度不容易解释物理刺激和颜色感知响应之间的关系和色度图上表示的两种颜色之间的距离与颜色观察者感知的变化不一致（感知均匀性问题，也就是颜色之间数字上的差别与视觉感知不一致）。

CIE 的专家们对该系统做了许多改进，包括 1964 年根据 10°视野的实验数据，添加了补充标准色度观察者的定义。为了解决颜色空间的感知均匀性问题，专家们对 CIE 1931-XYZ 系统进行了非线性变换，制定了两种颜色空间：一种是用于自照明的颜色空间，叫作 CIELUV；另一种是用于非自照明的颜色空间，即 CIELAB，见图 1.8。这两种颜色空间与颜色的感知更均匀，并且给出评估两种颜色近似程度的一种方法，允许使用数字量 ΔE 表示两种颜色之差。

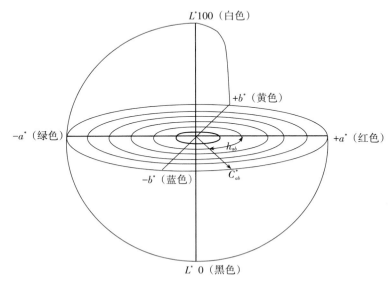

图1.8　非自照明的 CIELAB 色空间

L^*—明度值；a^*—红-绿色品指数值；

b^*—黄-蓝色品指数值；C_{ab}^*—彩度值；h_{ab}—色调角

1.5 CIELAB色空间相关参数的计算方法

1.5.1 色刺激函数计算公式

$$\varphi(\lambda) = \tau(\lambda)S(\lambda)$$

式中，$\varphi(\lambda)$——样品的三刺激值中的色刺激函数；

$\quad\quad\tau(\lambda)$——样品的光谱透射比，按照《物体色的测量方法》（GB/T 3979—2008）规定的方法，由吸光度的反对数计算得出；

$\quad\quad S(\lambda)$——CIE标准照明体的相对光谱功率分布因数，按照《标准照明体和几何条件》（GB/T 3978—2008）规定的D65取值。

1.5.2 样品的三刺激值X，Y，Z计算公式

$$X = k_{10}\sum_{380}^{780}\varphi(\lambda)\bar{x}_{10}(\lambda)\Delta\lambda$$

$$Y = k_{10}\sum_{380}^{780}\varphi(\lambda)\bar{y}_{10}(\lambda)\Delta\lambda$$

$$Z = k_{10}\sum_{380}^{780}\varphi(\lambda)\bar{z}_{10}(\lambda)\Delta\lambda$$

式中，$\quad X$，Y，Z——CIE 1931标准色度系统三刺激值；

$\bar{x}_{10}(\lambda)$，$\bar{y}_{10}(\lambda)$，$\bar{z}_{10}(\lambda)$——CIE 1964标准色度观察者的色匹配函数；

$\quad\quad k_{10}$——归一化系数；

$\quad\quad\Delta\lambda$——样品测量时的波长间隔，5 nm。

1.5.3 归一化系数计算公式

$$k_{10} = \frac{100}{\sum S(\lambda)\bar{y}_{10}(\lambda)\Delta\lambda}$$

改变k_{10}值，三刺激值也随之改变，k_{10}对三刺激值的数值有调节作用。为了使三刺激值有统一的尺度，CIE规定，光源色的Y刺激值为100。把光源色的Y刺激值定为100后，得到归一化系数k_{10}。

确定系数 k_{10} 后，物体色的 Y 刺激值计算公式为

$$Y = \frac{\sum S(\lambda)\bar{\beta}(\lambda)\bar{y}\Delta\lambda}{\sum S(\lambda)\bar{y}(\lambda)\Delta\lambda} \times 100 = \frac{\sum S(\lambda)\bar{\beta}(\lambda)V(\lambda)\Delta\lambda}{\sum S(\lambda)V(\lambda)\Delta\lambda} \times 100$$

式中，$V(\lambda)$——光谱光效率函数（或视见函数）。

1.5.4　明度值（L^*）计算公式

$$L^* = 116f\left(\frac{Y}{Y_{10}}\right) - 16$$

式中，L^*——样品在CIELAB色空间中的心理明度坐标值（也称明度值）；

Y_{10}——CIE 1964标准色度观察者的三刺激值。

当 $\dfrac{Y}{Y_{10}} > \left(\dfrac{24}{116}\right)^3$（即0.0088565）时，$f\left(\dfrac{Y}{Y_{10}}\right) = \left(\dfrac{Y}{Y_{10}}\right)^{\frac{1}{3}}$；

当 $\dfrac{Y}{Y_{10}} \leqslant \left(\dfrac{24}{116}\right)^3$（即0.0088565）时，$f\left(\dfrac{Y}{Y_{10}}\right) = \dfrac{841}{108} \cdot \dfrac{Y}{Y_{10}} + \dfrac{16}{116}$。

1.5.5　红-绿色品指数值（a^*）计算公式

$$a^* = 500\left[f\left(\frac{X}{X_{10}}\right) - f\left(\frac{Y}{Y_{10}}\right)\right]$$

式中，a^*——样品在CIELAB色空间中的心理彩度坐标值（也称红-绿色品指数值）；

X_{10}——CIE 1964标准色度观察者的三刺激值。

当 $\dfrac{X}{X_{10}} > \left(\dfrac{24}{116}\right)^3$（即0.0088565）时，$f\left(\dfrac{X}{X_{10}}\right) = \left(\dfrac{X}{X_{10}}\right)^{\frac{1}{3}}$；

当 $\dfrac{X}{X_{10}} \leqslant \left(\dfrac{24}{116}\right)^3$（即0.0088565）时，$f\left(\dfrac{X}{X_{10}}\right) = \dfrac{841}{108} \cdot \dfrac{X}{X_{10}} + \dfrac{16}{116}$；

当 $\dfrac{Y}{Y_{10}} > \left(\dfrac{24}{116}\right)^3$（即0.0088565）时，$f\left(\dfrac{Y}{Y_{10}}\right) = \left(\dfrac{Y}{Y_{10}}\right)^{\frac{1}{3}}$；

当 $\dfrac{Y}{Y_{10}} \leqslant \left(\dfrac{24}{116}\right)^3$（即0.0088565）时，$f\left(\dfrac{Y}{Y_{10}}\right) = \dfrac{841}{108} \cdot \dfrac{Y}{Y_{10}} + \dfrac{16}{116}$。

1.5.6　黄-蓝色品指数值(b^*)计算公式

$$b^* = 200\left[f\left(\frac{Y^*}{Y_{10}}\right) - f\left(\frac{Z}{Z_{10}}\right)\right]$$

式中，b^*——样品在CIELAB色空间中的心理彩度坐标值（也称黄-蓝色品指数值）；

Z_{10}——CIE 1964标准色度观察者的三刺激值。

当$\dfrac{Y}{Y_{10}} > \left(\dfrac{24}{116}\right)^3$（即0.0088565）时，$f\left(\dfrac{Y}{Y_{10}}\right) = \left(\dfrac{Y}{Y_{10}}\right)^{\frac{1}{3}}$；

当$\dfrac{Y}{Y_{10}} \leqslant \left(\dfrac{24}{116}\right)^3$（即0.0088565）时，$f\left(\dfrac{Y}{Y_{10}}\right) = \dfrac{841}{108} \cdot \dfrac{Y}{Y_{10}} + \dfrac{16}{116}$；

当$\dfrac{Z}{Z_{10}} > \left(\dfrac{24}{116}\right)^3$（即0.0088565）时，$f\left(\dfrac{Z}{Z_{10}}\right) = \left(\dfrac{Z}{Z_{10}}\right)^{\frac{1}{3}}$；

当$\dfrac{Z}{Z_{10}} \leqslant \left(\dfrac{24}{116}\right)^3$（即0.0088565）时，$f\left(\dfrac{Z}{Z_{10}}\right) = \dfrac{841}{108} \cdot \dfrac{Z}{Z_{10}} + \dfrac{16}{116}$。

1.5.7　彩度值$\left(C_{ab}^*\right)$计算公式

$$C_{ab}^* = \left[(a^*)^2 + (b^*)^2\right]^{\frac{1}{2}}$$

式中，C_{ab}^*——样品在CIELAB色空间的彩度值。

1.5.8　色调角（h_{ab}）计算公式

$$h_{ab} = \arctan\left(\frac{b^*}{a^*}\right)$$

式中，h_{ab}——样品在CIELAB色空间的色调角，rad或（°）。

1.5.9　色差（ΔE）计算公式

1.5.9.1　色差（ΔE）计算公式（1）

$$\Delta E = \left[(\Delta L^*)^2 + (\Delta a^*)^2 + (\Delta b^*)^2\right]^{\frac{1}{2}}$$

式中，ΔL^*——样品1和样品n在CIELAB色空间中的明度差值；

　　　　Δa^*——样品1和样品n在CIELAB色空间中的红-绿色品指数差值；

　　　　Δb^*——样品1和样品n在CIELAB色空间中的黄-蓝色品指数差值。

1.5.9.2　色差（ΔE）计算公式（2）

$$\Delta E = \left[\left(\Delta L^* \right)^2 + \left(\Delta C_{ab}^* \right)^2 + \left(\Delta h_{ab} \right)^2 \right]^{\frac{1}{2}}$$

式中，ΔL^*——样品1和样品n在CIELAB色空间中的明度差值；

　　　　ΔC_{ab}^*——样品1和样品n在CIELAB色空间中的彩度差值；

　　　　Δh_{ab}——样品1和样品n在CIELAB色空间中的色调角差值，rad或（°）。

色差是用数值方式表示的两种颜色给人色彩感觉上的差别。两种采用CIELAB色空间表示的颜色的色差即两种颜色所在的坐标点在空间上的距离，色差的单位用NBS表示，ΔE为1时作为1个NBS色差单位，1个NBS色差单位大约相当于视觉识别阈值的5倍。

色差的大小即两种颜色在视觉感受上的差距，色差和视觉感受的对应关系见表1.3。

表1.3　色差和视觉感受的对应关系

色差ΔE	视觉感受	对应关系
0～0.25	微小色差，感觉极微	色差非常小或没有，理想匹配
0.25～0.5		色差微小，可接受的匹配
0.5～1.0	小色差，感觉轻微	色差微小到中等，在一些应用中可接受
1.0～1.5		色差中等，在特定应用中可接受
1.5～2.0	较小色差，感觉明显	
2.0～3.0		色差有差距，在特定应用中可接受
3.0～4.0	较大色差，感觉很明显	
4.0～5.0		色差非常大，在大部分应用中不可接受
5.0～6.0		
6.0以上	大色差，感觉强烈	

注：表中区间，包含上限值，不包含下限值。

1.5.10 明视觉光通量（*Φ*）计算公式

$$\Phi = K_m \int_0^\infty \frac{\mathrm{d}\Phi_e(\lambda)}{\mathrm{d}\lambda} V(\lambda)\mathrm{d}\lambda$$

式中，K_m ——辐射的光谱（视）效能的最大值，lm/W。在单色辐射时，明视觉
条件下的 K_m 值为 683 lm/W（当$\lambda = 555$ nm 时）；

$\mathrm{d}\Phi_e(\lambda)/\mathrm{d}\lambda$ ——辐射通量的光谱分布；

$V(\lambda)$ ——光谱光（视）效率。

1.6　常用参数值

1.6.1　CIE 1964标准色度观察者（色匹配函数）表

在CIELAB色空间中，CIE 1964标准色度观察者（色匹配函数）的值见
表1.4。

表1.4　CIE 1964标准色度观察者（色匹配函数）表

波长λ/nm	CIE 1964标准色度观察者（色匹配函数）		
	$\bar{x}_{10}(\lambda)$	$\bar{y}_{10}(\lambda)$	$\bar{z}_{10}(\lambda)$
380	0.000160	0.000017	0.000705
385	0.000662	0.000072	0.002928
390	0.002362	0.000253	0.010482
395	0.007242	0.000769	0.032344
400	0.019110	0.002004	0.086011
405	0.043400	0.004509	0.197120
410	0.084736	0.008756	0.389366
415	0.140638	0.014456	0.656760
420	0.204492	0.021391	0.972542
425	0.264737	0.029497	1.282500
430	0.314679	0.038676	1.553480
435	0.357719	0.049602	1.798500
440	0.383734	0.062077	1.967280

表1.4（续）

波长λ/nm	CIE 1964标准色度观察者（色匹配函数）		
	$\bar{x}_{10}(\lambda)$	$\bar{y}_{10}(\lambda)$	$\bar{z}_{10}(\lambda)$
445	0.386726	0.074704	2.027300
450	0.370702	0.089456	1.994800
455	0.342957	0.106256	1.900700
460	0.302273	0.128201	1.745370
465	0.254085	0.152761	1.554900
470	0.195618	0.185190	1.317560
475	0.132349	0.219940	1.030200
480	0.080507	0.253589	0.772125
485	0.041072	0.297665	0.570060
490	0.016172	0.339133	0.415254
495	0.005132	0.395379	0.302356
500	0.003816	0.460777	0.218502
505	0.015444	0.531360	0.159249
510	0.037465	0.606741	0.112044
515	0.071358	0.685660	0.082248
520	0.117749	0.761757	0.060709
525	0.172953	0.823330	0.043050
530	0.236491	0.875211	0.030451
535	0.304213	0.923810	0.020584
540	0.376772	0.961988	0.013676
545	0.451584	0.982200	0.007918
550	0.529826	0.991761	0.003988
555	0.616053	0.999110	0.001091
560	0.705224	0.997340	0
565	0.793832	0.982380	0
570	0.878655	0.955552	0
575	0.951162	0.915175	0
580	1.014160	0.868934	0
585	1.074300	0.825623	0

表1.4（续）

波长λ/nm	CIE 1964标准色度观察者（色匹配函数）		
	$\bar{x}_{10}(\lambda)$	$\bar{y}_{10}(\lambda)$	$\bar{z}_{10}(\lambda)$
590	1.118520	0.777405	0
595	1.134300	0.720353	0
600	1.123990	0.658341	0
605	1.089100	0.593878	0
610	1.030480	0.527963	0
615	0.950740	0.461834	0
620	0.856297	0.398057	0
625	0.754930	0.339554	0
630	0.647467	0.283493	0
635	0.535110	0.228254	0
640	0.431567	0.179828	0
645	0.343690	0.140211	0
650	0.268329	0.107633	0
655	0.204300	0.081187	0
660	0.152568	0.060281	0
665	0.112210	0.044096	0
670	0.081261	0.031800	0
675	0.057930	0.022602	0
680	0.040851	0.015905	0
685	0.028623	0.011130	0
690	0.019941	0.007749	0
695	0.013842	0.005375	0
700	0.009577	0.003718	0
705	0.006605	0.002565	0
710	0.004553	0.001768	0
715	0.003145	0.001222	0
720	0.002175	0.000846	0
725	0.001506	0.000586	0

表1.4（续）

波长λ/nm	CIE 1964标准色度观察者（色匹配函数）		
	$\bar{x}_{10}(\lambda)$	$\bar{y}_{10}(\lambda)$	$\bar{z}_{10}(\lambda)$
730	0.001045	0.000407	0
735	0.000727	0.000284	0
740	0.000508	0.000199	0
745	0.000356	0.000140	0
750	0.000251	0.000098	0
755	0.000178	0.000070	0
760	0.000126	0.000050	0
765	0.00009	0.000036	0
770	0.000065	0.000025	0
775	0.000046	0.000018	0
780	0.000033	0.000013	0

注：CIE 1964标准色度观察者（色匹配函数）引自《物体色的测量方法》（GB/T 3979—2008）表3。

1.6.2　CIE标准光源相对光谱功率分布表

在CIELAB色空间中，CIE标准光源相对光谱功率分布的值见表1.5。

表1.5　CIE标准光源相对光谱功率分布表（$\Delta\lambda = 5$ nm）

波长λ/nm	CIE 标准光源相对光谱功率分布（标准照明体D65）
380	49.9755
385	52.3118
390	54.6482
395	68.7015
400	82.7549
405	87.1204
410	91.4860
415	92.4589
420	93.4318
425	90.0570
430	86.6823

表1.5（续）

波长λ/nm	CIE 标准光源相对光谱功率分布（标准照明体D65）
435	95.7736
440	104.8650
445	110.9360
450	117.0080
455	117.4100
460	117.8120
465	116.3360
470	114.8610
475	115.3920
480	115.9230
485	112.3670
490	108.8110
495	109.0820
500	109.3540
505	108.5780
510	107.8020
515	106.2960
520	104.7900
525	106.2390
530	107.6890
535	106.0470
540	104.4050
545	104.2250
550	104.0460
555	102.0230
560	100.0000
565	98.1671
570	96.3342
575	96.0611
580	95.7880

表 1.5（续）

波长 λ/nm	CIE 标准光源相对光谱功率分布（标准照明体 D65）
585	92.2368
590	88.6856
595	89.3459
600	90.0062
605	89.8026
610	89.5991
615	88.6489
620	87.6987
625	85.4936
630	83.2886
635	83.4939
640	83.6992
645	81.8630
650	80.0268
655	80.1207
660	80.2146
665	81.2462
670	82.2778
675	80.2810
680	78.2842
685	74.0027
690	69.7213
695	70.6652
700	71.6091
705	72.9790
710	74.3490
715	67.9765
720	61.6040
725	65.7448
730	69.8856

表1.5（续）

波长λ/nm	CIE 标准光源相对光谱功率分布（标准照明体D65）
735	72.4863
740	75.0870
745	69.3398
750	63.5927
755	55.0054
760	46.4182
765	56.6118
770	66.8054
775	65.0941
780	63.3828

注：CIE标准光源相对光谱功率分布（标准照明体D65）引自《物体色的测量方法》（GB/T 3979—2008）表1。

1.6.3　CIE照明体在CIE 1964标准色度观察者下的三刺激值

在CIELAB色空间中，CIE标准照明体在CIE 1964标准色度观察者下的三刺激值见表1.6。

表1.6　CIE照明体在CIE 1964标准色度观察者下的三刺激值

刺激值	X_{10}	Y_{10}	Z_{10}
标准照明体D65	94.81	100.00	107.32

注：引自《均匀色空间和色差公式》（GB/T 7921—2008）表2。

第2章
全光谱滴定静态化学溶液
颜色标志量化分级方法

2.1 静态化学溶液的颜色模型理论依据

有研究结果显示，在感官滴定分类历史上，尚没有依据CIELAB色空间颜色测量量化分级方法，对感官滴定分析的颜色以及颜色变化做出规范的分类。

为了给感官滴定技术被全光谱滴定技术替代的习惯有个量化过渡，著者研究和探索了"颜色测量量化分级方法"。依据CIELAB色空间的颜色，结合感官科学对颜色的描述，建立与数字化参数相对应的语言与数字分类。其能够客观地评定感官颜色，实现颜色描述的数字化及颜色数据的传输与保存。

根据色度学原理，要完整地表达感官颜色的CIELAB色空间颜色的属性，需要三维空间。CIELAB色空间为一个空间立体的颜色描述体系。在色彩范围上，CIELAB色空间模式是最全的色彩描述模式。在CIELAB色空间中，L^*为色空间中的明度值，a^*为色空间中的红-绿色品指数值，b^*为色空间中的黄-蓝色品指数值。任何颜色的位置，都可以处理为L^*，a^*和b^*三个分量，这三个分量用于表示色空间的三维空间中的一个点的颜色。换言之，任何感官颜色的CIELAB色空间颜色，都可以用L^*，a^*和b^*三个分量标示出色空间的位置。CIELAB色空间模型见图2.1。

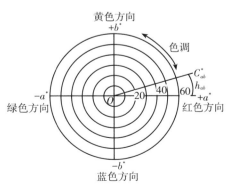

图2.1 CIELAB色空间模型

也可以用 L^*，C_{ab}^*，h_{ab} 三个物理量组合表示不同感官颜色的分类。

L^*，C_{ab}^*，h_{ab} 是从 CIELAB 色空间推导出来的，因此，一种颜色既可以用 L^*，a^*，b^* 表示，也可以用 L^*，C_{ab}^*，h_{ab} 表示。采用 L^*，C_{ab}^*，h_{ab} 符合日常生活中对色彩进行描述的习惯，色彩修正便于理解，更加直观和易于控制。

在图 2.2 中，纵坐标的中心为中性灰色，平面圆的径向表示彩度值，从圆周向圆心过渡，表示彩度值降低，按彩色环的辐射轴从 0 到 100，圆心的彩度值为 0，圆周上的彩度值最大。

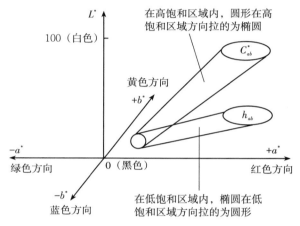

图 2.2　CIELAB 各参数与视觉关系

2.2　静态化学溶液颜色的计算原理

用仪器测量感官颜色定义的样品颜色，然后在照明体为 D65 标准光源、光谱范围为 380~780 nm、间隔波长 $\Delta\lambda = 5$ nm 的条件下，使光信号穿过待测量的感官颜色的样品，对传导到其中的光谱信号采集吸光度（Abs），一般用 A 表示信号值。将信号处理装置采集到的信号值根据下列公式分别计算出感官颜色的 CIELAB 色空间的 L^*，a^*，b^*：

$$L^* = 116f\left(\frac{Y_n}{Y_0}\right) - 16$$

$$a^* = 500\left[f\left(\frac{X_n}{X_0}\right) - f\left(\frac{Y_n}{Y_0}\right)\right]$$

$$b^* = 200\left[f\left(\frac{Y_n}{Y_0}\right) - f\left(\frac{Z_n}{Z_0}\right)\right]$$

式中，　X_0，Y_0，Z_0——标准色度观察者中的标准色刺激值；

　　　　X_n，Y_n，Z_n——待测感官颜色的CIELAB色空间的色刺激值。

根据计算得到的L^*，a^*，b^*可以确定感官颜色的CIELAB色空间的分类。

根据计算得到的L^*，a^*，b^*计算C_{ab}^*和h_{ab}，计算公式分别为

$$C_{ab}^* = \sqrt{\left(a^*\right)^2 + \left(b^*\right)^2}$$

$$h_{ab} = \arctan\left(\frac{b^*}{a^*}\right)$$

h_{ab}是a^*与b^*的函数值，用弧度值或角度值表示，表示偏离红-绿色品轴或黄-蓝色品轴的角度。代表该点在a^*-b^*坐标系中到坐标原点的连线与$+a^*$轴逆时针的夹角正对的一段弧度或角度。当这段弧长等于圆的半径时，两条射线的夹角大小为$1\,\text{rad}$；当这段弧长正好等于圆周长的$1/360$时，夹角的大小为$1°$。其换算关系为$1° = \pi/180\,\text{rad}$。

为了解决人工滴定（感官滴定）缺陷中"人眼进化缺陷"、"颜色描述与理解"和"量值溯源"的问题，王飞根据实际滴定分析的需要，结合CIELAB色空间的颜色和语言描述的经验，提出和总结出了用于静态液体颜色描述的$L^*a^*b^*$量化分级模型和$L^*C_{ab}^*h_{ab}$量化分级模型。

感官颜色客观评价体系的$L^*a^*b^*$量化分级模型将颜色分为1690种，也称为"王飞1690分级模型"，标记为W_{1690}分级模型。

感官颜色客观评价体系的$L^*C_{ab}^*h_{ab}$量化分级模型将颜色分为4400种，也称为"王飞4400分级模型"，标记为W_{4400}分级模型。

2.3　静态颜色体系的$L^*a^*b^*$量化分级模型（W_{1690}分级模型）

下面，以葡萄酒样品的颜色为静态液体模型为例，说明各色度值参数的含义与模型建立。

2.3.1　明度值量化分析

CIELAB色空间的L^*为颜色的明度值，在（0，100）区域内变化。$L^* = 0$指黑色，$L^* = 100$指白色。将感官颜色的CIELAB色空间的L^*分为10级，为$L^*1 \sim$

L^*10，对应的 L^* 分别为 0.0～10.0，10.1～20.0，20.1～30.0，30.1～40.0，40.1～50.0，50.1～60.0，60.1～70.0，70.1～80.0，80.1～90.0 和 90.1～100.0。感官颜色的 CIELAB 色空间的 L^* 分级见表 2.1。

表 2.1　感官颜色的 CIELAB 色空间的明度值（L^*）分级

序号	L^* 分级	L^* 范围	语言描述
1	L^*1	0.0～10.0	灰暗
2	L^*2	10.1～20.0	暗
3	L^*3	20.1～30.0	较暗
4	L^*4	30.1～40.0	微亮
5	L^*5	40.1～50.0	较亮
6	L^*6	50.1～60.0	明亮
7	L^*7	60.1～70.0	清亮
8	L^*8	70.1～80.0	亮
9	L^*9	80.1～90.0	明亮
10	L^*10	90.1～100.0	清澈

注：精确到 0.1。

可以将测得的感官颜色的 CIELAB 色空间的 L^* 与表 2.1 的分级对照。例如，L^* 为 31.2 的感官颜色的 CIELAB 色空间在 L^* 分级表的 30.1～40.0 范围，对应的级别是 L^*4，对应的语言描述为微亮。

2.3.2　红-绿色品指数值量化分析

CIELAB 色空间的 a^* 为颜色的红-绿色品指数值，在测得感官颜色的 CIELAB 色空间样品数据中，将 a^* 划分为 13 级，为 a^*1～a^*13，对应的 a^* 分别为小于等于 −5.01，−5.00～0.00，0.01～10.00，10.01～20.00，20.01～30.00，30.01～40.00，40.01～50.00，50.01～60.00，60.01～70.00，70.01～80.00，80.01～90.00，90.01～100.00 和大于等于 100.01。

感官颜色的 CIELAB 色空间的 a^* 分级见表 2.2。

表2.2　感官颜色的CIELAB色空间的红-绿色品指数值（a^*）分级

序号	a^*分级	a^*范围	语言描述
1	a^*1	≤−5.01	橄榄绿色
2	a^*2	−5.00 ~ 0.00	淡草绿色
3	a^*3	0.01 ~ 10.00	浅红色
4	a^*4	10.01 ~ 20.00	淡红色
5	a^*5	20.01 ~ 30.00	浅宝石红色
6	a^*6	30.01 ~ 40.00	洋红色
7	a^*7	40.01 ~ 50.00	丹红色
8	a^*8	50.01 ~ 60.00	樱桃红色
9	a^*9	60.01 ~ 70.00	大红色
10	a^*10	70.01 ~ 80.00	覆盆子红色
11	a^*11	80.01 ~ 90.00	深红色
12	a^*12	90.01 ~ 100.00	砖红色
13	a^*13	≥100.01	赤红色

注：精确到0.01。

表2.2中的a^*对应的语言描述为常用的感官颜色的CIELAB色空间色卡中对感官颜色的CIELAB色空间颜色的划分。

2.3.3　黄-蓝色品指数值量化分析

CIELAB色空间的b^*为颜色的黄-蓝色品指数值，在测得感官颜色的CIELAB色空间样品数据中，将b^*划分为13级，为$b^*1 \sim b^*13$，对应的b^*分别为小于等于−5.01，−5.00 ~ 0.00，0.01 ~ 10.00，10.01 ~ 20.00，20.01 ~ 30.00，30.01 ~ 40.00，40.01 ~ 50.00，50.01 ~ 60.00，60.01 ~ 70.00，70.01 ~ 80.00，80.01 ~ 90.00，90.01 ~ 100.00和大于等于100.01。

感官颜色的CIELAB色空间的b^*分级见表2.3。

表2.3　感官颜色的CIELAB色空间的黄–蓝色品指数值（b^*）分级

序号	b^*分级	b^*范围	语言描述
1	b^*1	≤−5.01	靛蓝色
2	b^*2	−5.00～0.00	天青蓝
3	b^*3	0.01～10.00	浅黄色
4	b^*4	10.01～20.00	淡麦秸色
5	b^*5	20.01～30.00	象牙黄色
6	b^*6	30.01～40.00	奶黄色
7	b^*7	40.01～50.00	麦黄色
8	b^*8	50.01～60.00	柠檬黄色
9	b^*9	60.01～70.00	嫩黄色
10	b^*10	70.01～80.00	鲜黄色
11	b^*11	80.01～90.00	金麦色
12	b^*12	90.01～100.00	深黄色
13	b^*13	≥100.01	浓黄色

注：精确到0.01。

表2.3中的b^*对应的语言描述为常用的感官颜色的CIELAB色空间色卡中对感官颜色的CIELAB色空间颜色的划分。

综合以上L^*，a^*，b^*的CIELAB色空间$L^*a^*b^*$量化分级模型量化分级表，可以确定1690种颜色的感官颜色的CIELAB色空间。

2.3.4　$L^*a^*b^*$量化分级模型与传统语言描述对应关系

$L^*a^*b^*$量化分级模型与传统语言描述对应关系见表2.4。

表2.4　$L^*a^*b^*$量化分级模型（W_{1690}分级模型）与传统语言描述对应关系表

序号	L^*			a^*			b^*		
	L^*分级	L^*范围	语言描述	a^*分级	a^*范围	语言描述	b^*分级	b^*范围	语言描述
1	L^*1	0.0～10.0	灰暗	a^*1	≤−5.01	橄榄绿色	b^*1	≤−5.01	靛蓝色
2	L^*2	10.1～20.0	暗	a^*2	−5.00～0.00	淡草绿色	b^*2	−5.00～0.00	天青蓝
3	L^*3	20.1～30.0	较暗	a^*3	0.01～10.00	浅红色	b^*3	0.01～10.00	浅黄色

表 2.4（续）

序号	L^*分级	L^*范围	语言描述	a^*分级	a^*范围	语言描述	b^*分级	b^*范围	语言描述
4	L^*4	30.1~40.0	微亮	a^*4	10.01~20.00	淡红色	b^*4	10.01~20.00	淡麦秸色
5	L^*5	40.1~50.0	较亮	a^*5	20.01~30.00	浅宝石红色	b^*5	20.01~30.00	象牙黄色
6	L^*6	50.1~60.0	明亮	a^*6	30.01~40.00	洋红色	b^*6	30.01~40.00	奶黄色
7	L^*7	60.1~70.0	清亮	a^*7	40.01~50.00	丹红色	b^*7	40.01~50.00	麦黄色
8	L^*8	70.1~80.0	亮	a^*8	50.01~60.00	樱桃红色	b^*8	50.01~60.00	柠檬黄色
9	L^*9	80.1~90.0	明亮	a^*9	60.01~70.00	大红色	b^*9	60.01~70.00	嫩黄色
10	L^*10	90.1~100.0	清澈	a^*10	70.01~80.00	覆盆子红色	b^*10	70.01~80.00	鲜黄色
11	—	—	—	a^*11	80.01~90.00	深红色	b^*11	80.01~90.00	金麦色
12	—	—	—	a^*12	90.01~100.00	砖红色	b^*12	90.01~100.00	深黄色
13	—	—	—	a^*13	≥100.01	赤红色	b^*13	≥100.01	浓黄色

注：L^*精确到 0.1，a^*和 b^*精确到 0.01。

综合以上 L^*，a^*，b^* 的量化分级表，可以确定 1690 种颜色的感官颜色的 CIELAB 色空间超出了常见的感官颜色的 CIELAB 色空间颜色种类，为可能存在的尚未见到的颜色预留了空间。随着感官颜色的 CIELAB 色空间种类的不断延展，可以将 L^*，a^*，b^* 的等级进行更加详细的划分。也就是说，感官颜色的 CIELAB 色空间具有更多的种类描述，使感官颜色的 CIELAB 色空间的分类更加精细。

2.3.5 $L^*a^*b^*$ 量化分级模型（W_{1690} 分级模型）分级应用实例 1（样品评价）

某样品感官颜色的 CIELAB 色空间（样品1）按照 CIELAB 色空间方法测量出其明度值（$L_1^* = 30.2$）、红-绿色品指数值（$a_1^* = 21.78$），黄-蓝色品指数值（$b_1^* = 11.93$）。

传统方法的评价结果为"微亮、浅宝石红色与淡麦秸色的混合颜色"等。传统文字描述的评价在感官评价上难以区别"微亮、浅宝石红色与淡麦秸色的混合颜色""较暗、淡红色与淡麦秸色的混合颜色"等，难以区别"微亮"与

"较暗"、"浅宝石红色"与"淡红色"、此"淡麦秸色"与彼"淡麦秸色"的颜色参数。更重要的是，无法保存评价样本的真实颜色。

$L^*a^*b^*$量化分级模型可以很清楚地用数字化进行记录。按照CIELAB色空间量化分级$L^*a^*b^*$方法的划分，样品1的分级过程为：$L^*_1 = 30.2$，在L^*范围的$30.1 \sim 40.0$，对应的级别是L^*4；$a^*_1 = 21.78$，在a^*范围的$20.1 \sim 30.0$，对应的级别是a^*5；$b^*_1 = 11.93$，在b^*范围的$10.01 \sim 20.00$，对应的级别是b^*4；组合后的感官颜色的CIELAB色空间颜色级别是$L^*4a^*5b^*4$，对应的传统文字描述的评价是"微亮、浅宝石红色与淡麦秸色的混合颜色"。

CIELAB色空间$L^*a^*b^*$量化分级方法可以直观、准确且客观地确定感官颜色的CIELAB色空间的分类，长期保存颜色的数据，解决了目前颜色评价数字化评价与记录的难题。

2.3.6 $L^*a^*b^*$量化分级模型（W_{1690}分级模型）分级应用实例2（样品间评价）

某两个样品感官颜色的CIELAB色空间（样品1和样品2）按照CIELAB色空间方法测量出其明度值（$L^*_1 = 30.2$和$L^*_2 = 29.8$）、红–绿色品指数值（$a^*_1 = 21.78$和$a^*_2 = 19.76$）、黄–蓝色品指数值（$b^*_1 = 11.93$和$b^*_2 = 12.22$）。按照CIELAB色空间方法计算二者的色差，计算公式为

$$\Delta E = \sqrt{\left(L^*_1 - L^*_2\right)^2 + \left(a^*_1 - a^*_2\right)^2 + \left(b^*_1 - b^*_2\right)^2}$$

ΔE经过计算后为2.08。

两个样品的颜色用肉眼已经很难区分了。传统方法评价结果分别为"微亮、浅宝石红色与淡麦秸色的混合颜色"和"较暗、淡红色与淡麦秸色的混合颜色"，无法保存评价样本的真实颜色。

$L^*a^*b^*$量化分级模型量化体系可以很清楚地用数字化进行区分和记录。按照CIELAB色空间$L^*a^*b^*$量化分级方法的划分，样品1的分级过程为：$L^*_1 = 30.2$，在L^*范围的$30.1 \sim 40.0$，对应的级别是L^*4；$a^*_1 = 21.78$，在a^*范围的$20.1 \sim 30.0$，对应的级别是a^*5；$b^*_1 = 11.93$，在b^*范围的$10.01 \sim 20.00$，对应的级别是b^*4；组合后的感官颜色的CIELAB色空间颜色级别是$L^*4a^*5b^*4$，对应的传统文字描述的评价是"微亮、浅宝石红色与淡麦秸色的混合颜色"。

样品2的分级过程为：$L^*_2 = 29.8$，在L^*范围的$20.1 \sim 30.0$，对应的级别是

L^*3；$a^*_2 = 19.76$，在 a^* 范围的 $10.1 \sim 20.0$，对应的级别是 a^*4；$b^*_2 = 12.22$，在 b^* 范围的 $10.01 \sim 20.00$，对应的级别是 b^*4；组合后的感官颜色的 CIELAB 色空间颜色级别是 $L^*3a^*4b^*4$，对应的传统文字描述的评价是"较暗、淡红色与淡麦秸色的混合颜色"。

2.4　静态颜色体系的 $L^*C^*_{ab}h_{ab}$ 量化分级模型（W_{4400}分级模型）

在对感官颜色的 CIELAB 色空间样品进行检测时，除杂质和气体等干扰，提供标准光源 D65，使光源穿过待测量的感官颜色的 CIELAB 色空间样品，利用光谱信号处理装置对穿过感官颜色的 CIELAB 色空间的光谱进行测量，所述光谱信号处理装置按照数据采样间隔，测定其在 $380 \sim 780$ nm 的可见光谱内每间隔 5 nm 的一组吸光度，并将信号值传输至数据处理单元，分别取反对数换算为相应的透光率，与 CIE 标准光源 D65 相对光谱功率因数和 CIE 1964 标准色度观察者的色匹配函数的积经归一化后得到该样品的三刺激值，然后用 CIELAB 色空间计算公式计算出样品的 CIELAB 色空间的色度值参数，根据下列公式分别计算出感官颜色的 CIELAB 色空间的 L^*_1，a^*_1，b^*_1，再计算 C^*_{ab} 和 h_{ab}，计算公式分别为

$$C^*_{ab} = \sqrt{\left(a^*\right)^2 + \left(b^*\right)^2}$$

$$h_{ab} = \arctan\left(\frac{b^*}{a^*}\right)$$

2.4.1　明度值量化分析

同 "2.3.1 明度值量化分析"，此处不再赘述。

2.4.2　彩度值量化分析

在 CIELAB 色空间中，彩度也称饱和度，是描述色彩离开相同明度中性灰色程度的色彩感觉属性，是主观心理量。圆形的中心为中性灰色，平面圆的径向表示彩度。从圆周向圆心过渡，表示彩度降低，按照彩色环的辐射轴从 0 到 100，圆心的彩度值为 0，圆周上的彩度值最大。C^*_{ab} 在坐标中被体现为 a^* 和 b^* 的坐标点，在（0°，60°）区域内变化。越靠近原点，颜色中性灰度越强烈，

颜色表现越暗；反之，颜色饱和程度越大，颜色越鲜艳，见图2.3。

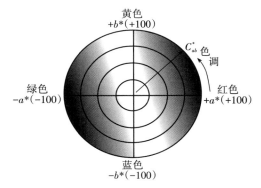

图2.3 CIELAB彩度图

考虑人眼在CIELAB色空间的识别特点，同时考虑超过100时边缘区域分辨率不佳，分类上又不能过于烦琐，划分为11个级别比较合适。

这11个级别是$C_{ab}^*1 \sim C_{ab}^*11$，对应的$C_{ab}^*$分别为0.00~10.00，10.01~20.00，20.01~30.00，30.01~40.00，40.01~50.00，50.01~60.00，60.01~70.00，70.01~80.0080.01~90.0090.01~100.00和大于等于100.01。对应关系见表2.5。

表2.5 彩度值(C_{ab}^*)分级表

序号	C_{ab}^*分级	C_{ab}^*范围
1	C_{ab}^*1	0.00~10.00
2	C_{ab}^*2	10.01~20.00
3	C_{ab}^*3	20.01~30.00
4	C_{ab}^*4	30.01~40.00
5	C_{ab}^*5	40.01~50.00
6	C_{ab}^*6	50.01~60.00
7	C_{ab}^*7	60.01~70.00
8	C_{ab}^*8	70.01~80.00
9	C_{ab}^*9	80.01~90.00
10	C_{ab}^*10	90.01~100.00
11	C_{ab}^*11	≥100.01

注：精确到0.01。

可以根据表中 C_{ab}^* 的大小对感官颜色的CIELAB色空间进行分类。

2.4.3 色调角量化分析

色调角 h_{ab} 是指能够比较确切地表示某种颜色色调的名称。h_{ab} 是 a^* 与 b^* 的函数值，用弧度值或角度值表示，表示一点偏离红-绿色品轴或黄-蓝色品轴的角度，代表该点在 a^*-b^* 坐标系中到坐标原点的连线与 $+a^*$ 轴逆时针的夹角正对的一段弧度或者角度。

色彩的成分越多，其色相越不鲜明。h_{ab} 在色相坐标中体现为距离 a^* 轴（红色）的角度，h_{ab} 的绝对值越大，表示色彩的成分越多，色相越不鲜明。色相从正横坐标开始，按逆时针的方向偏转，在（0°，36°）区域内变化（若 H^* 为负值则为逆时针角度），从 a^*-b^* 坐标系中的 a^* 轴坐标开始，按逆时针的方向偏转，在第一、二象限内为正值，在第三、四象限内为负值。H^* 越接近 a^* 轴或 b^* 轴，表示颜色越靠近红色（绿色）或者黄色（蓝色），颜色越纯正，h_{ab} 的极值在（$0 \sim \pm\pi$，$0° \sim \pm180°$）。

考虑到感官颜色的CIELAB色空间的颜色，根据中国颜色体系将色调分为10类，建立的分类标准应该覆盖尽可能多的颜色体系。

按照弧度将 h_{ab} 划分为40级，为 $h_{ab}1 \sim h_{ab}40$，对应的 h_{ab} 分别为 0.00～0.16，0.17～0.31，0.32～0.47，0.48～0.63，0.64～0.79，0.80～0.94，0.95～1.10，1.11～1.26，1.27～1.41，1.42～1.57，1.58～1.73，1.74～1.88，1.89～2.04，2.05～2.20，2.21～2.36，2.37～2.51，2.52～2.67，2.68～2.83，2.84～2.98，2.99～3.14，−3.13～−2.99，−2.98～−2.84，−2.83～−2.68，−2.67～−2.52，−2.51～−2.37，−2.36～−2.21，−2.20～−2.05，−2.04～−1.89，−1.88～−1.74，−1.73～−1.58，−1.57～−1.42，−1.41～−1.27，−1.26～−1.11，−1.10～−0.95，−0.94～−0.80，−0.79～−0.64，−0.63～−0.48，−0.47～−0.32，−0.31～−0.17 和 −0.16～−0.01。

色调角有角度和弧度两种表示方法，其角度、弧度的对应关系见表2.6。

表2.6 色调角的角度、弧度的对应关系

序号	h_{ab}分级	h_{ab}范围/rad	h_{ab}范围/(°)
1	$h_{ab}1$	0.00～0.16	0.00～9.00
2	$h_{ab}2$	0.17～0.31	9.01～18.00

表 2.6（续）

序号	h_{ab}分级	h_{ab}范围/rad	h_{ab}范围/(°)
3	$h_{ab}3$	0.32 ~ 0.47	18.01 ~ 27.00
4	$h_{ab}4$	0.48 ~ 0.63	27.01 ~ 36.00
5	$h_{ab}5$	0.64 ~ 0.79	36.01 ~ 45.00
6	$h_{ab}6$	0.80 ~ 0.94	45.01 ~ 54.00
7	$h_{ab}7$	0.95 ~ 1.10	54.01 ~ 63.00
8	$h_{ab}8$	1.11 ~ 1.26	63.01 ~ 72.00
9	$h_{ab}9$	1.27 ~ 1.41	72.01 ~ 81.00
10	$h_{ab}10$	1.42 ~ 1.57	81.01 ~ 90.00
11	$h_{ab}11$	1.58 ~ 1.73	90.01 ~ 99.00
12	$h_{ab}12$	1.74 ~ 1.88	99.01 ~ 108.00
13	$h_{ab}13$	1.89 ~ 2.04	108.01 ~ 117.00
14	$h_{ab}14$	2.05 ~ 2.20	117.01 ~ 126.00
15	$h_{ab}15$	2.21 ~ 2.36	126.01 ~ 135.00
16	$h_{ab}16$	2.37 ~ 2.51	135.01 ~ 144.00
17	$h_{ab}17$	2.52 ~ 2.67	144.01 ~ 153.00
18	$h_{ab}18$	2.68 ~ 2.83	153.01 ~ 162.00
19	$h_{ab}19$	2.84 ~ 2.98	162.01 ~ 171.00
20	$h_{ab}20$	2.99 ~ 3.14	171.01 ~ 180.00
21	$h_{ab}21$	−3.13 ~ −2.99	180.01 ~ 189.00
22	$h_{ab}22$	−2.98 ~ −2.84	189.01 ~ 198.00
23	$h_{ab}23$	−2.83 ~ −2.68	198.01 ~ 207.00
24	$h_{ab}24$	−2.67 ~ −2.52	207.01 ~ 216.00
25	$h_{ab}25$	−2.51 ~ −2.37	216.01 ~ 225.00
26	$h_{ab}26$	−2.36 ~ −2.21	225.01 ~ 234.00
27	$h_{ab}27$	−2.20 ~ −2.05	234.01 ~ 243.00
28	$h_{ab}28$	−2.04 ~ −1.89	243.01 ~ 252.00

表 2.6（续）

序号	h_{ab}分级	h_{ab}范围/rad	h_{ab}范围/(°)
29	$h_{ab}29$	$-1.88 \sim -1.74$	$252.01 \sim 261.00$
30	$h_{ab}30$	$-1.73 \sim -1.58$	$261.01 \sim 270.00$
31	$h_{ab}31$	$-1.57 \sim -1.42$	$270.01 \sim 279.00$
32	$h_{ab}32$	$-1.41 \sim -1.27$	$279.01 \sim 288.00$
33	$h_{ab}33$	$-1.26 \sim -1.11$	$288.01 \sim 297.00$
34	$h_{ab}34$	$-1.10 \sim -0.95$	$297.01 \sim 306.00$
35	$h_{ab}35$	$-0.94 \sim -0.80$	$306.01 \sim 315.00$
36	$h_{ab}36$	$-0.79 \sim -0.64$	$315.01 \sim 324.00$
37	$h_{ab}37$	$-0.63 \sim -0.48$	$324.01 \sim 333.00$
38	$h_{ab}38$	$-0.47 \sim -0.32$	$333.01 \sim 342.00$
39	$h_{ab}39$	$-0.31 \sim -0.17$	$342.01 \sim 351.00$
40	$h_{ab}40$	$-0.16 \sim -0.01$	$351.01 \sim 360.00$

注：精确到0.01。

可以根据表2.6中的 h_{ab} 的大小对感官颜色的CIELAB色空间进行分类。综合以上 L^*，C_{ab}^*，h_{ab} 的三维空间量化分级表，可以确定4400种不同颜色的感官颜色的CIELAB色空间。

2.4.4　$L^*C_{ab}^*h_{ab}$ 量化分级模型（W_{4400}分级模型）与传统语言描述对应关系

$L^*C_{ab}^*h_{ab}$ 量化分级模型与传统语言描述对应关系见表2.7。

综合以上 L^*，C_{ab}^*，h_{ab} 的三维空间量化分级表，可以确定4400种不同颜色的感官颜色的CIELAB色空间超出了常见的感官颜色的CIELAB色空间颜色种类，为可能存在的尚未见到的颜色预留了空间。随着感官颜色的CIELAB色空间种类的不断延展，可以将 L^*，C_{ab}^*，h_{ab} 的等级进行更加详细的划分。也就是说，感官颜色的CIELAB色空间具有更多的种类描述，使感官颜色的CIELAB色空间的分类更加精细。

表 2.7 $L^*C^*_{ab} h_{ab}$ 量化分级模型（W_{4400}分级模型）与传统语言描述对应关系表

序号	L^*			C^*_{ab}			h_{ab}			
	L^*分级	L^*范围	语言描述	C^*_{ab}分级	C^*_{ab}范围	语言描述	h_{ab}分级	h_{ab}范围/rad	h_{ab}范围/(°)	语言描述
1	L^*1	0.0~10.0	灰暗	$C^*_{ab}1$	0.00~10.00	浅淡	$h_{ab}1$	0.00~0.16	0.00~9.00	紫红色
2	L^*2	10.1~20.0	暗	$C^*_{ab}2$	10.01~20.00	清纯	$h_{ab}2$	0.17~0.31	9.01~18.00	深紫红色
3	L^*3	20.1~30.0	较暗	$C^*_{ab}3$	20.01~30.00	纯净	$h_{ab}3$	0.32~0.47	18.01~27.00	玫瑰红色
4	L^*4	30.1~40.0	微亮	$C^*_{ab}4$	30.01~40.00	秀丽	$h_{ab}4$	0.48~0.63	27.01~36.00	玛瑙红色
5	L^*5	40.1~50.0	较亮	$C^*_{ab}4$	40.01~50.00	浓郁	$h_{ab}5$	0.64~0.79	36.01~45.00	珊瑚红色
6	L^*6	50.1~60.0	明亮	$C^*_{ab}6$	50.01~60.00	厚重	$h_{ab}6$	0.80~0.94	45.01~54.00	胭脂红色
7	L^*7	60.1~70.0	清亮	$C^*_{ab}7$	60.01~70.00	饱满	$h_{ab}7$	0.95~1.10	54.01~63.00	鲑鱼黄色
8	L^*8	70.1~80.0	亮	$C^*_{ab}8$	70.01~80.00	艳丽	$h_{ab}8$	1.11~1.26	63.01~72.00	桃红色
9	L^*9	80.1~90.0	明亮	$C^*_{ab}9$	80.01~90.00	鲜艳	$h_{ab}9$	1.27~1.41	72.01~81.00	深橘黄色
10	L^*10	90.1~100.0	清澈	$C^*_{ab}10$	90.01~100.00	光艳	$h_{ab}10$	1.42~1.57	81.01~90.00	金黄色
11	—	—	—	$C^*_{ab}11$	≥100.01	浓艳	$h_{ab}11$	1.58~1.73	90.01~99.00	柠檬黄色
12	—	—	—	—	—	—	$h_{ab}12$	1.74~1.88	99.01~108.00	橄榄黄色
13	—	—	—	—	—	—	$h_{ab}13$	1.89~2.04	108.01~117.00	青黄色
14	—	—	—	—	—	—	$h_{ab}14$	2.05~2.20	117.01~126.00	黄绿色
15	—	—	—	—	—	—	$h_{ab}15$	2.21~2.36	126.01~135.00	紫绿色

表 2.7（续）

序号	L^*			C_{ab}^*			h_{ab}			
	L^*分级	L^*范围	语言描述	C_{ab}^*分级	C_{ab}^*范围	语言描述	h_{ab}分级	h_{ab}范围/rad	h_{ab}范围/(°)	语言描述
16	—	—	—	—	—	—	$h_{ab}16$	2.37～2.51	135.01～144.00	豆绿色
17	—	—	—	—	—	—	$h_{ab}17$	2.52～2.67	144.01～153.00	橄榄绿色
18	—	—	—	—	—	—	$h_{ab}18$	2.68～2.83	153.01～162.00	暗绿色
19	—	—	—	—	—	—	$h_{ab}19$	2.84～2.98	162.01～171.00	深绿色
20	—	—	—	—	—	—	$h_{ab}20$	2.99～3.14	171.01～180.00	墨绿色
21	—	—	—	—	—	—	$h_{ab}21$	−3.13～−2.99	180.01～189.00	苔藓绿色
22	—	—	—	—	—	—	$h_{ab}22$	−2.98～−2.84	189.01～198.00	褐绿色
23	—	—	—	—	—	—	$h_{ab}23$	−2.83～−2.68	198.01～207.00	孔雀绿色
24	—	—	—	—	—	—	$h_{ab}24$	−2.67～−2.52	207.01～216.00	淡靛青色
25	—	—	—	—	—	—	$h_{ab}25$	−2.51～−2.37	216.01～225.00	缥碧色
26	—	—	—	—	—	—	$h_{ab}26$	−2.36～−2.21	225.01～234.00	靛青色
27	—	—	—	—	—	—	$h_{ab}27$	−2.20～−2.05	234.01～243.00	淡青蓝色
28	—	—	—	—	—	—	$h_{ab}28$	−2.04～−1.89	243.01～252.00	青蓝色
29	—	—	—	—	—	—	$h_{ab}29$	−1.88～−1.74	252.01～261.00	海蓝色
30	—	—	—	—	—	—	$h_{ab}30$	−1.73～−1.58	261.01～270.00	宝石蓝色

表2.7（续）

序号	L^*			C_{ab}^*			h_{ab}			
	L^*分级	L^*范围	语言描述	C_{ab}^*分级	C_{ab}^*范围	语言描述	h_{ab}分级	h_{ab}范围/rad	h_{ab}范围/(°)	语言描述
31	—	—	—	—	—	—	$h_{ab}31$	$-1.57 \sim -1.42$	$270.01 \sim 279.00$	墨蓝色
32	—	—	—	—	—	—	$h_{ab}32$	$-1.41 \sim -1.27$	$279.01 \sim 288.00$	藏蓝色
33	—	—	—	—	—	—	$h_{ab}33$	$-1.26 \sim -1.11$	$288.01 \sim 297.00$	土红色
34	—	—	—	—	—	—	$h_{ab}34$	$-1.10 \sim -0.95$	$297.01 \sim 306.00$	孔雀蓝色
35	—	—	—	—	—	—	$h_{ab}35$	$-0.94 \sim -0.80$	$306.01 \sim 315.00$	紫蓝色
36	—	—	—	—	—	—	$h_{ab}36$	$-0.79 \sim -0.64$	$315.01 \sim 324.00$	浅紫蓝色
37	—	—	—	—	—	—	$h_{ab}37$	$-0.63 \sim -0.48$	$324.01 \sim 333.00$	暗绛红色
38	—	—	—	—	—	—	$h_{ab}38$	$-0.47 \sim -0.32$	$333.01 \sim 342.00$	墨绛红色
39	—	—	—	—	—	—	$h_{ab}39$	$-0.31 \sim -0.17$	$342.01 \sim 351.00$	高粱红色
40	—	—	—	—	—	—	$h_{ab}40$	$-0.16 \sim -0.01$	$351.01 \sim 360.00$	湖红色

注：精确到0.01。

2.4.5　$L^*C_{ab}^*h_{ab}$ 量化分级模型（W$_{4400}$分级模型）分级应用实例 1（样品评价）

某样品感官颜色的 CIELAB 色空间（样品 1）按照 CIELAB 色空间方法测量出其明度值（$L_1^* = 30.2$）、红–绿色品指数值（$a_1^* = 21.78$，换算为 $C_{ab1}^* = 24.83$），黄–蓝色品指数值（$b_1^* = 11.93$，换算为 $h_{ab1} = 0.50$）。

传统方法的评价结果为"微亮、纯净的玛瑙红色"等语言，无量化数据的评价，无法保存评价样本的真实颜色。

$L^*C_{ab}^*h_{ab}$ 量化分级模型量化分级体系可以很清楚地用数字化进行记录。按照 CIELAB 色空间 $L^*C_{ab}^*h_{ab}$ 量化分级方法的划分，样品 1 的分级过程为：$L_1^* = 30.2$，在 L^* 范围的 30.1 ~ 40.0，对应的级别是 L^*4；$C_{ab1}^* = 24.83$，在 C_{ab}^* 范围的 20.01 ~ 30.00，对应的级别是 C_{ab}^*3；$h_{ab1} = 0.50$，在 h_{ab} 范围的 0.48 ~ 0.63，对应的级别是 $h_{ab}4$；组合后的感官颜色的 CIELAB 色空间颜色级别是 $L^*4\,C_{ab}^*3h_{ab}4$，对应的传统文字描述的评价是"微亮、纯净的玛瑙红色"。

CIELAB 色空间 $L^*C_{ab}^*h_{ab}$ 量化分级方法可以直观、准确且客观地确定感官颜色的 CIE 1976（$L^*a^*b^*$）彩色均匀空间的分类，长期保存颜色的数据，解决了目前颜色评价数字化评价与记录的难题。

2.4.6　$L^*C_{ab}^*h_{ab}$ 量化分级模型（W$_{4400}$分级模型）分级应用实例 2（样品间评价）

某两个样品感官颜色的 CIELAB 色空间（样品 1 和样品 2）按照 CIELAB 色空间方法测量出其明度值（$L_1^* = 30.2$ 和 $L_2^* = 29.8$）、红–绿色品指数值（$a_1^* = 21.78$ 和 $a_2^* = 19.76$），黄–蓝色品指数值（$b_1^* = 11.93$ 和 $b_2^* = 12.22$），将 a_1^* 与 b_1^* 分别换算为 C_{ab}^*（$C_{ab1}^* = 24.83$ 和 $C_{ab2}^* = 23.23$）和 h_{ab}（$h_{ab1} = 0.50$ 和 $h_{ab2} = 0.55$，本次以弧度进行换算）。按照 CIELAB 色空间方法计算二者的色差 ΔE，ΔE 的计算公式为

$$\Delta E = \sqrt{\left(L_1^* - L_2^*\right) + \left(a_1^* - a_2^*\right) + \left(b_1^* - b_2^*\right)}$$

经过计算后 ΔE 为 2.08。

虽然该样品的色差理论上区别较大，但实际上这两个样品的颜色用肉眼已经很难区分了。传统方法评价结果分别为"微亮、纯净的玛瑙红色"和"较

暗、纯净的玛瑙红色"，无法保存评价样本的真实颜色。

$L^* C_{ab}^* h_{ab}$ 量化分级模型量化分级体系可以很清楚地用数字化进行区分和记录。按照 CIELAB 色空间 $L^* C_{ab}^* h_{ab}$ 量化分级方法的划分，样品 1 的分级过程为：$L_1^* = 30.2$，在 L^* 范围的 30.1～40.0，对应的级别是 L^*4；$C_{ab1}^* = 24.83$，在 C_{ab}^* 范围的 20.01～30.00，对应的级别是 C_{ab}^*3；h_{ab1} 为 0.50，在 h_{ab} 范围的 0.48～0.63，对应的级别是 $h_{ab}4$；组合后的感官颜色的 CIE 1976（$L^*a^*b^*$）彩色均匀空间颜色级别是 $L^*4 C_{ab}^*3 h_{ab}4$，对应的传统文字描述的评价是"微亮、纯净的玛瑙红色"。

样品 2 的分级过程为：$L_2^* = 29.8$，在 L^* 范围的 20.1～30.0，对应的级别是 L^*3；$C_{ab2}^* = 23.23$，在 C_{ab}^* 范围的 20.1～30.0，对应的级别是 C_{ab}^*3；$h_{ab2} = 0.55$，在 h_{ab} 范围的 0.48～0.63，对应的级别是 $h_{ab}4$；组合后的感官颜色的 CIELAB 色空间颜色级别是 $L^*3 C_{ab}^*3 h_{ab}4$，对应的传统文字描述的评价是"较暗、纯净的玛瑙红色"。

2.5 颜色应用与颜色分级评价

实践中采用哪种分级方式，需要进一步应用研究。采用 CIELAB 色空间 $L^*a^*b^*$ 量化分级方法和 CIELAB 色空间量化分级 $L^* C_{ab}^* h_{ab}$ 方法，都可以解决数字化分级难题，为今后的自动化分级奠定基础。

按照色度学原理，一般人对色差大于 1.5 的颜色可以很容易地区别，专业品酒员的色差分辨能力为 1.0（可分辨色差不小于 1.0 的颜色），以眼睛长时间分辨能力不变为先决条件，以颜色相对水的色差由大至小依次进行比较，以水为标样进行校正，见表 2.8。

表 2.8　感官颜色的 CIELAB 色空间的色度值参数

样品	L^*	a^*	b^*	ΔE	$\Delta\Delta E$	分辨能力	量化分级
1	42.7	50.94	40.09	86.5	—	—	$L^*2a^*7b^*4$
2	33.7	53.65	23.68	88.5	2.0	能	$L^*1a^*13b^*4$
3	39.6	51.91	42.38	90.2	1.7	能	$L^*3a^*8b^*6$
4	34.4	54.91	29.70	90.6	0.4	否	$L^*2a^*7b^*4$
5	41.5	51.76	47.39	91.4	0.4	否	$L^*2a^*7b^*5$
6	32.0	53.06	31.39	91.8	0.4	否	$L^*4a^*8b^*7$

表 2.8（续）

样品	L^*	a^*	b^*	ΔE	$\Delta\Delta E$	分辨能力	量化分级
7	34.5	50.34	40.57	92.0	0.2	否	$L^*2a^*8b^*6$
8	32.8	56.02	38.24	95.5	3.5	能	$L^*1a^*13b^*4$
9	34.2	54.04	47.99	97.7	2.2	能	$L^*3a^*8b^*7$
10	21.4	48.30	32.61	97.8	0.1	否	$L^*5a^*8b^*7$
11	28.8	53.87	41.54	98.5	0.7	否	$L^*2a^*7b^*5$
12	30.4	54.41	44.21	98.8	0.3	否	$L^*2a^*7b^*5$
13	25.5	54.09	35.87	98.8	0.0	否	$L^*4a^*8b^*6$
14	22.8	49.89	36.35	98.8	0.0	否	$L^*5a^*8b^*7$
15	25.5	53.09	37.67	98.9	0.1	否	$L^*3a^*8b^*6$
16	24.0	49.36	39.95	99.0	0.1	否	$L^*2a^*7b^*4$
17	27.5	52.82	41.97	99.0	0.0	否	$L^*3a^*8b^*6$
18	33.5	54.48	49.40	99.1	0.1	否	$L^*2a^*7b^*6$
19	21.9	48.85	36.58	99.1	0.0	否	$L^*4a^*8b^*7$
20	21.9	50.37	35.10	99.3	0.2	否	$L^*4a^*8b^*5$
21	26.8	53.00	41.39	99.4	0.1	否	$L^*2a^*8b^*6$
22	21.9	51.40	34.16	99.5	0.1	否	$L^*2a^*7b^*5$
23	19.8	50.10	30.90	99.5	0.0	否	$L^*3a^*8b^*7$
24	31.6	54.53	47.39	99.5	0.0	否	$L^*3a^*8b^*7$
25	18.7	48.06	31.62	99.6	0.1	否	$L^*2a^*7b^*4$
26	27.5	53.48	42.54	99.6	0.0	否	$L^*4a^*8b^*7$
27	17.2	46.95	29.35	99.6	0.0	否	$L^*4a^*8b^*7$
28	13.8	44.64	22.90	99.7	0.1	否	$L^*3a^*8b^*6$
29	18.6	48.81	30.51	99.7	0.0	否	$L^*3a^*8b^*6$
30	26.5	52.37	42.37	99.7	0.0	否	$L^*3a^*8b^*7$
31	13.5	44.06	23.04	99.8	0.1	否	$L^*1a^*7b^*4$
32	21.1	49.79	35.74	99.9	0.1	否	$L^*2a^*7b^*4$
33	20.0	49.81	33.03	99.9	0.0	否	$L^*2a^*7b^*5$
34	15.8	46.51	27.11	99.9	0.0	否	$L^*2a^*7b^*5$
35	26.4	53.13	41.70	99.9	0.0	否	$L^*2a^*7b^*5$
36	16.8	47.47	28.53	99.9	0.0	否	$L^*2a^*7b^*6$

表 2.8（续）

样品	L^*	a^*	b^*	ΔE	$\Delta\Delta E$	分辨能力	量化分级
37	23.5	51.33	38.91	100.0	0.1	否	$L^*1a^*13b^*4$
38	16.8	47.60	28.57	100.0	0.0	否	$L^*2a^*7b^*6$
39	30.3	53.68	47.61	100.0	0.0	否	$L^*2a^*7b^*6$
40	27.3	53.78	42.73	100.0	0.0	否	$L^*2a^*8b^*6$
41	15.3	46.28	26.26	100.0	0.0	否	$L^*4a^*8b^*7$
42	13.8	44.76	23.69	100.0	0.0	否	$L^*4a^*8b^*7$
43	13.8	45.00	23.70	100.1	0.1	否	$L^*1a^*13b^*3$
44	13.1	44.35	22.35	100.1	0.0	否	$L^*1a^*6b^*4$
45	19.1	49.51	32.08	100.1	0.0	否	$L^*2a^*7b^*5$
46	16.2	47.24	27.63	100.1	0.0	否	$L^*2a^*7b^*5$
47	11.7	42.73	20.14	100.1	0.0	否	$L^*2a^*7b^*5$
48	19.1	49.49	32.08	100.1	0.0	否	$L^*2a^*7b^*6$
49	9.8	39.92	16.82	100.1	0.0	否	$L^*2a^*7b^*6$
50	16.2	47.30	27.69	100.1	0.0	否	$L^*3a^*7b^*6$
51	18.7	49.52	30.93	100.1	0.0	否	$L^*2a^*8b^*6$
52	17.0	47.91	29.02	100.1	0.0	否	$L^*2a^*8b^*6$
53	12.7	43.71	21.90	100.1	0.0	否	$L^*3a^*8b^*6$
54	14.9	46.05	25.66	100.1	0.0	否	$L^*3a^*8b^*6$
55	21.9	51.44	35.71	100.1	0.0	否	$L^*3a^*8b^*6$
56	13.1	44.19	22.63	100.1	0.0	否	$L^*3a^*8b^*7$
57	15.6	46.96	26.22	100.1	0.0	否	$L^*3a^*8b^*7$
58	17.9	49.04	29.58	100.1	0.0	否	$L^*3a^*8b^*7$
59	9.7	40.02	16.54	100.1	0.0	否	$L^*3a^*8b^*7$
60	20.0	49.87	33.68	100.1	0.0	否	$L^*4a^*8b^*7$
61	11.1	42.01	19.04	100.2	0.1	否	$L^*1a^*6b^*4$
62	11.0	41.88	18.90	100.2	0.0	否	$L^*2a^*7b^*4$
63	18.3	49.02	31.13	100.2	0.0	否	$L^*2a^*7b^*5$
64	14.5	45.86	25.03	100.2	0.0	否	$L^*2a^*7b^*5$
65	11.8	43.07	20.34	100.2	0.0	否	$L^*2a^*7b^*5$
66	11.1	41.98	19.19	100.2	0.0	否	$L^*2a^*7b^*6$

表 2.8（续）

样品	L^*	a^*	b^*	ΔE	$\Delta\Delta E$	分辨能力	量化分级
67	13.3	44.80	22.78	100.2	0.0	否	$L^*3a^*7b^*6$
68	11.4	42.57	19.56	100.2	0.0	否	$L^*3a^*7b^*6$
69	26.2	53.48	41.52	100.2	0.0	否	$L^*3a^*8b^*6$
70	14.5	45.84	24.87	100.2	0.0	否	$L^*3a^*8b^*6$
71	17.9	48.54	30.59	100.2	0.0	否	$L^*3a^*8b^*7$
72	14.3	45.72	24.42	100.2	0.0	否	$L^*3a^*8b^*7$
73	17.2	48.47	29.14	100.3	0.1	否	$L^*2a^*7b^*5$
74	10.5	41.51	18.17	100.3	0.0	否	$L^*2a^*7b^*5$
75	24.1	53.31	38.16	100.3	0.0	否	$L^*2a^*7b^*5$
76	10.9	42.05	18.66	100.3	0.0	否	$L^*3a^*7b^*6$
77	10.1	40.96	17.40	100.3	0.0	否	$L^*3a^*8b^*7$
78	17.0	49.23	27.39	100.3	0.0	否	$L^*3a^*8b^*7$
79	17.2	48.86	28.90	100.4	0.1	否	$L^*2a^*7b^*5$
80	9.0	39.56	15.46	100.4	0.0	否	$L^*2a^*8b^*6$
81	18.3	49.36	31.19	100.4	0.0	否	$L^*3a^*8b^*6$
82	21.3	51.01	35.91	100.4	0.0	否	$L^*3a^*8b^*7$
83	8.6	39.17	14.74	100.5	0.1	否	$L^*1a^*6b^*4$
84	17.8	49.18	30.34	100.5	0.0	否	$L^*2a^*7b^*5$
85	20.1	50.33	34.32	100.5	0.0	否	$L^*2a^*7b^*5$
86	15.5	47.41	26.65	100.5	0.0	否	$L^*2a^*7b^*5$
87	24.4	52.83	40.01	100.5	0.0	否	$L^*2a^*7b^*5$
88	19.2	49.96	32.87	100.5	0.0	否	$L^*4a^*8b^*6$
89	21.3	51.52	35.76	100.6	0.1	否	$L^*2a^*7b^*5$
90	19.1	50.38	32.17	100.6	0.0	否	$L^*2a^*7b^*6$
91	25.4	52.81	41.95	100.6	0.0	否	$L^*2a^*7b^*6$
92	20.7	51.07	34.98	100.6	0.0	否	$L^*3a^*7b^*6$
93	15.9	47.94	27.29	100.6	0.0	否	$L^*3a^*8b^*6$
94	27.6	53.86	44.60	100.7	0.1	否	$L^*2a^*7b^*5$
95	21.0	51.14	35.71	100.7	0.0	否	$L^*2a^*7b^*5$
96	17.7	49.44	30.31	100.7	0.0	否	$L^*2a^*7b^*5$

表 2.8（续）

样品	L^*	a^*	b^*	ΔE	$\Delta\Delta E$	分辨能力	量化分级
97	19.7	50.84	33.30	100.7	0.0	否	$L^*4a^*8b^*5$
98	21.2	51.98	35.10	100.7	0.0	否	$L^*3a^*7b^*6$
99	21.3	52.22	35.35	100.8	0.1	否	$L^*1a^*6b^*4$
100	6.7	36.47	11.63	100.8	0.0	否	$L^*3a^*8b^*6$
101	18.1	50.00	30.79	100.8	0.0	否	$L^*3a^*8b^*6$
102	18.6	50.35	31.78	100.9	0.1	否	$L^*2a^*7b^*5$
103	20.7	52.03	34.37	100.9	0.0	否	$L^*3a^*8b^*7$
104	6.0	35.48	10.35	101.0	0.1	否	$L^*2a^*7b^*5$
105	32.5	56.38	49.61	101.0	0.0	否	$L^*2a^*7b^*6$
106	23.5	52.37	40.21	101.1	0.1	否	$L^*3a^*8b^*6$
107	26.9	54.72	43.94	101.3	0.2	否	$L^*2a^*7b^*6$
108	19.4	51.76	33.01	101.3	0.0	否	$L^*3a^*7b^*6$
109	24.9	54.87	40.48	101.4	0.1	否	$L^*3a^*8b^*6$
110	24.7	55.21	39.87	101.5	0.1	否	$L^*1a^*13b^*3$
111	4.0	165.22	6.93	191.2	89.7	能	$L^*1a^*13b^*4$
112	5.4	170.19	8.69	194.9	3.7	能	$L^*2a^*7b^*5$
113	6.1	172.34	10.45	196.5	1.6	能	$L^*2a^*7b^*5$
114	6.7	173.17	11.59	197.0	0.5	否	$L^*4a^*8b^*7$
115	7.8	175.86	13.48	199.0	2.0	能	$L^*2a^*7b^*4$
116	6.8	174.22	11.88	199.9	0.9	否	$L^*1a^*6b^*4$

注：$\Delta\Delta E$ 是用水作为基准参比，相邻样品的色差 ΔE 值之间的差值。

CIELAB 色空间 $L^*a^*b^*$ 量化分级方法将感官颜色的 CIELAB 色空间颜色分为 1690 个级别，远远超出人眼的分辨能力，可以充分地表达出不同颜色的感官颜色的 CIELAB 色空间区别。表 2.8 数据显示，与水做比较，所有样品均可用人工方法和本方法分辨。但将样品按照色差值大小排列，进行样品比较，相对于前一个样品，人工方法有 8 个可以分辨，仅占总数的 6.9%，且无法对颜色进行量化描述；本方法全部可分辨。

CIELAB 色空间的 $L^*a^*b^*$ 量化分级方法可将全部样品分为 $L^*1a^*6b^*4$，$L^*1a^*7b^*4$，$L^*1a^*13b^*3$，$L^*1a^*13b^*4$，$L^*2a^*7b^*4$，$L^*2a^*7b^*5$，$L^*2a^*7b^*6$，$L^*2a^*8b^*6$，$L^*3a^*7b^*6$，

$L^*3a^*8b^*6$，$L^*3a^*8b^*7$，$L^*4a^*8b^*5$，$L^*4a^*8b^*6$，$L^*4a^*8b^*7$ 和 $L^*5a^*8b^*7$ 共计 15 种，明显优于人工分类，而且分级代表的参数可以复原当时的颜色。

前述分级研究结果表明，CIELAB 色空间的 $L^*a^*b^*$ 量化分级模型和 CIELAB 色空间的 $L^*C^*_{ab}h_{ab}$ 量化分级模型在感官颜色的 CIELAB 色空间颜色中的初步应用的结果表明，两种模型均可实现感官颜色的 CIELAB 色空间颜色的数字化评价和分级。该两种方法辨识程度高、简单、快捷、准确，使广泛应用的国标等在化学分析领域的感官颜色的要求得以实现，有利于实现感官滴定、感官色彩评价等有关工作，将主观感觉与客观的量化联系起来，为将来统一滴定分析领域的色彩评价工作提供了理论依据和适用方法。

下一步工作，要解决该两种方法分类与人工评价的对应度，使之更加贴切；需要大量对比验证，将不完善之处进行校正、修正，建立感官颜色评价体系；需要研发测量装置，利用建立的分级体系，实现颜色评价自动化；需要建立颜色评价相关系列标准，实现颜色评价的标准化。

数字化分级方法有利于感官颜色的 CIELAB 色空间颜色资源的开发、利用和保存，可实现自动分级，为丰富感官颜色的 CIELAB 色空间颜色提供技术支持。

第3章
光谱滴定学概述与原理

　　本书所指的全光谱滴定技术是可见光全光谱滴定技术（VSTT）。用光谱变化特征推断化学反应进程。在380~780 nm范围内，采用CIELAB色空间技术对光谱变化即时测量、处理，与化学反应进程同步。这是利用化学反应过程中发生的光谱变化来表征物质结构的一种新技术。全光谱滴定技术是于2018年由王飞首次公开的原创新技术。全光谱滴定技术以CIELAB色空间算法为基础，通过与反应参数关联的色变曲线S反映化学反应过程中的溶液颜色变化，以色变曲线上的信号峰标识滴定终点，实现不以人感官感受主观判定的滴定反应进程。

　　全光谱滴定技术用色变曲线同步反映滴定进程，对每一测量点的反应颜色进行标识，色变曲线的滴定终点的突变峰清晰明了。因为全光谱滴定技术的基础是色测量的分光式测量方法，所以从原理上看它具有高准确度、高可靠性的优点。而采用现代数据处理技术剔除高低速测量产生的噪声干扰，分离出的信号计入相关变量因子的算法，使滴定曲线的凸变峰非常明显清晰，具有准确、可靠、明显、自动等诸多优点。

　　全光谱滴定技术的缺点：与光分析方法相似，不能分析浑浊、固体和半固体、终点无色变的化学反应溶液及其过程，而且计算方法复杂、数据量庞大，严重依赖数据处理系统。计算方面的缺点仅限于与其他方法相比，在现代计算技术的发展下问题并不显著。全光谱滴定技术在滴定领域的优点：没有与溶液接触的电极不干扰测定，颜色变化只与被测物结构变化有关，颜色变化曲线与物质结构变化致光谱变化相对应，滴定曲线清晰、终点突变显著，技术路线新颖，测量结果稳定，测量精度高，量值可溯源，沿用颜色突变原理而与传统方法（标准）吻合，可以广泛应用在化学分析的诸多领域，将以自动滴定取代手工滴定。

　　从历史的发展来看，全光谱滴定技术可以完全替代感官滴定和光度滴定，从而与电位滴定技术和温度滴定技术共享未来滴定领域，见图3.1、图3.2。

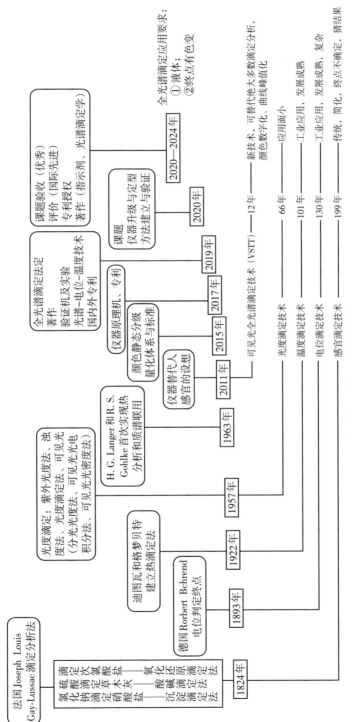

图 3.1　分析化学滴定领域技术发展历程（1824—2023）

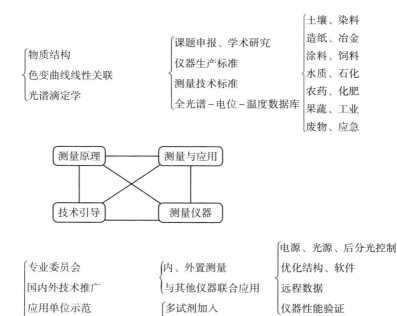

图3.2　全光谱滴定技术发展概述

3.1　光谱滴定学基本规则

（1）光谱–结构变化规则。化学反应中光谱的改变，参与反应的呈色物质中至少有两种物质的结构或浓度发生了变化。

（2）光谱滴定的可见光光谱不变规则。在化学反应中，物质的结构和浓度的变化不一定引起可见光光谱的改变。

（3）光谱滴定的突变峰–结构规则。光谱滴定的色变曲线的突变峰只与呈色物质的结构变化有关，与呈色物质的浓度无关。

（4）光谱滴定的色空间曲线–结构规则。光谱滴定过程中的呈色物质结构或浓度的改变与CIELAB色空间值的参数曲线变化对应。

（5）光谱滴定的曲率变化规则。光谱滴定过程中的色变参数曲线的曲率发生变化，一定对应着被测量溶液中的两种以上物质发生了浓度或结构上的变化。

（6）光谱滴定的色变参数曲线规则。光谱滴定过程中的色变参数曲线是溶液中呈色物质的颜色变化参数值。

（7）光谱滴定的色变点规则。光谱滴定过程中色变参数曲线的色变峰是溶液中呈色物质的结构变化在相应变化的氢离子浓度条件下的变化。

化学反应离不开溶液中离子浓度的变化，不同化学反应中溶液的化学成分对可见光光谱的吸收与反射不同，对相同光源光谱的影响与溶液中各化学成分的化学结构有关。化学光谱滴定包含对连续光谱、溶液离子、试剂、加入试剂的体积的精确测量和计算，经过去除噪声的干扰，建立直观的平面直角坐标系的化学反应光谱变化曲线。用实时可见光谱的变化，为了解、观察化学反应的进程带来了一种新颖且直观的检测手段。

目前，化学界常用的可见光谱测量化学反应的方法是通过单次测量结果估算化学反应进程，测量精度差、工作强度大、方法简陋且烦琐，尚没有使用化学反应光谱滴定的反应曲线计量突变点。国内外尚无用实时色度值参数建立平面直角坐标系，也没有用化学反应光谱变化曲线对化学反应溶液进行检测、分析的方法。该方法将对可见光谱产生影响的化学反应，直观、即时地用曲线在坐标系中表示出来，采用光谱参数作为纵坐标与 pH 值，$c_{[H^+]}$ 或加入试剂的体积 V 为横坐标，建立光谱参数与 pH 值，$c_{[H^+]}$ 或加入试剂的体积 V 的化学反应可见光谱反应曲线，该曲线可以实现实时地测量和反映化学反应变化，进行化学形态的表征。

化学反应中光谱的改变，可能是单波长的吸光度的变化，也可能是波长的改变，还可能是多个波长的同时改变。肉眼观察到的光谱，可能是真颜色（特征颜色波长），也可能是颜色加减后的颜色（加法或减法），只有光谱测量结果才是真实的颜色。颜色是三维的，是立体的，降维描述颜色会产生同色异谱，掩盖真实的颜色。

3.2　全光谱滴定的色变曲线函数 S 的算法

全光谱滴定方法在 CIELAB 色空间方法的基础上引入不同计量参数进行数学变换，衍生出适合不同需求的计算方程。

3.2.1 计量参数 J 的选择

滴定过程中的时间（t）、脉冲信号（f）、加入试剂的体积（V）、加入试剂浓度（c）、pH 值和氢离子浓度（$c_{[H^+]}$）参数中的一种，并选择其中一种计量周期为 x 轴坐标参数或 y 轴坐标参数。

3.2.2 色变曲线参数的选择

滴定过程中的全光谱滴定的色度值参数，即明度值、红-绿色品指数值、黄-蓝色品指数值及其衍生参数彩度值、色调角和色差中的一种，或者该参数的差值及其倒数算法，并选择其中一种计量周期为 y 轴坐标参数或 x 轴坐标参数。

3.2.3 色变曲线函数的类型

全光谱滴定的色变曲线函数 S 的算法包括全光谱滴定的色变曲线函数 S_s 和 $S_{\Delta s}$ 的 72 种算法（S_s 类的 36 种算法和 $S_{\Delta s}$ 类的 36 种算法，适合任意曲线类型）以及色变曲线函数 S_J 的 15 种算法（适合色度值参数相交类型），共计 87 种算法。

3.3 全光谱滴定的色变曲线函数 S_s 和 $S_{\Delta s}$ 系列计算公式（72种）

全光谱滴定的色变曲线函数 S 的算法，包括全光谱滴定的色变曲线函数 S_s 与 $S_{\Delta s}$ 的共 72 种算法（适合任意曲线类型）。

其中，全光谱滴定的色变曲线函数 S_s 的计算公式为

$$S_s = \left| \frac{(M_x - M_y)^n}{J} \right| \tag{3.1}$$

式中，S_s——当 J 取当前量时的全光谱滴定的色变曲线函数；

M——CIELAB 色空间的色度值的明度值、红-绿色品指数值、黄-蓝色品指数值和其衍生参数彩度值、色调角和色差中的一种；

x，n——1，2，3，…；

y——2，3，4，…；

　　　　J——滴定过程中的时间、脉冲信号、加入试剂的体积、加入试剂的浓度、pH值和氢离子浓度等参数中的一种。

　　全光谱滴定的色变曲线函数 S_s 有6类36种算法。明度值的差值、红-绿色品指数值的差值、黄-蓝色品指数值的差值和其衍生参数彩度值的差值、色调角的差值和色差的差值，这6类参数的差值与滴定过程中的时间、脉冲信号、加入试剂的体积、加入试剂的浓度、pH值和氢离子浓度这6种计量参数建立了36种应用类型的函数计算公式。

　　其中，全光谱滴定的色变曲线函数 $S_{\Delta s}$ 的计算公式为

$$S_{\Delta s} = \left| \frac{\left(M_x - M_y \right)^n}{\left(J_x - J_y \right)^m} \right| \tag{3.2}$$

式中，$S_{\Delta s}$——当 J 取当前量的差值时的全光谱滴定的色变曲线函数；

　　　　m——1，2，3，…。

　　全光谱滴定的色变曲线函数 $S_{\Delta s}$ 有36种算法。明度值的差值、红-绿色品指数值的差值、黄-蓝色品指数值的差值和其衍生参数彩度值的差值、色调角的差值和色差的差值，这6类参数的差值与滴定过程中的时间、脉冲信号、加入试剂的体积、加入试剂的浓度、pH值和氢离子浓度这6种计量参数的差值建立了36种应用类型的函数计算公式。

3.3.1　明度值的差值与计量参数 J 的全光谱滴定的色变曲线函数 S_{sL^*-J} 的计算公式

　　全光谱滴定的色变曲线函数 S_s，当选择以明度值的差值为变量时

$$S_{sL^*-J} = \left| \frac{\left(L_x^* - L_y^* \right)^n}{J} \right|$$

式中，S_{sL^*-J}——全光谱滴定的明度值色变曲线函数；

　　　　L^*——CIELAB色空间色度值的明度值。

3.3.1.1　明度值的差值与滴定过程中的时间的全光谱滴定的色变曲线函数 S_{sL^*-t} 的计算公式

　　全光谱滴定的色变曲线函数 S_s，当选择以明度值的差值和滴定过程中的时

间为变量时

$$S_{sL^*-t} = \left| \frac{\left(L_x^* - L_y^*\right)^n}{t} \right|$$

式中，S_{sL^*-t}——当选择以明度值的差值和滴定过程中的时间为变量时的全光
谱滴定的色变曲线函数；

t——滴定过程中的时间，s。

应用案例3.1：

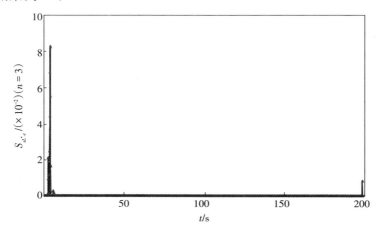

图3.3　全光谱滴定的色变曲线函数 S_{sL^*-t} 图像（$n=3$）（1）

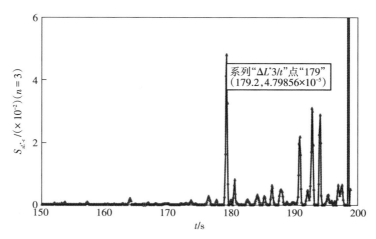

图3.4　全光谱滴定的色变曲线函数 S_{sL^*-t} 图像（$n=3$）（2）

3.3.1.2 明度值的差值与脉冲信号的全光谱滴定的色变曲线函数 $S_{sL^*\text{-}f}$ 的计算公式

全光谱滴定的色变曲线函数 S_s，当选择以明度值的差值和脉冲信号为变量时

$$S_{sL^*\text{-}f} = \left| \frac{\left(L_x^* - L_y^* \right)^n}{f} \right|$$

式中，$S_{sL^*\text{-}f}$——当选择以明度值的差值和脉冲信号为变量时的全光谱滴定的色变曲线；

$\qquad f$——脉冲信号，次。

应用案例3.2：

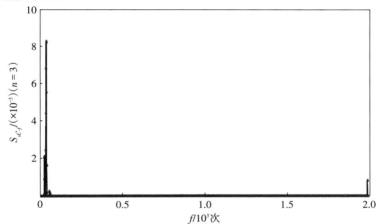

图3.5　全光谱滴定的色变曲线函数 $S_{sL^*\text{-}f}$ 图像（$n=3$）（1）

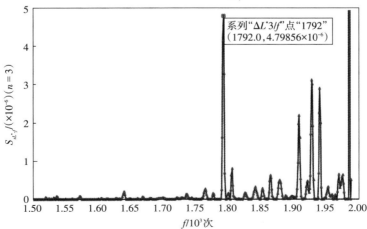

图3.6　全光谱滴定的色变曲线函数 $S_{sL^*\text{-}f}$ 图像（$n=3$）（2）

3.3.1.3 明度值的差值与加入反应液体中试剂的体积的全光谱滴定的色变曲线函数 $S_{sL^{*}-V}$ 的计算公式

全光谱滴定的色变曲线函数 S_s，当选择以明度值的差值和加入试剂的体积为变量时

$$S_{sL^{*}-V} = \left| \frac{\left(L_x^{*} - L_y^{*}\right)^n}{V} \right|$$

式中， $S_{sL^{*}-V}$ ——当选择以明度值的差值和加入试剂的体积为变量时的全光谱滴定的色变曲线函数；

V ——加入试剂的体积，mL。

应用案例3.3：

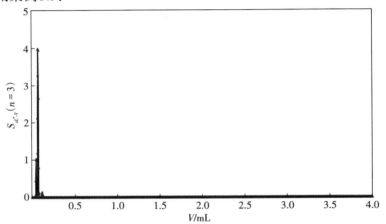

图3.7 全光谱滴定的色变曲线函数 $S_{sL^{*}-V}$ 图像 （$n=3$）（1）

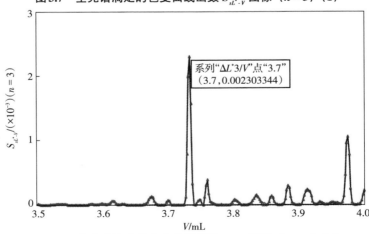

图3.8 全光谱滴定的色变曲线函数 $S_{sL^{*}-V}$ 图像 （$n=3$）（2）

3.3.1.4 明度值的差值与反应液体中加入试剂的浓度的全光谱滴定的色变曲线函数 S_{sL^*-c} 的计算公式

全光谱滴定的色变曲线函数 S_s，当选择以明度值的差值和加入试剂的浓度为变量时

$$S_{sL^*-c} = \left| \frac{\left(L_x^* - L_y^*\right)^n}{c} \right|$$

式中，S_{sL^*-c}——当选择以明度值的差值和加入试剂的浓度为变量时的全光谱滴定的色变曲线函数；

c——加入试剂的浓度，mol/L。

应用案例3.4：

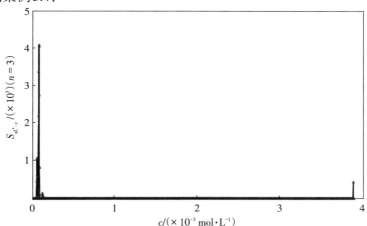

图3.9 全光谱滴定的色变曲线函数 S_{sL^*-c} 图像（$n=3$）（1）

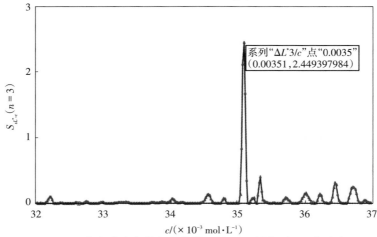

图3.10 全光谱滴定的色变曲线函数 S_{sL^*-c} 图像（$n=3$）（2）

3.3.1.5 明度值的差值与反应液体中 pH 值的全光谱滴定的色变曲线函数 $S_{sL^{*}\text{-}pH}$ 的计算公式

全光谱滴定的色变曲线函数 S_s，当选择以明度值的差值和 pH 值为变量时

$$S_{sL^{*}\text{-}pH} = \left| \frac{\left(L_x^{*} - L_y^{*}\right)^n}{pH} \right|$$

式中，$S_{sL^{*}\text{-}pH}$——当选择以明度值的差值和 pH 值为变量时的全光谱滴定的色变曲线函数；

pH——pH 值。

应用案例 3.5：

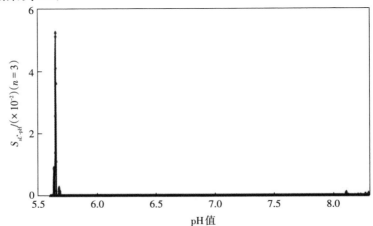

图 3.11 全光谱滴定的色变曲线函数 $S_{sL^{*}\text{-}pH}$ 图像 （$n=3$）（1）

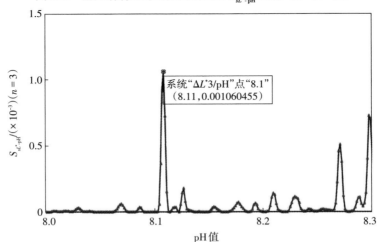

系统"$\Delta L^{*}3/pH$"点"8.1"
（8.11,0.001060455）

图 3.12 全光谱滴定的色变曲线函数 $S_{sL^{*}\text{-}pH}$ 图像 （$n=3$）（2）

3.3.1.6 明度值的差值与反应液体中氢离子浓度的全光谱滴定的色变曲线函数 $S_{sL^*-c_{[H^+]}}$ 的计算公式

全光谱滴定的色变曲线函数 S_s，当选择以明度值的差值和氢离子浓度为变量时

$$S_{sL^*-c_{[H^+]}} = \left| \frac{\left(L_x^* - L_y^* \right)^n}{c_{[H^+]}} \right|$$

式中，$S_{sL^*-c_{[H^+]}}$——当选择以明度值的差值和氢离子浓度为变量时的全光谱滴定的色变曲线函数；

$c_{[H^+]}$——氢离子浓度，mol/L。

应用案例3.6：

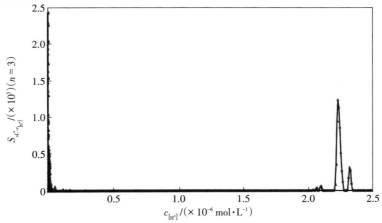

图3.13 全光谱滴定的色变曲线函数 S_{sL^*-pH} 图像（$n = 3$）（1）

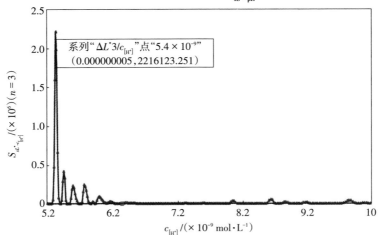

图3.14 全光谱滴定的色变曲线函数 $S_{sL^*-c_{[H^+]}}$ 图像（$n = 3$）（2）

3.3.2 明度值的差值与计量参数 J 的差值的全光谱滴定色变曲线函数 $S_{\Delta sL^*-J}$ 的计算公式

全光谱滴定的色变曲线函数 S_s，当选择以明度值的差值与 J 的差值为变量时

$$S_{\Delta sL^*-J}=\left|\frac{\left(L_x^*-L_y^*\right)^n}{\left(J_x-J_y\right)^m}\right|$$

式中，$S_{\Delta sL^*-J}$ ——当选择以明度值的差值与 J 的差值为变量时的全光谱滴定的色变曲线函数。

3.3.2.1 明度值的差值与滴定过程中的时间的差值的全光谱滴定的色变曲线函数 $S_{\Delta sL^*-t}$ 的计算公式

色变曲线函数 S_s，当选择以明度值的差值和滴定过程中的时间的差值为变量时

$$S_{\Delta sL^*-t}=\left|\frac{\left(L_x^*-L_y^*\right)^n}{\left(t_x-t_y\right)^m}\right|$$

式中，$S_{\Delta sL^*-t}$ ——当选择以明度值的差值和滴定过程中的时间的差值为变量时的全光谱滴定的色变曲线函数。

应用案例3.7：

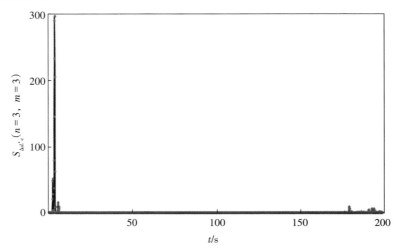

图3.15 全光谱滴定的色变曲线函数 $S_{\Delta sL^*-t}$ 图像（ $n=3$，$m=3$ ）（1）

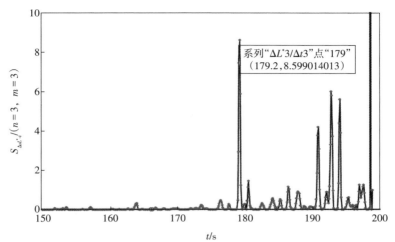

图3.16　全光谱滴定的色变曲线函数 $S_{\Delta sL^*-t}$ 图像（$n=3$，$m=3$）（2）

3.3.2.2　明度值的差值与脉冲信号的差值的全光谱滴定的色变曲线函数 $S_{\Delta sL^*-f}$ 的计算公式

全光谱滴定的色变曲线函数 S_s，当选择以明度值的差值和脉冲信号的差值为变量时

$$S_{\Delta sL^*-f} = \left| \frac{\left(L_x^* - L_y^*\right)^n}{\left(f_x - f_y\right)^m} \right|$$

式中，$S_{\Delta sL^*-f}$——当选择以明度值的差值和脉冲信号的差值为变量时的全光谱滴定的色变曲线函数。

应用案例3.8：

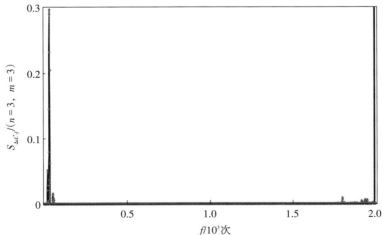

图3.17　全光谱滴定的色变曲线函数 $S_{\Delta sL^*-f}$ 图像（$n=3$，$m=3$）（1）

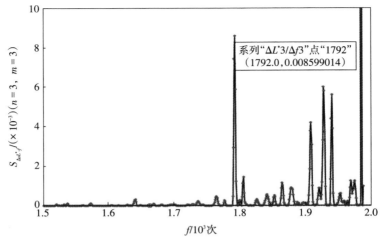

图3.18 全光谱滴定的色变曲线函数 $S_{\Delta sL^* \text{-} f}$ 图像（$n=3$，$m=3$）（2）

3.3.2.3 明度值的差值与加入反应液体中试剂的体积的差值的全光谱滴定的色变曲线函数 $S_{\Delta sL^* \text{-} V}$ 的计算公式

全光谱滴定的色变曲线函数 S_s，当选择以明度值的差值和加入试剂的体积的差值为变量时

$$S_{\Delta sL^* \text{-} V} = \left| \frac{\left(L_x^* - L_y^* \right)^n}{\left(V_x - V_y \right)^m} \right|$$

式中，$S_{\Delta sL^* \text{-} V}$——当选择以明度值的差值和加入试剂的体积的差值为变量时的全光谱滴定的色变曲线函数。

应用案例3.9：

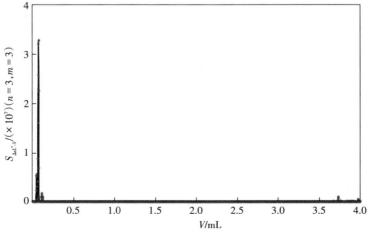

图3.19 全光谱滴定的色变曲线函数 $S_{\Delta sL^* \text{-} V}$ 图像（$n=3$，$m=3$）（1）

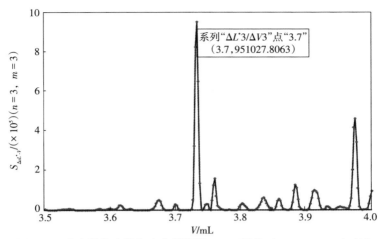

图3.20　全光谱滴定的色变曲线函数 $S_{\Delta sL^*-V}$ 图像（$n=3$，$m=3$）（2）

3.3.2.4　明度值的差值与反应液体中试剂的浓度的差值的全光谱滴定的色变曲线函数 $S_{\Delta sL^*-c}$ 的计算公式

全光谱滴定的色变曲线函数 S_s，当选择以明度值的差值和加入试剂的浓度的差值为变量时

$$S_{\Delta sL^*-c} = \left| \frac{\left(L_x^* - L_y^* \right)^n}{\left(c_x - c_y \right)^m} \right|$$

式中，$S_{\Delta sL^*-c}$——当选择以明度值的差值和加入试剂的浓度的差值为变量时的全光谱滴定的色变曲线函数。

应用案例3.10：

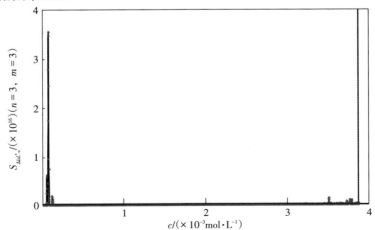

图3.21　全光谱滴定的色变曲线函数 $S_{\Delta sL^*-c}$ 图像（$n=3$，$m=3$）（1）

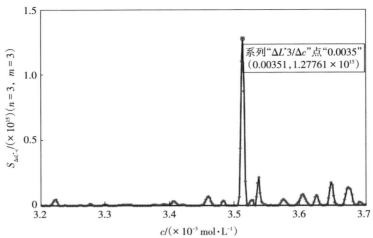

图3.22　全光谱滴定的色变曲线函数 $S_{\Delta sL^{*}-c}$ 图像（$n=3$，$m=3$）（2）

3.3.2.5　明度值的差值与反应液体中 pH 值的差值的全光谱滴定的色变曲线函数 $S_{\Delta sL^{*}-pH}$ 的计算公式

全光谱滴定的色变曲线函数 S_s，当选择以明度值的差值和 pH 值的差值为变量时

$$S_{\Delta sL^{*}-pH}=\left|\frac{\left(L_x^{*}-L_y^{*}\right)^n}{\left(pH_x-pH_y\right)^m}\right|$$

式中，$S_{\Delta sL^{*}-pH}$——当选择以明度值的差值和 pH 值的差值为变量时的全光谱滴定的色变曲线函数。

应用案例3.11：

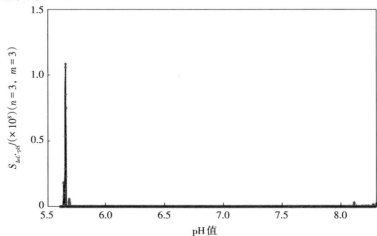

图3.23　全光谱滴定的色变曲线函数 $S_{\Delta sL^{*}-pH}$ 图像（$n=3$，$m=3$）（1）

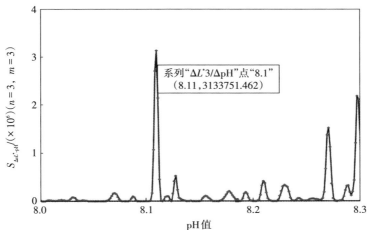

图 3.24 全光谱滴定的色变曲线函数 $S_{\Delta sL^*-pH}$ 图（$n=3$，$m=3$）（2）

3.3.2.6 明度值的差值与反应液体中氢离子浓度的差值的全光谱滴定的色变曲线函数 $S_{\Delta sL^*-c_{[H+]}}$ 的计算公式

全光谱滴定的色变曲线函数 S_s，当选择以明度值的差值和氢离子浓度的差值为变量时

$$S_{\Delta sL^*-c_{[H+]}} = \left| \frac{\left(\Delta L_x^* - \Delta L_y^*\right)^n}{\left(c_{[H^+]x} - c_{[H^+]y}\right)^m} \right|$$

式中， $S_{\Delta sL^*-c_{[H^+]}}$ ——当选择以明度值的差值和氢离子浓度的差值为变量时的全光谱滴定的色变曲线函数。

应用案例 3.12：

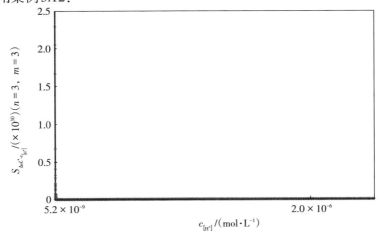

图 3.25 全光谱滴定的色变曲线函数 $S_{\Delta sL^*-c_{[H^+]}}$ 图像（$n=3$，$m=3$）（1）

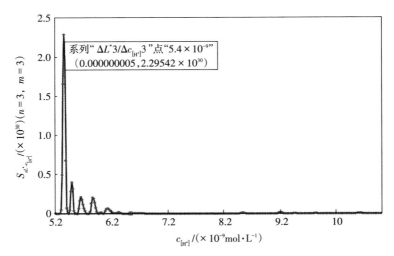

图3.26 全光谱滴定的色变曲线函数 $S_{\Delta aL^* - c_{[H^+]}}$ 图像（$n=3$，$m=3$）（2）

3.3.3 红–绿色品指数值的差值与计量参数 J 的全光谱滴定色变曲线函数 $S_{sa^* - J}$ 的计算公式

全光谱滴定的色变曲线函数 S_s，当选择以红–绿色品指数值的差值与 J 为变量时

$$S_{sa^* - J} = \left| \frac{\left(a_x^* - a_y^* \right)^n}{J} \right|$$

式中，$S_{sa^* - J}$——全光谱滴定的红–绿色品指数色变曲线函数；

a^*——CIELAB 色空间的红–绿色品指数值。

3.3.3.1 红–绿色品指数值的差值与时间的全光谱滴定的色变曲线函数 $S_{sa^* - t}$ 的计算公式

全光谱滴定的色变曲线函数 S_s，当选择红–绿色品指数值的差值和滴定过程中的时间为变量时

$$S_{sa^* - t} = \left| \frac{\left(a_x^* - a_y^* \right)^n}{t} \right|$$

式中，$S_{sa^* - t}$——当参数选择以红–绿色品指数值的差值和滴定过程中的时间为变量时的全光谱滴定的色变曲线函数。

应用案例3.13：

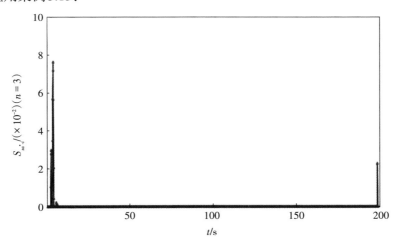

图3.27　全光谱滴定的色变曲线函数 S_{sa^*-t} 图像（$n=3$）（1）

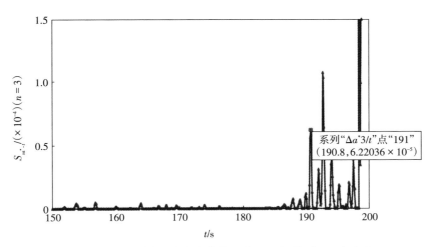

图3.28　全光谱滴定的色变曲线函数 S_{sa^*-t} 图像（$n=3$）（2）

3.3.3.2　红-绿色品指数值的差值与脉冲信号的全光谱滴定的色变曲线函数 S_{sa^*-f} 的计算公式

全光谱滴定的色变曲线函数 S_s，当选择以红-绿色品指数值的差值和脉冲信号为变量时

$$S_{sa^*-f} = \left| \frac{\left(a_x^* - a_y^* \right)^n}{f} \right|$$

式中，S_{sa^*-f}——当选择以红-绿色品指数值的差值和脉冲信号为变量时的全光
谱滴定的色变曲线函数。

应用案例3.14：

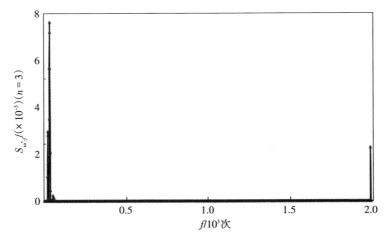

图3.29　全光谱滴定的色变曲线函数 S_{sa^*-f} 图像（$n=3$）（1）

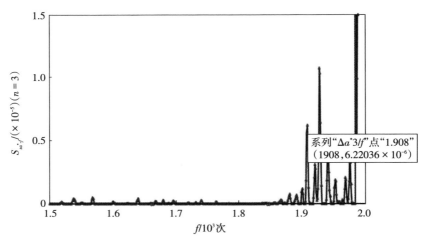

图3.30　全光谱滴定的色变曲线函数 S_{sa^*-f} 图像（$n=3$）（2）

3.3.3.3　红-绿色品指数值的差值与加入反应液体中试剂的体积的计算公式 S_{sa^*-V}

全光谱滴定的色变曲线函数 S_s，当选择以红-绿色品指数的差值和加入试剂的体积为变量时

$$S_{sa^*-V} = \left| \frac{\left(a_x^* - a_y^*\right)^n}{V} \right|$$

式中，S_{sa^*-V}——当选择以红–绿色品指数值的差值和加入试剂的体积为变量时的全光谱滴定的色变曲线函数。

应用案例3.15：

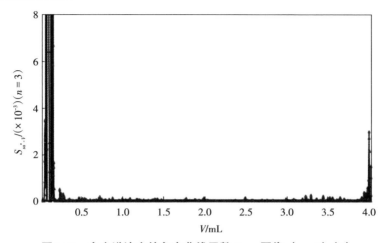

图3.31　全光谱滴定的色变曲线函数 S_{sa^*-V} 图像（$n=3$）（1）

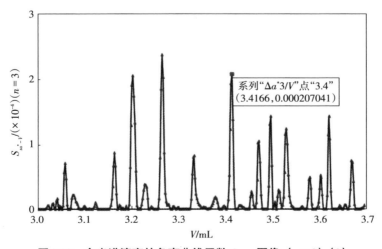

图3.32　全光谱滴定的色变曲线函数 S_{sa^*-V} 图像（$n=3$）（2）

3.3.3.4 红–绿色品指数值的差值与加入反应液体中试剂的浓度的全光谱滴定的色变曲线函数 S_{sa^*-c} 的计算公式

全光谱滴定的色变曲线函数 S_s，当选择以红–绿色品指数值的差值和加入试剂的浓度为变量时

$$S_{sa^*-c} = \left| \frac{\left(a_x^* - a_y^*\right)^n}{c} \right|$$

式中， S_{sa^*-c} ——当选择以红–绿色品指数值的差值和加入试剂的浓度为变量时的全光谱滴定的色变曲线函数。

应用案例3.16：

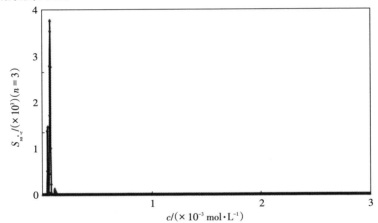

图 3.33　全光谱滴定的色变曲线函数 S_{sa^*-c} 图像 （$n=3$）（1）

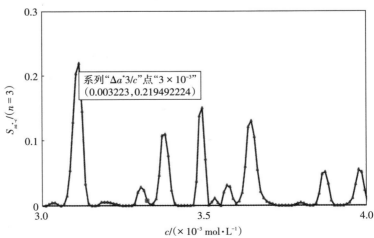

图 3.34　全光谱滴定的色变曲线函数 S_{sa^*-c} 图像 （$n=3$）（2）

3.3.3.5 红-绿色品指数值的差值与反应液体中 pH 值的全光谱滴定的色变曲线函数 $S_{sa^*\text{-pH}}$ 的计算公式

全光谱滴定的色变曲线函数 S_s，当选择以红-绿色品指数值的差值和 pH 值为变量时

$$S_{sa^*\text{-pH}} = \left| \frac{\left(a_x^* - a_y^* \right)^n}{\text{pH}} \right|$$

式中，$S_{sa^*\text{-pH}}$ ——当选择以红-绿色品指数值的差值和 pH 值为变量时的全光谱滴定的色变曲线函数。

应用案例 3.17：

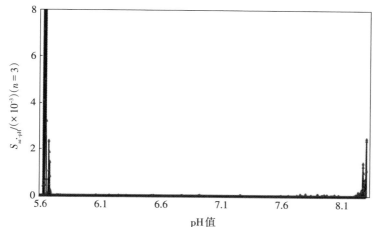

图 3.35　全光谱滴定的色变曲线函数 $S_{sa^*\text{-pH}}$ 图像（$n=3$）（1）

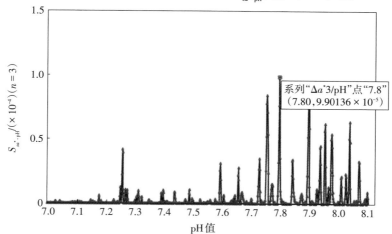

系列"$\Delta a^*3/\text{pH}$"点"7.8"
（$7.80, 9.90136 \times 10^{-5}$）

图 3.36　全光谱滴定的色变曲线函数 $S_{sa^*\text{-pH}}$ 图像（$n=3$）（2）

3.3.3.6 红-绿色品指数值的差值与反应液体中氢离子浓度的全光谱滴定的色变曲线函数 $S_{sa^*-c_{[H^+]}}$ 的计算公式

全光谱滴定的色变曲线函数 S_s，当选择以红-绿色品指数值的差值和氢离子浓度为变量时

$$S_{sa^*-c_{[H^+]}} = \left| \frac{\left(a_x^* - a_y^*\right)^n}{c_{[H^+]}} \right|$$

式中，$S_{sa^*-c_{[H^+]}}$——当选择以红-绿色品指数值的差值和氢离子浓度为变量时的全光谱滴定的色变曲线函数。

应用案例3.18：

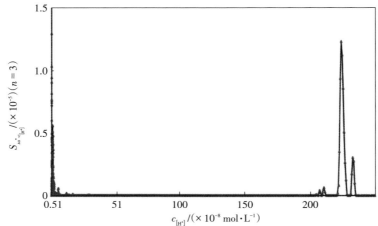

图3.37 全光谱滴定的色变曲线函数 $S_{sa^*-c_{[H^+]}}$ 图像（$n=3$）（1）

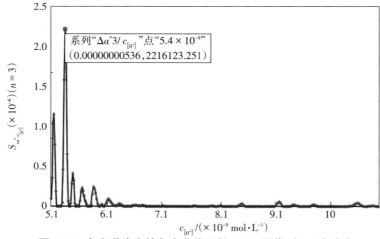

图3.38 全光谱滴定的色变曲线函数 $S_{sa^*-c_{[H^+]}}$ 图像（$n=3$）（2）

3.3.4 红-绿色品指数值的差值与计量参数 J 的差值的全光谱滴定色变曲线函数 $S_{\Delta sa^*-J}$ 的计算公式

全光谱滴定的色变曲线函数 S_s，当选择以红-绿色品指数值的差值与计量参数 J 的差值为变量时

$$S_{\Delta sa^*-J} = \left| \frac{\left(a_x^* - a_y^*\right)^n}{\left(J_x - J_y\right)^m} \right|$$

式中，$S_{\Delta sa^*-J}$ ——当选择以红-绿色品指数值的差值和计量参数的差值为变量时的全光谱滴定的色变曲线函数。

3.3.4.1 红-绿色品指数值的差值与滴定过程中的时间的差值的全光谱滴定的色变曲线函数 $S_{\Delta sa^*-t}$ 的计算公式

全光谱滴定的色变曲线函数 S_s，当选择以红-绿色品指数值的差值和滴定过程中的时间的差值为变量时

$$S_{\Delta sa^*-t} = \left| \frac{\left(a_x^* - a_y^*\right)^n}{\left(t_x - t_y\right)^m} \right|$$

式中，$S_{\Delta sa^*-t}$ ——当选择以红-绿色品指数值的差值和滴定过程中的时间的差值为变量时的全光谱滴定的色变曲线函数。

应用案例3.19：

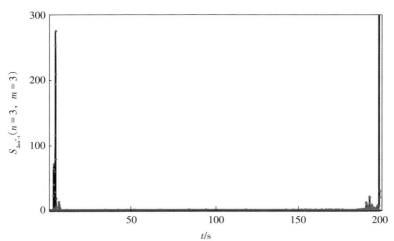

图3.39 全光谱滴定的色变曲线函数 $S_{\Delta sa^*-t}$ 图像（$n = 3$，$m = 3$）（1）

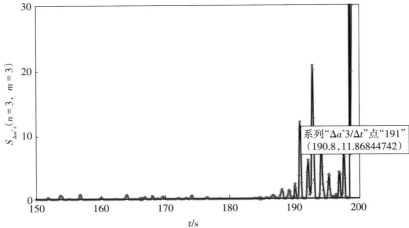

图3.40　全光谱滴定的色变曲线函数 $S_{\Delta sa^*-t}$ 图像（$n=3$，$m=3$）（2）

3.3.4.2　红-绿色品指数值的差值与脉冲信号的差值的全光谱滴定的色变 曲线函数 $S_{\Delta sa^*-f}$ 的计算公式

全光谱滴定的色变曲线函数 S_s，当以选择红-绿色品指数值的差值和脉冲 信号的差值为变量时

$$S_{\Delta sa^*-f} = \left| \frac{\left(a_x^* - a_y^*\right)^n}{\left(f_x - f_y\right)^m} \right|$$

式中，$S_{\Delta sa^*-f}$——当选择以红-绿色品指数值的差值和脉冲信号的差值为变量 时的全光谱滴定的色变曲线函数。

应用案例3.20：

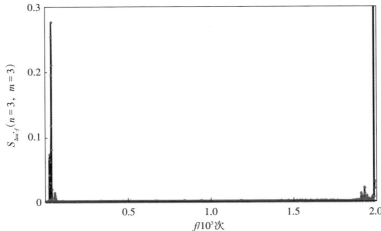

图3.41　全光谱滴定的色变曲线函数 $S_{\Delta sa^*-f}$ 图像（$n=3$，$m=3$）（1）

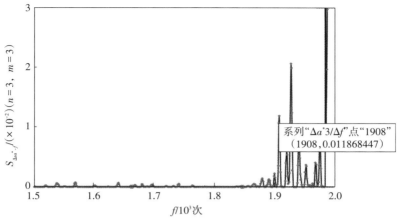

图3.42 全光谱滴定的色变曲线函数 $S_{\Delta sa^*-f}$ 图像（$n=3$，$m=3$）（2）

3.3.4.3 红-绿色品指数值的差值与加入反应液体中试剂的体积的差值的全光谱滴定的色变曲线函数 $S_{\Delta sa^*-V}$ 的计算公式

全光谱滴定的色变曲线函数 S_s，当选择以红-绿色品指数值的差值和加入试剂的体积的差值为变量时

$$S_{\Delta sa^*-V} = \left| \frac{\left(a_x^* - a_y^*\right)^n}{\left(V_x - V_y\right)^m} \right|$$

式中，$S_{\Delta sa^*-V}$——当选择以红-绿色品指数值的差值和加入试剂的体积的差值为变量时的全光谱滴定的色变曲线函数。

应用案例3.21：

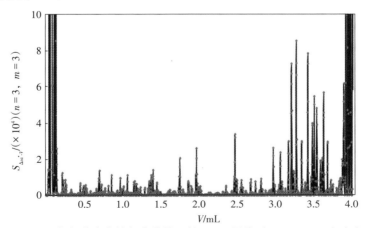

图3.43 全光谱滴定的色变曲线函数 $S_{\Delta sa^*-V}$ 图像（$n=3$，$m=3$）（1）

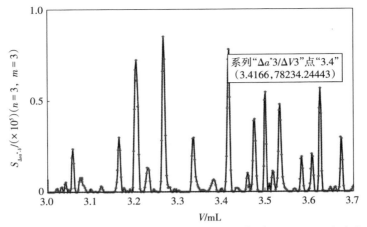

图3.44　全光谱滴定的色变曲线函数 $S_{\Delta sa^*-V}$ 图像（$n=3$，$m=3$）（2）

3.3.4.4　红-绿色品指数值的差值与反应液体中试剂的浓度的差值的全光谱滴定的色变曲线函数 $S_{\Delta sa^*-c}$ 的计算公式

全光谱滴定的色变曲线函数 S_s，当选择以红-绿色品指数值的差值和加入试剂的浓度的差值为变量时

$$S_{\Delta sa^*-c} = \left| \frac{\left(a_x^* - a_y^* \right)^n}{\left(c_x - c_y \right)^m} \right|$$

式中，　$S_{\Delta sa^*-c}$——当选择以红-绿色品指数值的差值和加入试剂的浓度的差值为变量时的全光谱滴定的色变曲线函数。

应用案例3.22：

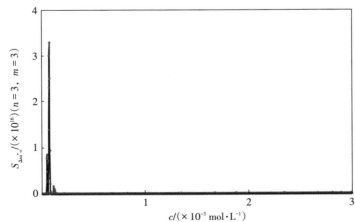

图3.45　全光谱滴定的色变曲线函数 $S_{\Delta sa^*-c}$ 图像（$n=3$，$m=3$）（1）

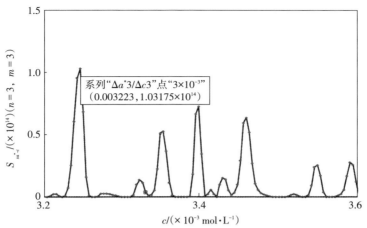

图 3.46　全光谱滴定的色变曲线函数 $S_{\Delta sa^{*}-c}$ 图像 （$n=3$，$m=3$）（2）

3.3.4.5　红–绿色品指数值的差值与反应液体中 pH 值的差值的全光谱滴定的色变曲线函数 $S_{\Delta sa^{*}-pH}$ 的计算公式

全光谱滴定的色变曲线函数 S_s，当选择以红–绿色品指数值的差值和 pH 值的差值为变量时

$$S_{\Delta sa^{*}-pH} = \left| \frac{\left(a_{x}^{*} - a_{y}^{*}\right)^{n}}{\left(pH_{x} - pH_{y}\right)^{m}} \right|$$

式中，　$S_{\Delta sa^{*}-pH}$ ——当选择以红–绿色品指数值的差值和 pH 值的差值为变量时的全光谱滴定的色变曲线函数。

应用案例 3.23：

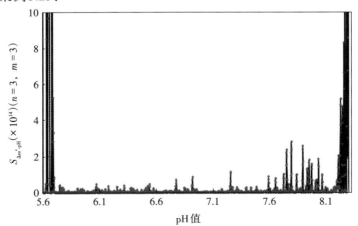

图 3.47　全光谱滴定的色变曲线函数 $S_{\Delta sa^{*}-pH}$ 图像 （$n=3$，$m=3$）（1）

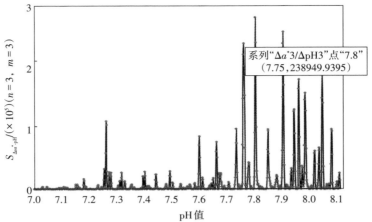

图3.48　全光谱滴定的色变曲线函数 $S_{\Delta sa^*-pH}$ 图像（$n=3$，$m=3$）（2）

3.3.4.6　红-绿色品指数值的差值与反应液体中氢离子浓度的差值的全光谱滴定的色变曲线函数 $S_{\Delta sa^*-c_{[H^+]}}$ 的计算公式

全光谱滴定的色变曲线函数 S_s，当选择以红-绿色品指数值的差值和氢离子浓度的差值为变量时

$$S_{\Delta sa^*-c_{[H^+]}} = \left| \frac{\left(a_x^* - a_y^*\right)^n}{\left(c_{[H^+]x} - c_{[H^+]y}\right)^m} \right|$$

式中，$S_{\Delta sa^*-c_{[H^+]}}$——当选择以红-绿色品指数值的差值和滴定过程中的氢离子浓度的差值为变量时的全光谱滴定的色变曲线函数。

应用案例3.24：

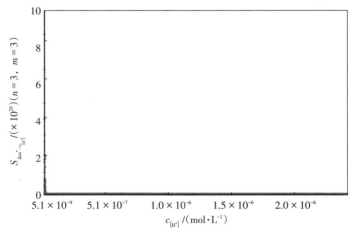

图3.49　全光谱滴定的色变曲线函数 $S_{\Delta sa^*-c_{[H^+]}}$ 图像（$n=3$，$m=3$）（1）

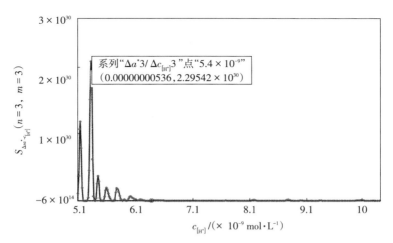

图3.50 全光谱滴定的色变曲线函数 $S_{\Delta sa^*\text{-}c_{[H^+]}}$ 图像（$n = 3$，$m = 3$）（2）

3.3.5 黄–蓝色品指数值的差值与计量参数 J 的全光谱滴定色变曲线函数 $S_{sb^*\text{-}J}$ 的计算公式

全光谱滴定的色变曲线函数 S_s，当选择以黄–蓝色品指数值的差值为变量时

$$S_{sb^*\text{-}J} = \left| \frac{\left(b_x^* - b_y^* \right)^n}{J} \right|$$

式中，$S_{sb^*\text{-}J}$ ——全光谱滴定的黄–蓝色品指数色变曲线函数。

3.3.5.1 黄–蓝色品指数值的差值与滴定过程中的时间的全光谱滴定的色变曲线函数 $S_{sb^*\text{-}t}$ 的计算公式

全光谱滴定的色变曲线函数 S_s，当选择以黄–蓝色品指数值的差值和滴定过程中的时间为变量时

$$S_{sb^*\text{-}t} = \left| \frac{\left(b_x^* - b_y^* \right)^n}{t} \right|$$

式中，$S_{sb^*\text{-}t}$ ——当选择以黄–蓝色品指数值的差值和滴定过程中的时间为变量时的全光谱滴定的色变曲线函数；

b^* ——CIELAB 色空间的色度值的黄–蓝色品指数值。

应用案例3.25：

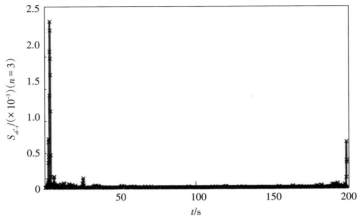

图3.51 全光谱滴定的色变曲线函数 S_{sb^*-t} 图像（$n = 3$）

3.3.5.2 黄–蓝色品指数值的差值与脉冲信号的全光谱滴定的色变曲线函数 S_{sb^*-f} 的计算公式

全光谱滴定的色变曲线函数 S_s，当选择以黄–蓝色品指数值的差值和脉冲信号为变量时

$$S_{sb^*-f} = \left| \frac{\left(b_x^* - b_y^*\right)^n}{f} \right|$$

式中，S_{sb^*-f}——当选择以黄–蓝色品指数值的差值和脉冲信号为变量时的全光谱滴定的色变曲线函数。

应用案例3.26：

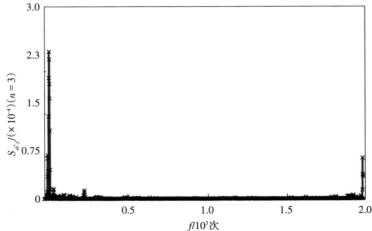

图3.52 全光谱滴定的色变曲线函数 S_{sb^*-f} 图像（$n = 3$）

3.3.5.3 黄–蓝色品指数值的差值与加入试剂的体积的全光谱滴定的色变曲线函数 S_{sb^*-V} 的计算公式

全光谱滴定的色变曲线函数 S_s，当选择以黄–蓝色品指数值的差值和加入试剂的体积为变量时

$$S_{sb^*-V} = \left| \frac{\left(b_x^* - b_y^*\right)^n}{V} \right|$$

式中，S_{sb^*-V}——当选择以黄–蓝色品指数值的差值和加入试剂的体积为变量时的全光谱滴定的色变曲线函数。

应用案例3.27：

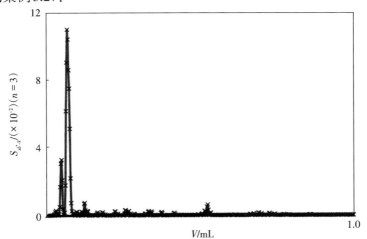

图3.53 全光谱滴定的色变曲线函数 S_{sb^*-V} 图像（$n=3$）（1）

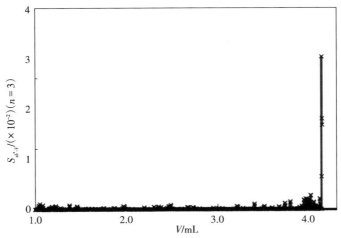

图3.54 全光谱滴定的色变曲线函数 S_{sb^*-V} 图像（$n=3$）（2）

3.3.5.4 黄-蓝色品指数值的差值与加入反应液体中试剂的浓度的全光谱滴定的色变曲线函数 S_{sb^*-c} 的计算公式

全光谱滴定的色变曲线函数 S_s，当选择以黄-蓝色品指数值的差值和加入试剂的浓度为变量时

$$S_{sb^*-c} = \left| \frac{\left(b_x^* - b_y^*\right)^n}{c} \right|$$

式中， S_{sb^*-c} ——当选择以黄-蓝色品指数值的差值和加入试剂的浓度为变量时的全光谱滴定的色变曲线函数。

应用案例3.28：

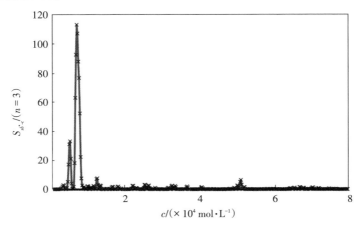

图3.55　全光谱滴定的色变曲线函数 S_{sb^*-c} 图像 （ $n = 3$ ）（1）

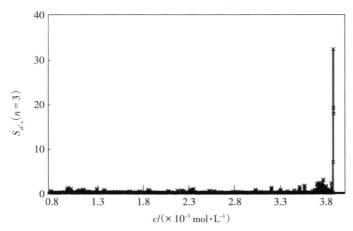

图3.56　全光谱滴定的色变曲线函数 S_{sb^*-c} 图像 （ $n = 3$ ）（2）

3.3.5.5　黄−蓝色品指数值的差值与反应液体中 pH 值的全光谱滴定的色
变曲线函数 $S_{sb^{*}\text{-pH}}$ 的计算公式

全光谱滴定的色变曲线函数 S_s，当选择以黄−蓝色品指数值的差值和 pH 值
为变量时

$$S_{sb^{*}\text{-pH}} = \left| \frac{\left(b_x^{*} - b_y^{*}\right)^n}{\text{pH}} \right|$$

式中，$S_{sb^{*}\text{-pH}}$——当选择以黄−蓝色品指数值的差值和 pH 值为变量时的全光谱
　　　　　　 滴定的色变曲线函数。

应用案例 3.29：

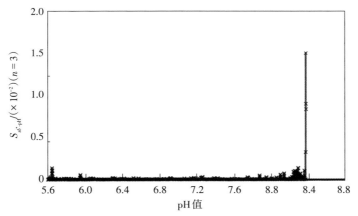

图 3.57　全光谱滴定的色变曲线函数 $S_{sb^{*}\text{-pH}}$ 图像（$n=3$）

3.3.5.6　黄−蓝色品指数值的差值与反应液体中氢离子浓度的全光谱滴
定的色变曲线函数 $S_{sb^{*}\text{-}c_{[\text{H}^{+}]}}$ 的计算公式

全光谱滴定的色变曲线函数 S_s，当选择以黄−蓝色品指数值的差值和氢离子
浓度为变量时

$$S_{sb^{*}\text{-}c_{[\text{H}^{+}]}} = \left| \frac{\left(b_x^{*} - b_y^{*}\right)^n}{c_{[\text{H}^{+}]}} \right|$$

式中，$S_{sb^*-c_{[H^+]}}$ ——当选择以黄-蓝色品指数值的差值和氢离子浓度为变量时的

全光谱滴定的色变曲线函数。

应用案例3.30：

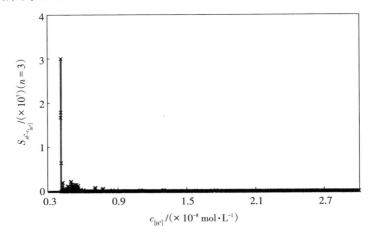

图3.58　全光谱滴定的色变曲线函数 $S_{sb^*-c_{[H^+]}}$ 图像 （$n=3$）（1）

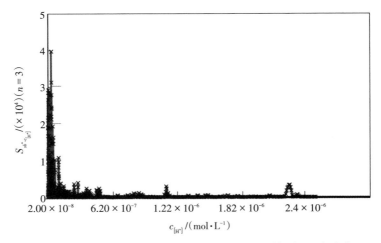

图3.59　全光谱滴定的色变曲线函数 $S_{sb^*-c_{[H^+]}}$ 图像 （$n=3$）（2）

3.3.6　黄-蓝色品指数值的差值与计量参数 J 差值的全光谱滴定色变曲线函数 $S_{\Delta sb^*-J}$ 的计算公式

全光谱滴定的色变曲线函数 S_s，当选择以黄-蓝色品指数值的差值与 J 的

差值为变量时

$$S_{\Delta sb^*\text{-}J} = \left| \frac{\left(b_x^* - b_y^*\right)^n}{\left(J_x - J_y\right)^m} \right|$$

式中，$S_{\Delta sb^*\text{-}J}$——全光谱滴定的黄-蓝色品指数值的差值的色变曲线函数。

3.3.6.1 黄-蓝色品指数值的差值与时间的差值的全光谱滴定的色变曲线函数 $S_{\Delta sb^*\text{-}t}$ 的计算公式

全光谱滴定的色变曲线函数 S_t，当选择以黄-蓝色品指数值的差值和滴定过程中时间的差值为变量时

$$S_{\Delta sb^*\text{-}t} = \left| \frac{\left(b_x^* - b_y^*\right)^n}{\left(t_x - t_y\right)^m} \right|$$

式中，$S_{\Delta sb^*\text{-}t}$——当选择以黄-蓝色品指数值的差值和滴定过程中的时间的差值为变量时的全光谱滴定的色变曲线函数。

应用案例3.31：

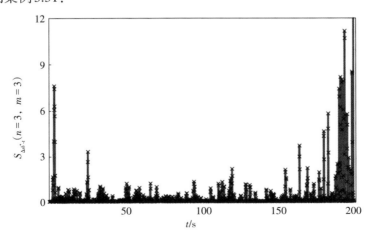

图3.60 全光谱滴定的色变曲线函数 $S_{\Delta sb^*\text{-}t}$ 图像（$n=3$，$m=3$）（1）

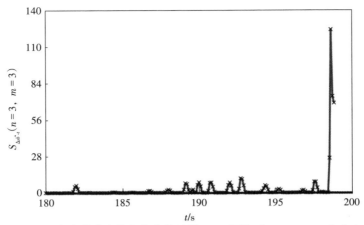

图3.61　全光谱滴定的色变曲线函数 $S_{\Delta sb^{*}\text{-}t}$ 图像（$n=3$，$m=3$）（2）

3.3.6.2　黄–蓝色品指数值的差值与脉冲信号的差值的全光谱滴定的色变曲线函数 $S_{\Delta sb^{*}\text{-}f}$ 的计算公式

全光谱滴定的色变曲线函数 S_s，当选择以黄–蓝色品指数值的差值和脉冲信号的差值为变量时

$$S_{\Delta sb^{*}\text{-}f}=\left|\frac{\left(b_x^{*}-b_y^{*}\right)^n}{\left(f_x-f_y\right)^m}\right|$$

式中，$S_{\Delta sb^{*}\text{-}f}$——当选择以黄–蓝色品指数值的差值和脉冲信号的差值为变量时的全光谱滴定的色变曲线函数。

应用案例3.32：

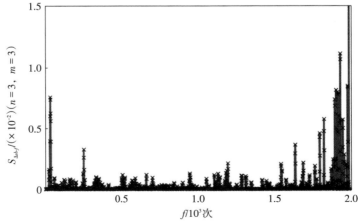

图3.62　全光谱滴定的色变曲线函数 $S_{\Delta sb^{*}\text{-}f}$ 图像（$n=3$，$m=3$）（1）

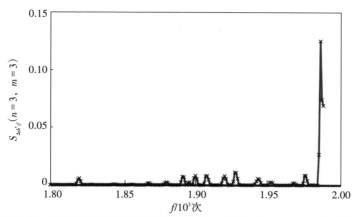

图3.63 全光谱滴定的色变曲线函数 $S_{\Delta sb^*\text{-}f}$ 图像（$n=3$，$m=3$）（2）

3.3.6.3 黄−蓝色品指数值的差值与加入反应液体中试剂的体积的差值的全光谱滴定的色变曲线函数 $S_{\Delta sb^*\text{-}V}$ 的计算公式

全光谱滴定的色变曲线函数 S_s，当选择以黄−蓝色品指数值的差值和加入试剂体积的差值为变量时

$$S_{\Delta sb^*\text{-}V} = \left| \frac{\left(b_x^* - b_y^* \right)^n}{\left(V_x - V_y \right)^m} \right|$$

式中，$S_{\Delta sb^*\text{-}V}$——当选择以黄−蓝色品指数值的差值和加入试剂的体积的差值为变量时的全光谱滴定的色变曲线函数。

应用案例3.33：

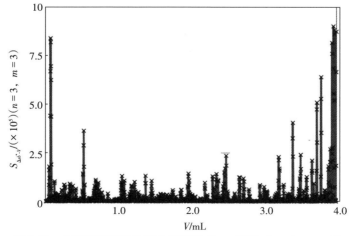

图3.64 全光谱滴定的色变曲线函数 $S_{\Delta sb^*\text{-}V}$ 图像（$n=3$，$m=3$）

3.3.6.4 黄-蓝色品指数值的差值与反应液体中加入试剂的浓度的差值的全光谱滴定的色变曲线函数 $S_{\Delta sb^*-c}$ 的计算公式

全光谱滴定的色变曲线函数 S_s，当选择以黄-蓝色品指数值的差值和加入试剂浓度的差值为变量时

$$S_{\Delta sb^*-c} = \left| \frac{\left(b_x^* - b_y^* \right)^n}{\left(c_x - c_y \right)^m} \right|$$

式中，$S_{\Delta sb^*-c}$ ——当选择以黄-蓝色品指数值的差值和试剂的浓度的差值为变量时的全光谱滴定的色变曲线函数。

应用案例3.34：

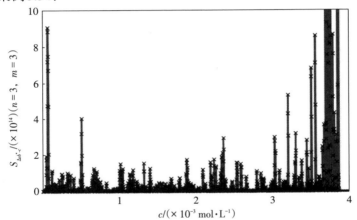

图3.65　全光谱滴定的色变曲线函数 $S_{\Delta sb^*-c}$ 图像 （$n=3$，$m=3$）（1）

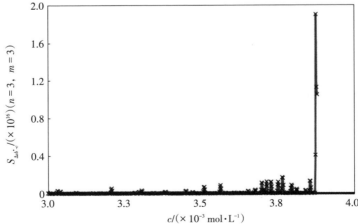

图3.66　全光谱滴定的色变曲线函数 $S_{\Delta sb^*-c}$ 图像 （$n=3$，$m=3$）（2）

3.3.6.5　黄–蓝色品指数值的差值与反应液体中 pH 值的差值的全光谱滴定的色变曲线函数 $S_{\Delta sb^*\text{-pH}}$ 的计算公式

全光谱滴定的色变曲线函数 S_s，当选择以黄–蓝色品指数值的差值和 pH 值的差值为变量时

$$S_{\Delta sb^*\text{-pH}} = \left| \frac{\left(b_x^* - b_y^* \right)^n}{\left(\text{pH}_x - \text{pH}_y \right)^m} \right|$$

式中，$S_{\Delta sb^*\text{-pH}}$——当选择以黄–蓝色品指数值的差值和 pH 值的差值为变量时的全光谱滴定的色变曲线函数。

应用案例 3.35：

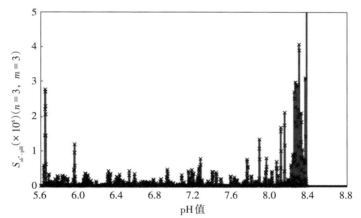

图 3.67　全光谱滴定的色变曲线函数 $S_{\Delta sb^*\text{-pH}}$ 图像（$n=3$，$m=3$）（1）

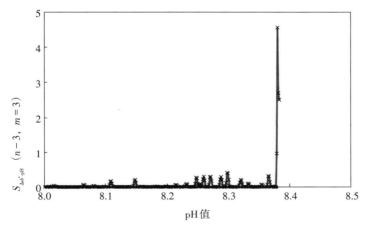

图 3.68　全光谱滴定的色变曲线函数 $S_{\Delta sb^*\text{-pH}}$ 图像（$n=3$，$m=3$）（2）

3.3.6.6 黄–蓝色品指数值的差值与反应液体中氢离子浓度的差值的全光谱滴定的色变曲线函数 $S_{\Delta sb^* - c_{[H^+]}}$ 的计算公式

全光谱滴定的色变曲线函数 S_s，当选择以黄–蓝色品指数值的差值和氢离子浓度的差值为变量时

$$S_{\Delta sb^* - c_{[H^+]}} = \left| \frac{\left(b_x^* - b_y^* \right)^n}{\left(c_{[H^+]_x} - c_{[H^+]_y} \right)^m} \right|$$

式中，$S_{\Delta sb^* - c_{[H^+]}}$ ——当选择以黄–蓝色品指数值的差值和氢离子浓度的差值为变量时的全光谱滴定的色变曲线函数。

应用案例3.36：

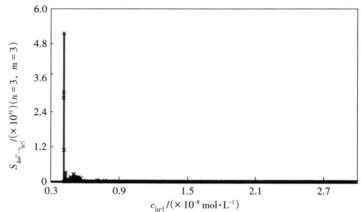

图3.69 全光谱滴定的色变曲线函数 $S_{\Delta sb^* - c_{[H^+]}}$ 图像（$n=3$，$m=3$）（1）

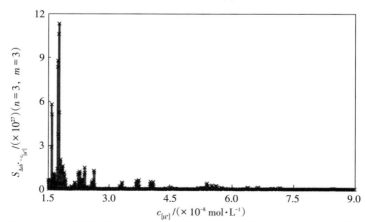

图3.70 全光谱滴定的色变曲线函数 $S_{\Delta sb^* - c_{[H^+]}}$ 图像（$n=3$，$m=3$）（2）

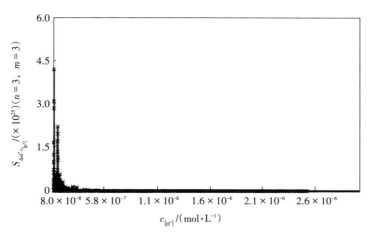

图3.71　全光谱滴定的色变曲线函数 $S_{\Delta sb^* - c_{[H^+]}}$ 图像 （$n=3$，$m=3$）（3）

3.3.7　彩度值的差值与计量参数 J 的全光谱滴定色变曲线函数 $S_{sC_{ab}^* - J}$ 的计算公式

全光谱滴定的色变曲线函数 S_s，当选择以彩度值的差值为变量时

$$S_{sC_{ab}^* - J} = \left| \frac{\left(C_{abx}^* - C_{aby}^* \right)^n}{J} \right|$$

式中，$S_{sC_{ab}^*}$——全光谱滴定的彩度值色变曲线函数；

$\quad\quad C_{ab}^*$——CIELAB色空间的彩度值。

3.3.7.1　彩度值的差值与滴定过程中的时间的全光谱滴定的色变曲线函数 $S_{sC_{ab}^* - t}$ 的计算公式

全光谱滴定的色变曲线 S_s，当选择以彩度值的差值和滴定过程中的时间为变量时

$$S_{sC_{ab}^* - t} = \left| \frac{\left(C_{abx}^* - C_{aby}^* \right)^n}{t} \right|$$

式中，$S_{sC_{ab}^* - t}$——当选择以彩度值的差值和滴定过程中的时间为变量时的全光谱滴定的色变曲线函数。

应用案例3.37：

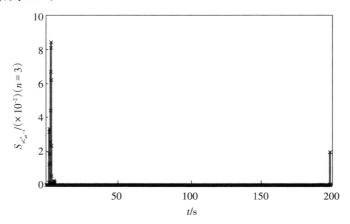

图3.72　全光谱滴定的色变曲线函数 $S_{sC_{ab}^*-t}$ 图像 （$n=3$）

3.3.7.2　彩度值的差值与脉冲信号的全光谱滴定的色变曲线函数 $S_{sC_{ab}^*-f}$ 的计算公式

全光谱滴定的色变曲线函数 S_s，当选择以彩度值的差值和脉冲信号为变量时

$$S_{sC_{ab}^*-f} = \left| \frac{\left(C_{abx}^* - C_{aby}^* \right)^n}{f} \right|$$

式中，$S_{sC_{ab}^*-f}$——当选择以彩度值的差值和脉冲信号为变量时的全光谱滴定的色变曲线函数。

应用案例3.38：

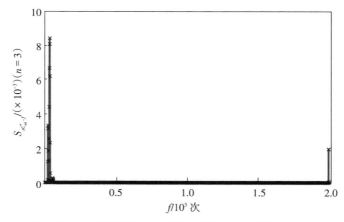

图3.73　全光谱滴定的色变曲线函数 $S_{sC_{ab}^*-f}$ 图像 （$n=3$）

3.3.7.3 彩度值的差值与加入反应液体中试剂的体积的全光谱滴定的色变曲线函数 $S_{sC_{ab}^{*}-V}$ 的计算公式

全光谱滴定的色变曲线函数 S_s，当选择以彩度值的差值和加入试剂的体积参数为变量时

$$S_{sC_{ab}^{*}-V} = \left| \frac{\left(C_{abx}^{*} - C_{aby}^{*}\right)^n}{V} \right|$$

式中，$S_{sC_{ab}^{*}-V}$——当选择以彩度值的差值和加入试剂的体积为变量时的全光谱滴定的色变曲线函数。

应用案例3.39：

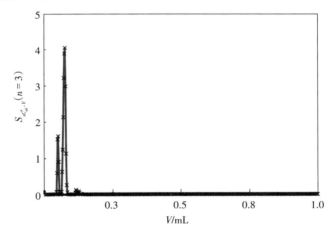

图3.74 全光谱滴定的色变曲线函数 $S_{sC_{ab}^{*}-V}$ 图像（$n=3$）（1）

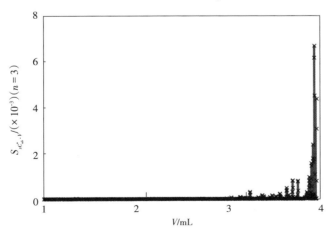

图3.75 全光谱滴定的色变曲线函数 $S_{sC_{ab}^{*}-V}$ 图像（$n=3$）（2）

3.3.7.4 彩度值的差值与加入反应液体中试剂的浓度的全光谱滴定的色变曲线函数 $S_{sC_{ab}^*-c}$ 的计算公式

全光谱滴定的色变曲线函数 S_s，当选择以彩度值的差值和加入试剂的浓度为变量时

$$S_{sC_{ab}^*-c} = \left| \frac{\left(C_{abx}^* - C_{aby}^* \right)^n}{c} \right|$$

式中， $S_{sC_{ab}^*-c}$ ——当选择以彩度值的差值和加入试剂的浓度为变量时的全光谱滴定的色变曲线函数。

应用案例3.40：

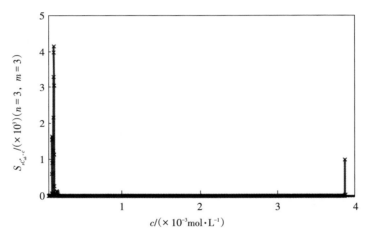

图3.76　全光谱滴定的色变曲线函数 $S_{sC_{ab}^*-c}$ 图像（$n = 3$）

3.3.7.5 彩度值的差值与反应液体中pH值的全光谱滴定的色变曲线函数 $S_{sC_{ab}^*-pH}$ 的计算公式

全光谱滴定的色变曲线函数 S_s，当选择以彩度值的差值和pH值为变量时

$$S_{sC_{ab}^*-pH} = \left| \frac{\left(C_{abx}^* - C_{aby}^* \right)^n}{pH} \right|$$

式中， $S_{sC_{ab}^*-pH}$ ——当选择以彩度值的差值和pH值为变量时的全光谱滴定的色变曲线函数。

应用案例3.41：

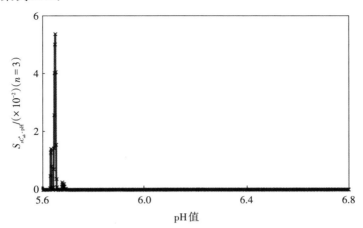

图3.77　全光谱滴定的色变曲线函数 $S_{sC_{ab}^{*}-pH}$ 图像（$n=3$）（1）

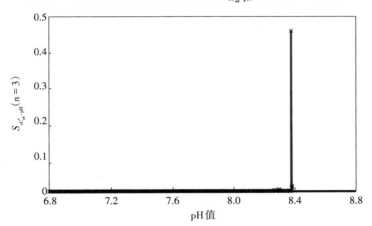

图3.78　全光谱滴定的色变曲线函数 $S_{sC_{ab}^{*}-pH}$ 图像（$n=3$）（2）

3.3.7.6　彩度值的差值与反应液体中氢离子浓度的全光谱滴定的色变曲线函数 $S_{sC_{ab}^{*}-c_{[H^{+}]}}$ 的计算公式

全光谱滴定的色变曲线函数 S_s，当选择以彩度值的差值和氢离子浓度为变量时

$$S_{sC_{ab}^{*}-c_{[H^{+}]}} = \left| \frac{\left(C_{abx}^{*} - C_{aby}^{*}\right)^{n}}{c_{[H^{+}]}} \right|$$

式中，$S_{sC_{ab}^{*}-c_{[H^{+}]}}$——当选择以彩度值的差值和氢离子浓度为变量时的全光谱滴定的色变曲线函数。

应用案例3.42：

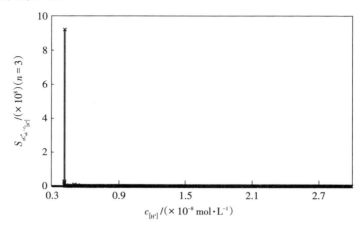

图3.79　全光谱滴定的色变曲线函数 $S_{sC_{ab}^* - c_{[H^+]}}$　图像（$n=3$）（1）

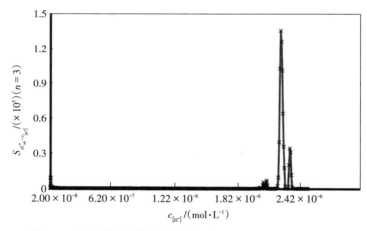

图3.80　全光谱滴定的色变曲线函数 $S_{sC_{ab}^* - c_{[H^+]}}$　图像（$n=3$）（2）

3.3.8　彩度值的差值与计量参数 J 差值的全光谱滴定色变曲线 函数 $S_{\Delta sC_{ab}^* - J}$ 的计算公式

全光谱滴定的色变曲线函数 S_s，当选择以彩度值的差值与 J 的差值为变量时

$$S_{\Delta sC_{ab}^* - J} = \left| \frac{\left(C_{abx}^* - C_{aby}^* \right)^n}{\left(J_x - J_y \right)^m} \right|$$

式中，$S_{\Delta sC_{ab}^* - J}$——当选择以彩度值的差值与 J 的差值为变量时的全光谱滴定的 色变曲线函数。

3.3.8.1 彩度值的差值与滴定过程中的时间的差值的全光谱滴定的色变曲线函数 $S_{\Delta sC_{ab}^*-t}$ 的计算公式

全光谱滴定的色变曲线函数 S_s，当选择以彩度值的差值和滴定过程中的时间的差值为变量时

$$S_{\Delta sC_{ab}^*-t} = \left| \frac{\left(C_{abx}^* - C_{aby}^* \right)^n}{\left(t_x - t_y \right)^m} \right|$$

式中，$S_{\Delta sC_{ab}^*-t}$——当选择以彩度值的差值和滴定过程中的时间的差值为变量时的全光谱滴定的色变曲线函数。

应用案例3.43：

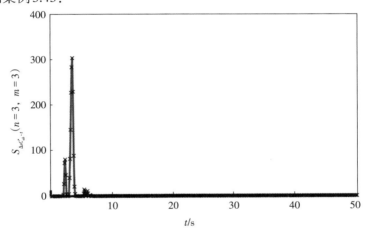

图3.81 全光谱滴定的色变曲线函数 $S_{\Delta sC_{ab}^*-t}$ 图像 （$n=3$，$m=3$）（1）

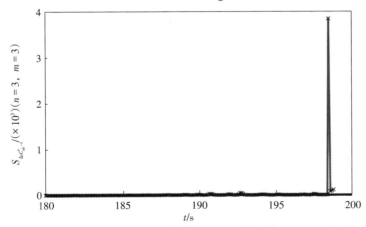

图3.82 全光谱滴定的色变曲线函数 $S_{\Delta sC_{ab}^*-t}$ 图像 （$n=3$，$m=3$）（2）

3.3.8.2 彩度值的差值与脉冲信号的差值的全光谱滴定的色变曲线函数 $S_{\Delta sC_{ab}^*-f}$ 的计算公式

全光谱滴定的色变曲线函数 S_s，当选择以彩度值的差值和脉冲信号的差值为变量时

$$S_{\Delta sC_{ab}^*-f} = \left| \frac{\left(C_{abx}^* - C_{aby}^*\right)^n}{\left(f_x - f_y\right)^m} \right|$$

式中，$S_{\Delta sC_{ab}^*-f}$——当选择以彩度值的差值和脉冲信号的差值为变量时的全光谱滴定的色变曲线函数。

应用案例 3.44：

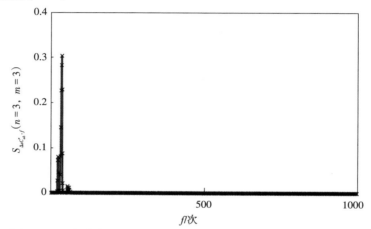

图3.83 全光谱滴定的色变曲线函数 $S_{\Delta sC_{ab}^*-f}$ 图像 （$n=3$，$m=3$）（1）

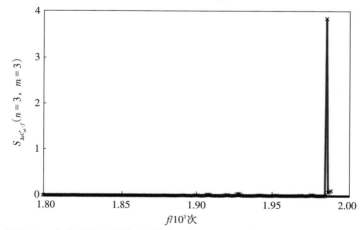

图3.84 全光谱滴定的色变曲线函数 $S_{\Delta sC_{ab}^*-f}$ 图像 （$n=3$，$m=3$）（2）

3.3.8.3　彩度值的差值与加入反应液体中试剂的体积的差值的全光谱滴定的色变曲线函数 $S_{\Delta sC_{ab}^* \text{-} V}$ 的计算公式

全光谱滴定的色变曲线函数 S_s，当选择以彩度值的差值和加入试剂的体积的差值为变量时

$$S_{\Delta sC_{ab}^* \text{-} V} = \left| \frac{\left(C_{abx}^* - C_{aby}^* \right)^n}{\left(V_x - V_y \right)^m} \right|$$

式中，$S_{\Delta sC_{ab}^* \text{-} V}$ ——当选择以彩度值的差值和加入试剂的体积的差值为变量时的全光谱滴定的色变曲线函数。

应用案例 3.45：

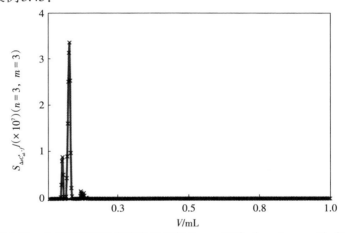

图 3.85　全光谱滴定的色变曲线函数 $S_{\Delta sC_{ab}^* \text{-} V}$ 图像（$n=3$，$m=3$）（1）

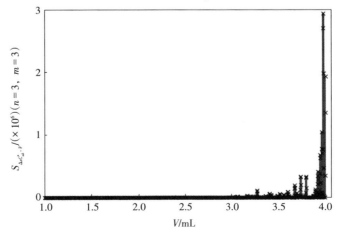

图 3.86　全光谱滴定的色变曲线函数 $S_{\Delta sC_{ab}^* \text{-} V}$ 图像（$n=3$，$m=3$）（2）

3.3.8.4 彩度值的差值与加入反应液体中试剂的浓度的差值的全光谱滴定的色变曲线函数 $S_{\Delta s C_{ab}^* - c}$ 的计算公式

全光谱滴定的色变曲线函数 S_s，当选择以彩度值的差值和加入试剂的浓度的差值为变量时

$$S_{\Delta s C_{ab}^* - c} = \left| \frac{\left(C_{abx}^* - C_{aby}^* \right)^n}{\left(c_x - c_y \right)^m} \right|$$

式中，$S_{\Delta s C_{ab}^* - c}$——当选择以彩度值的差值和加入试剂的浓度的差值为变量时的全光谱滴定的色变曲线函数。

应用案例3.46：

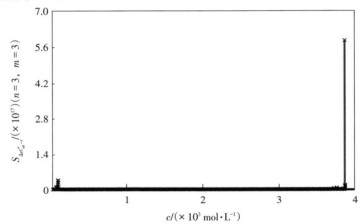

图3.87　全光谱滴定的色变曲线函数 $S_{\Delta s C_{ab}^* - c}$ 图像 （$n=3$，$m=3$）（1）

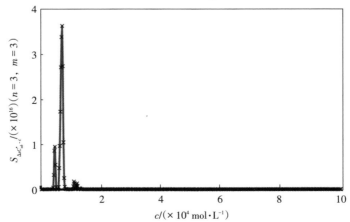

图3.88　全光谱滴定的色变曲线函数 $S_{\Delta s C_{ab}^* - c}$ 图像 （$n=3$，$m=3$）（2）

3.3.8.5 彩度值的差值与反应液体中pH值的差值的全光谱滴定的色变曲线函数 $S_{\Delta s C_{ab}^* - pH}$ 的计算公式

全光谱滴定的色变曲线函数 S_s，当选择以彩度值的差值和pH值的差值为变量时

$$S_{\Delta s C_{ab}^* - pH} = \left| \frac{\left(C_{abx}^* - C_{aby}^* \right)^n}{\left(pH_x - pH_y \right)^m} \right|$$

式中，$S_{\Delta s C_{ab}^* - pH}$——当选择以彩度值的差值和pH值的差值为变量时的全光谱滴定的色变曲线函数。

应用案例3.47：

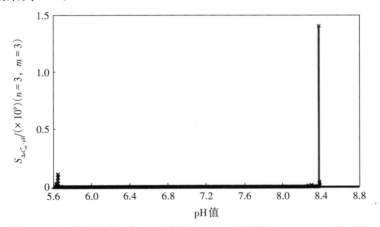

图3.89 全光谱滴定的色变曲线函数 $S_{\Delta s C_{ab}^* - pH}$ 图像（$n = 3$，$m = 3$）（1）

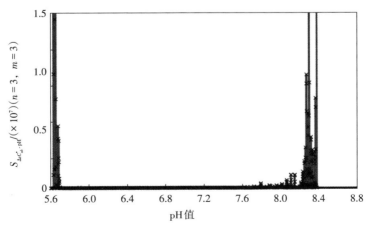

图3.90 全光谱滴定的色变曲线函数 $S_{\Delta s C_{ab}^* - pH}$ 图像（$n = 3$，$m = 3$）（2）

3.3.8.6 彩度值的差值与反应液体中氢离子浓度的差值的全光谱滴定的色变曲线函数 $S_{\Delta s C_{ab}^{*} - c_{[H^{+}]}}$ 的计算公式

全光谱滴定的色变曲线函数 S_s，当选择以彩度值的差值和氢离子浓度的差值为变量时

$$S_{\Delta s C_{ab}^{*} - c_{[H^{+}]}} = \left| \frac{\left(C_{abx}^{*} - C_{aby}^{*} \right)^{n}}{\left(c_{[H^{+}]x} - c_{[H^{+}]y} \right)^{m}} \right|$$

式中，$S_{\Delta s C_{ab}^{*} - c_{[H^{+}]}}$ ——当选择以彩度值的差值和氢离子浓度的差值为变量时的全光谱滴定的色变曲线函数。

应用案例3.48：

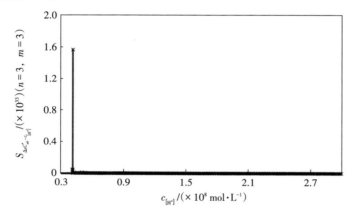

图3.91 全光谱滴定的色变曲线函数 $S_{\Delta s C_{ab}^{*} - c_{[H^{+}]}}$ 图像 （$n = 3$，$m = 3$）（1）

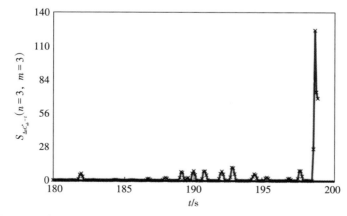

图3.92 全光谱滴定的色变曲线函数 $S_{\Delta s C_{ab}^{*} - c_{[H^{+}]}}$ 图像 （$n = 3$，$m = 3$）（2）

3.3.9　色调角的差值与计量参数 J 的全光谱滴定的色变曲线函数 $S_{sh_{ab}\text{-}J}$ 的计算公式

全光谱滴定的色变曲线函数 S_s，当选择以色调角为变量时

$$S_{sh_{ab}\text{-}J} = \left| \frac{\left(h_{abx} - h_{aby} \right)^n}{J} \right|$$

式中，$S_{sh_{ab}\text{-}J}$——全光谱滴定的色调角色变曲线函数。

该全光谱滴定的色变曲线函数 $S_{sh_{ab}}$ 计算公式包括6种具体应用算法（滴定过程中的时间、脉冲信号、加入试剂的体积、加入试剂的浓度、pH值和氢离子浓度参数）。

3.3.9.1　色调角的差值与时间的全光谱滴定的色变曲线函数 $S_{sh_{ab}\text{-}t}$ 的计算公式

全光谱滴定的色变曲线函数 S_s，当选择以色调角的差值和滴定过程中的时间为变量时

$$S_{sh_{ab}\text{-}t} = \left| \frac{\left(h_{abx} - h_{aby} \right)^n}{t} \right|$$

式中，$S_{sh_{ab}\text{-}t}$——当选择以色调角的差值和滴定过程中的时间为变量时的全光谱滴定的色变曲线函数。

应用案例3.49：

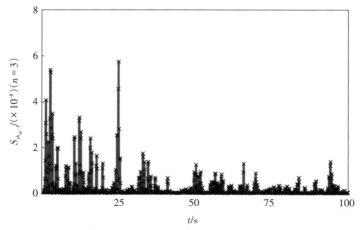

图3.93　全光谱滴定的色变曲线函数 $S_{sh_{ab}\text{-}t}$ 图像（ $n=3$ ）（1）

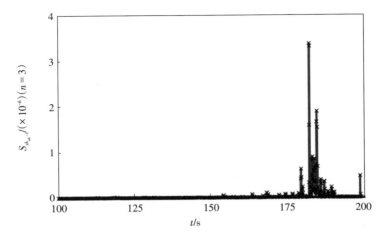

图3.94　全光谱滴定的色变曲线函数 $S_{sh_{ab}-t}$ 图像（$n=3$）（2）

3.3.9.2　色调角的差值与脉冲信号的全光谱滴定的色变曲线函数 $S_{sh_{ab}-f}$ 的计算公式

全光谱滴定的色变曲线函数 S_s，当选择以色调角的差值和脉冲信号为变量时

$$S_{sh_{ab}-f} = \left| \frac{(h_{abx} - h_{aby})^n}{f} \right|$$

式中，　$S_{sh_{ab}-f}$——当选择以色调角的差值和脉冲信号为变量时的全光谱滴定的色变曲线函数。

应用案例3.50：

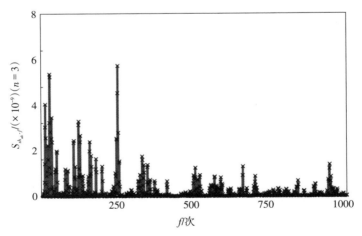

图3.95　全光谱滴定的色变曲线函数 $S_{sh_{ab}-f}$ 图像（$n=3$）（1）

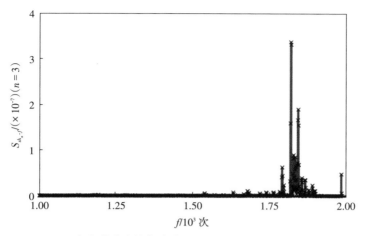

图 3.96　全光谱滴定的色变曲线函数 $S_{sh_{ab}-f}$ 图像（$n=3$）（2）

3.3.9.3　色调角的差值与加入反应液体中试剂的体积的全光谱滴定的色变曲线函数 $S_{sh_{ab}-V}$ 的计算公式

全光谱滴定的色变曲线函数 S_s，当选择以色调角的差值和加入试剂的体积为变量时

$$S_{sh_{ab}-V} = \left| \frac{\left(h_{abx} - h_{aby}\right)^n}{V} \right|$$

式中，$S_{sh_{ab}-V}$——当选择以色调角的差值和加入试剂的体积为变量时的全光谱滴定的色变曲线函数。

应用案例 3.51：

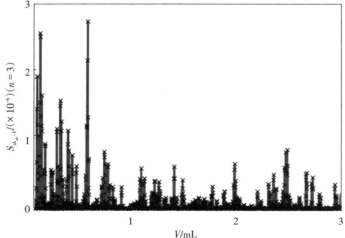

图 3.97　全光谱滴定的色变曲线函数 $S_{sh_{ab}-V}$ 图像（$n=3$）（1）

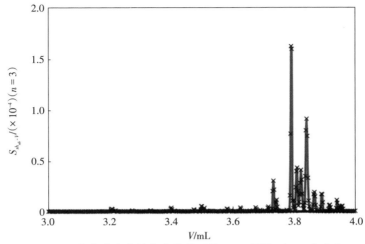

图3.98　全光谱滴定的色变曲线函数 $S_{sh_{ab}-V}$ 图像（$n=3$）（2）

3.3.9.4　色调角的差值与加入反应液体中试剂浓度的全光谱滴定的色变曲线函数 $S_{sh_{ab}-c}$ 的计算公式

全光谱滴定的色变曲线函数 S_s，当选择以色调角的差值和加入试剂的浓度为变量时

$$S_{sh_{ab}-c} = \left| \frac{\left(h_{abx} - h_{aby} \right)^n}{c} \right|$$

式中，$S_{sh_{ab}-c}$——当选择以色调角的差值和加入试剂的浓度为变量时的全光谱滴定的色变曲线函数。

应用案例3.52：

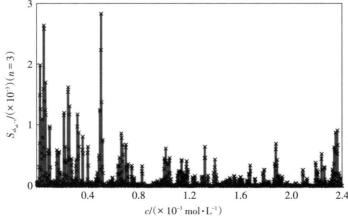

图3.99　全光谱滴定的色变曲线函数 $S_{sh_{ab}-c}$ 图像（$n=3$）（1）

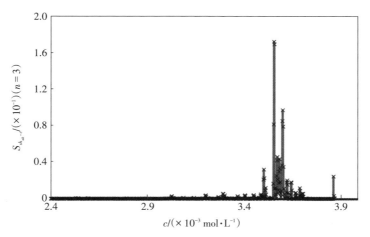

图3.100 全光谱滴定的色变曲线函数 $S_{sh_{ab}\text{-}c}$ 图像（$n=3$）（2）

3.3.9.5 色调角的差值与反应液体中pH值的全光谱滴定的色变曲线函数 $S_{sh_{ab}\text{-}pH}$ 的计算公式

全光谱滴定的色变曲线函数 S_s，当选择以色调角的差值和pH值为变量时

$$S_{sh_{ab}\text{-}pH} = \left| \frac{\left(h_{abx} - h_{aby} \right)^n}{pH} \right|$$

式中，$S_{sh_{ab}\text{-}pH}$——当选择以色调角的差值和pH值为变量时的全光谱滴定的色变曲线函数。

应用案例3.53：

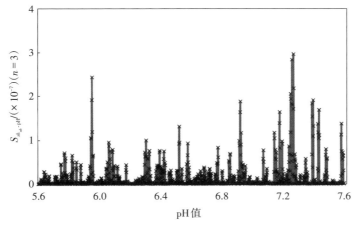

图3.101 全光谱滴定的色变曲线函数 $S_{sh_{ab}\text{-}pH}$ 图像（$n=3$）（1）

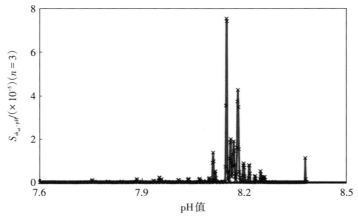

图3.102　全光谱滴定的色变曲线函数 $S_{sh_{ab}\text{-pH}}$ 图像 （$n=3$）（2）

3.3.9.6　色调角的差值与反应液体中氢离子浓度的全光谱滴定的色变曲线函数 $S_{sh_{ab}\text{-}c_{[H^+]}}$ 的计算公式

全光谱滴定的色变曲线函数 S_s，当选择以色调角的差值和氢离子浓度为变量时

$$S_{sh_{ab}\text{-}c_{[H^+]}} = \left| \frac{\left(h_{abx} - h_{aby}\right)^n}{c_{[H^+]}} \right|$$

式中，$S_{sh_{ab}\text{-}c_{[H^+]}}$——当选择以色调角的差值和氢离子浓度为变量时的全光谱滴定的色变曲线函数。

应用案例3.54：

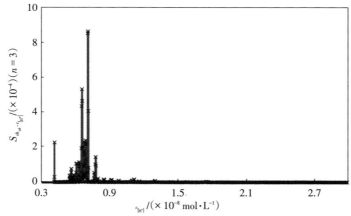

图3.103　全光谱滴定的色变曲线函数 $S_{sh_{ab}\text{-}c_{[H^+]}}$ 图像 （$n=3$）（1）

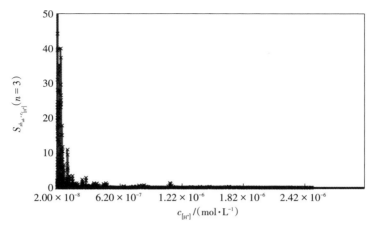

图3.104 全光谱滴定的色变曲线函数 $S_{sh_{ab}-c_{[H^+]}}$ 图像（$n = 3$）（2）

3.3.10 色调角的差值与计量参数 J 的差值的全光谱滴定色变曲线全光谱滴定的色变曲线函数 $S_{\Delta sh_{ab}-J}$ 的计算公式

全光谱滴定的色变曲线函数 S_s，当选择以色调角的差值与计量参数的差值为变量时

$$S_{\Delta sh_{ab}-J} = \left| \frac{\left(h_{abx} - h_{aby}\right)^n}{\left(J_x - J_y\right)^m} \right|$$

式中，$S_{\Delta sh_{ab}-J}$——全光谱滴定的色调角的差值色变曲线函数。

3.3.10.1 色调角的差值与滴定过程中的时间的差值的全光谱滴定的色变曲线函数 $S_{\Delta sh_{ab}-t}$ 的计算公式

全光谱滴定的色变曲线函数 S_s，当选择以色调角的差值和滴定过程中的时间的差值为变量时

$$S_{\Delta sh_{ab}-t} = \left| \frac{\left(h_{abx} - h_{aby}\right)^n}{\left(t_x - t_y\right)^m} \right|$$

式中，$S_{\Delta sh_{ab}-t}$——当选择以色调角的差值和滴定过程中的时间的差值为变量时的全光谱滴定的色变曲线函数。

应用案例3.55：

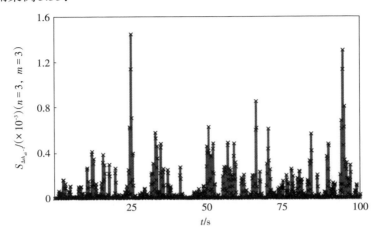

图3.105 全光谱滴定的色变曲线函数 $S_{\Delta_{sh_{ab}}-t}$ 图像（$n=3$，$m=3$）（1）

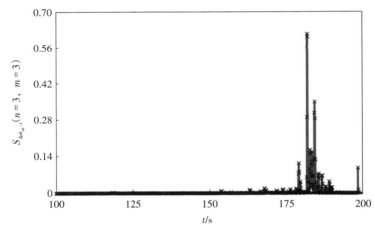

图3.106 全光谱滴定的色变曲线函数 $S_{\Delta sh_{ab}-t}$ 图像（$n=3$，$m=3$）（2）

3.3.10.2 色调角的差值与脉冲信号的差值的全光谱滴定的色变曲线函数 $S_{\Delta sh_{ab}-f}$ 的计算公式

全光谱滴定的色变曲线函数 S_s，当选择以色调角的差值和脉冲信号的差值为变量时

$$S_{\Delta sh_{ab}-f} = \left| \frac{\left(h_{abx} - h_{aby}\right)^n}{\left(f_x - f_y\right)^m} \right|$$

式中，$S_{\Delta sh_{ab}-f}$——当选择以色调角的差值和脉冲信号的差值为变量时的全光谱

滴定的色变曲线函数。

应用案例 3.56：

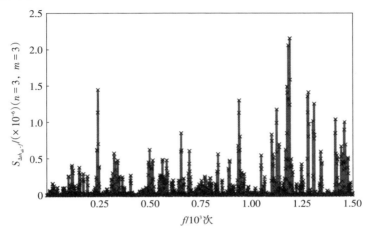

图 3.107　全光谱滴定的色变曲线函数 $S_{\Delta sh_{ab}\text{-}f}$ 图像（$n=3$，$m=3$）（1）

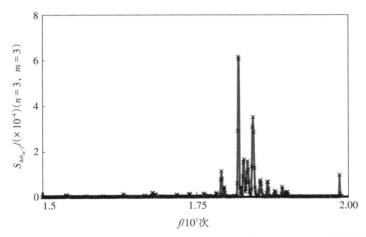

图 3.108　全光谱滴定的色变曲线函数 $S_{\Delta sh_{ab}\text{-}f}$ 图像（$n=3$，$m=3$）（2）

3.3.10.3　色调角的差值与加入反应液体中试剂的体积的差值的全光谱滴定的色变曲线函数 $S_{\Delta sh_{ab}\text{-}V}$ 的计算公式

全光谱滴定的色变曲线函数 S_s，当选择以色调角的差值和加入试剂的体积的差值为变量时

$$S_{\Delta sh_{ab}\text{-}V} = \left| \frac{\left(h_{abx} - h_{aby}\right)^n}{\left(V_x - V_y\right)^m} \right|$$

113

式中，$S_{\Delta sh_{ab}\text{-}V}$——当选择以色调角的差值和加入试剂的体积的差值为变量时的全光谱滴定的色变曲线函数。

应用案例3.57：

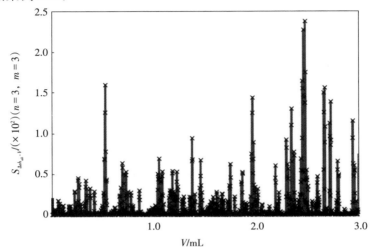

图3.109 全光谱滴定的色变曲线函数 $S_{\Delta sh_{ab}\text{-}V}$ 图像（$n=3$，$m=3$）（1）

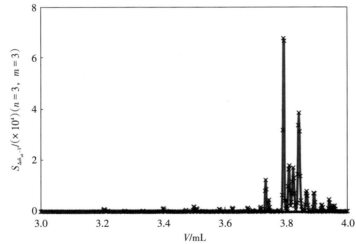

图3.110 全光谱滴定的色变曲线函数 $S_{\Delta sh_{ab}\text{-}V}$ 图像（$n=3$，$m=3$）（2）

3.3.10.4 色调角的差值与加入反应液体中试剂的浓度的差值的全光谱滴定的色变曲线函数 $S_{\Delta sh_{ab}\text{-}c}$ 的计算公式

全光谱滴定的色变曲线函数 S_s，当选择以色调角的差值和加入试剂的浓度的差值为变量时

$$S_{\Delta sh_{ab}\text{-}c} = \left| \frac{(h_{abx} - h_{aby})^n}{(c_x - c_y)^m} \right|$$

式中，$S_{\Delta sh_{ab}\text{-}c}$——当选择以色调角的差值和加入试剂的浓度的差值为变量时的全光谱滴定的色变曲线函数。

应用案例3.58：

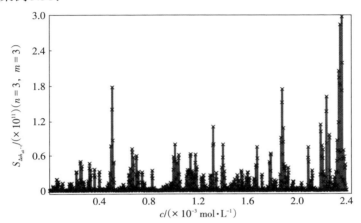

图3.111　全光谱滴定的色变曲线函数 $S_{\Delta sh_{ab}\text{-}c}$ 图像（$n=3$，$m=3$）（1）

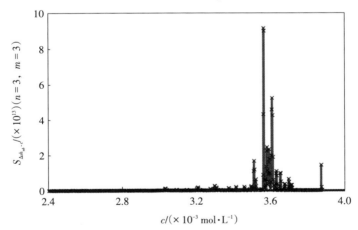

图3.112　全光谱滴定的色变曲线函数 $S_{\Delta sh_{ab}\text{-}c}$ 图像（$n=3$，$m=3$）（2）

3.3.10.5　色调角的差值与反应液体中pH值的差值的全光谱滴定的色变曲线函数 $S_{\Delta sh_{ab}\text{-}pH}$ 的计算公式

全光谱滴定的色变曲线函数 S_s，当选择以色调角的差值和pH值的差值为变量时

$$S_{\Delta sh_{ab}\text{-}pH} = \left| \frac{(h_{abx} - h_{aby})^n}{(pH_x - pH_y)^m} \right|$$

式中， $S_{\Delta sh_{ab}\text{-}pH}$ ——当选择以色调角的差值和 pH 值的差值为变量时的全光谱滴定的色变曲线函数。

应用案例 3.59：

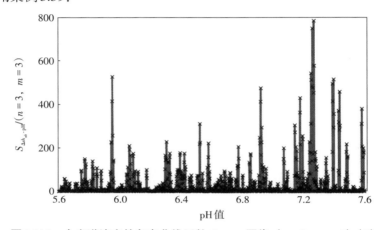

图 3.113　全光谱滴定的色变曲线函数 $S_{\Delta sh_{ab}\text{-}pH}$ 图像（$n=3$，$m=3$）（1）

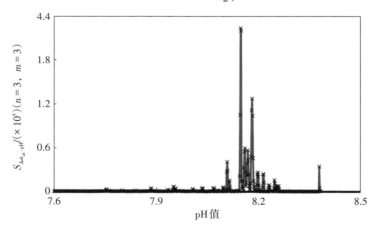

图 3.114　全光谱滴定的色变曲线函数 $S_{\Delta sh_{ab}\text{-}pH}$ 图像（$n=3$，$m=3$）（2）

3.3.10.6　色调角的差值与反应液体中氢离子浓度的差值的全光谱滴定的色变曲线函数 $S_{\Delta sh_{ab}\text{-}c_{[H^+]}}$ 的计算公式

全光谱滴定的色变曲线函数 S_s，当选择以色调角的差值和氢离子浓度的差值为变量时

$$S_{\Delta sh_{ab}-c_{[H^+]}} = \left| \frac{\left(h_{abx} - h_{aby} \right)^n}{\left(c_{[H^+]_x} - c_{[H^+]_y} \right)^m} \right|$$

式中，$S_{\Delta sh_{ab}-c_{[H^+]}}$——当选择以色调角的差值和氢离子浓度的差值为变量时的全

光谱滴定的色变曲线函数。

应用案例3.60：

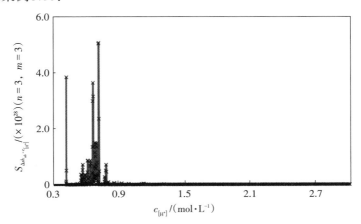

图3.115 全光谱滴定的色变曲线函数 $S_{\Delta sh_{ab}-c_{[H^+]}}$ 图像 （$n=3$，$m=3$）（1）

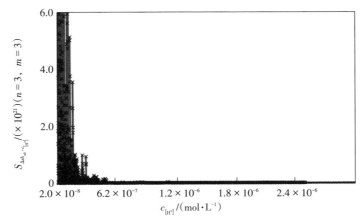

图3.116 全光谱滴定的色变曲线函数 $S_{\Delta sh_{ab}-c_{[H^+]}}$ 图像 （$n=3$，$m=3$）（2）

3.3.11 色差的差值与计量参数 J 的全光谱滴定色变曲线函数 $S_{s\Delta E-J}$ 的计算公式

全光谱滴定的色变曲线函数 S_s，当选择以色差为变量时

$$S_{s\Delta E\text{-}J} = \left| \frac{\left(\Delta E_x - \Delta E_y\right)^n}{J} \right|$$

式中，$S_{s\Delta E\text{-}J}$——全光谱滴定的色差色变曲线函数。

3.3.11.1 色差的差值与滴定过程中的时间的全光谱滴定的色变曲线函数 $S_{s\Delta E\text{-}t}$ 的计算公式

全光谱滴定的色变曲线函数 S_s，当选择以色差的差值和滴定过程中的时间为变量时

$$S_{s\Delta E\text{-}t} = \left| \frac{\left(\Delta E_x - \Delta E_y\right)^n}{t} \right|$$

式中，$S_{s\Delta E\text{-}t}$——当选择以色差的差值和滴定过程中的时间为变量时的全光谱滴定的色变曲线函数。

应用案例3.61：

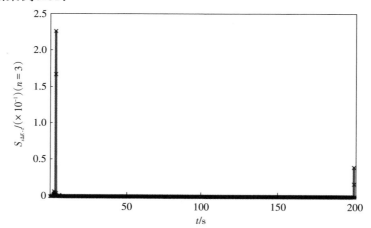

图3.117　全光谱滴定的色变曲线函数 $S_{s\Delta E\text{-}t}$ 图像（$n=3$）

3.3.11.2 色差的差值与脉冲信号的全光谱滴定的色变曲线函数 $S_{s\Delta E\text{-}f}$ 的计算公式

全光谱滴定的色变曲线函数 S_s，当选择以色差的差值和脉冲信号为变量时

$$S_{s\Delta E\text{-}f} = \left| \frac{\left(\Delta E_x - \Delta E_y\right)^n}{f} \right|$$

式中，$S_{s\Delta E\text{-}f}$——当选择以色差的差值和脉冲信号为变量时的全光谱滴定的色变曲线函数。

应用案例 3.62：

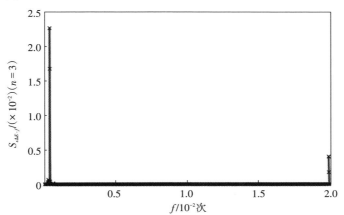

图3.118　全光谱滴定的色变曲线函数 $S_{s\Delta E\text{-}f}$ 图像（$n=3$）

3.3.11.3　色差的差值与加入反应液体中试剂的体积的全光谱滴定的色变曲线函数 $S_{s\Delta E\text{-}V}$ 的计算公式

全光谱滴定的色变曲线函数 S_s，当选择以色差的差值和加入试剂的体积为变量时

$$S_{s\Delta E\text{-}V} = \left| \frac{\left(\Delta E_x - \Delta E_y\right)^n}{V} \right|$$

式中，$S_{s\Delta E\text{-}V}$ ——当选择以色差的差值和加入试剂的体积为变量时的全光谱滴定的色变曲线函数。

应用案例 3.63：

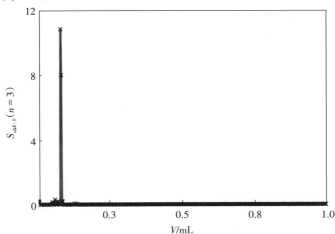

图3.119　全光谱滴定的色变曲线函数 $S_{s\Delta E\text{-}V}$ 图像（$n=3$）（1）

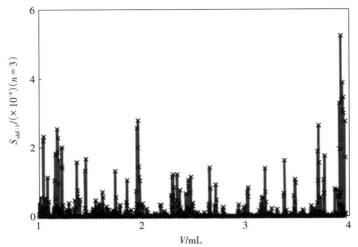

图3.120 全光谱滴定的色变曲线函数 $S_{s\Delta E\text{-}V}$ 图像（$n=3$）（2）

3.3.11.4 色差的差值与加入反应液体中试剂的浓度的全光谱滴定的色变曲线函数 $S_{s\Delta E\text{-}c}$ 的计算公式

全光谱滴定的色变曲线函数 S_s，当选择以色差的差值和加入试剂的浓度为变量时

$$S_{s\Delta E\text{-}c} = \left| \frac{\left(\Delta E_x - \Delta E_y \right)^n}{c} \right|$$

式中，$S_{s\Delta E\text{-}c}$——当选择以色差的差值和试剂的浓度为变量时的全光谱滴定的色变曲线函数。

应用案例3.64：

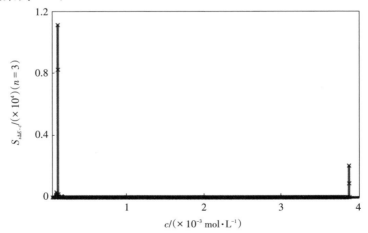

图3.121 全光谱滴定的色变曲线函数 $S_{s\Delta E\text{-}c}$ 图像（$n=3$）

3.3.11.5 色差的差值与反应液体中pH值的全光谱滴定的色变曲线函数 $S_{s\Delta E\text{-}pH}$ 的计算公式

全光谱滴定的色变曲线函数 S_s，当选择以色差的差值和pH值为变量时

$$S_{s\Delta E\text{-}pH} = \left| \frac{\left(\Delta E_x - \Delta E_y \right)^n}{pH} \right|$$

式中，$S_{s\Delta E\text{-}pH}$——当选择以色差的差值和pH值为变量时的全光谱滴定的色变曲线函数。

应用案例3.65：

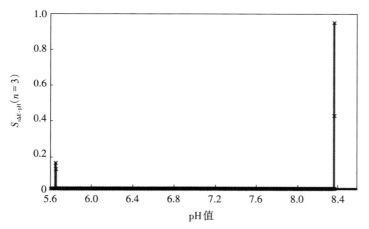

图3.122　全光谱滴定的色变曲线函数 $S_{s\Delta E\text{-}pH}$ 图像 （$n = 3$）

3.3.11.6 色差的差值与反应液体中氢离子浓度的全光谱滴定的色变曲 线函数 $S_{s\Delta E\text{-}c_{[H^+]}}$ 的计算公式

全光谱滴定的色变曲线函数 S_s，当选择以色差的差值和氢离子浓度为变量时

$$S_{s\Delta E\text{-}c_{[H^+]}} = \left| \frac{\left(\Delta E_x - \Delta E_y \right)^n}{c_{[H^+]}} \right|$$

式中，$S_{s\Delta E\text{-}c_{[H^+]}}$——当选择以色差的差值和氢离子浓度为变量时的全光谱滴定的 色变曲线函数。

应用案例3.66：

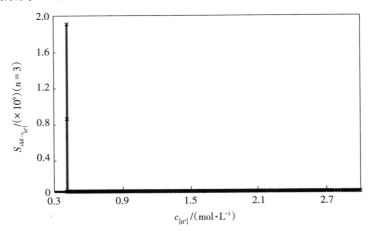

图3.123 全光谱滴定的色变曲线函数 $S_{s\Delta E - c_{[H^+]}}$ 图像 （$n = 3$）（**1**）

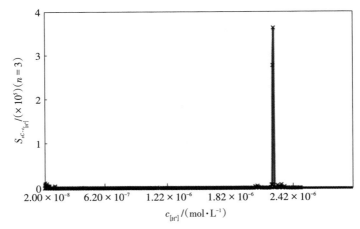

图3.124 全光谱滴定的色变曲线函数 $S_{s\Delta E - c_{[H^+]}}$ 图像 （$n = 3$）（**2**）

3.3.12 色差的差值与计量参数 *J* 差值的全光谱滴定色变曲线函数 $S_{\Delta s\Delta E - J}$ 的计算公式

全光谱滴定的色变曲线函数 S_s，当选择以色差的差值为变量时

$$S_{\Delta s\Delta E - J} = \left| \frac{(\Delta E_x - \Delta E_y)^n}{(J_x - J_y)^m} \right|$$

式中， $S_{\Delta s\Delta E - J}$——全光谱滴定的色差的差值色变曲线函数。

3.3.12.1 色差的差值与滴定过程中的时间的差值的全光谱滴定的色变曲线函数 $S_{\Delta s\Delta E\text{-}t}$ 的计算公式

全光谱滴定的色变曲线函数 S_s，当选择以色差的差值和滴定过程中的时间的差值为变量时

$$S_{\Delta s\Delta E\text{-}t} = \left| \frac{\left(\Delta E_x - \Delta E_y \right)^n}{\left(t_x - t_y \right)^m} \right|$$

式中，$S_{\Delta s\Delta E\text{-}t}$——当选择以色差的差值和滴定过程中的时间的差值为变量时的全光谱滴定的色变曲线函数。

应用案例3.67：

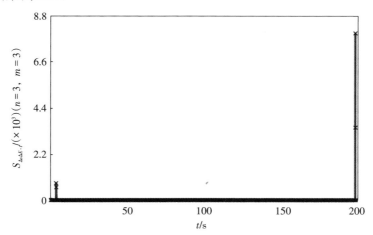

图3.125 全光谱滴定的色变曲线函数 $S_{\Delta s\Delta E\text{-}t}$ 图像（$n=3$，$m=3$）

3.3.12.2 色差的差值与脉冲信号的差值的全光谱滴定的色变曲线函数 $S_{\Delta s\Delta E\text{-}f}$ 的计算公式

全光谱滴定的色变曲线函数 S_s，当选择以色差的差值和脉冲信号的差值为变量时

$$S_{\Delta s\Delta E\text{-}f} = \left| \frac{\left(\Delta E_x - \Delta E_y \right)^n}{\left(f_x - f_y \right)^m} \right|$$

式中，$S_{\Delta s\Delta E\text{-}f}$——当选择以色差的差值和脉冲信号的差值为变量时的全光谱滴定的色变曲线函数。

应用案例3.68：

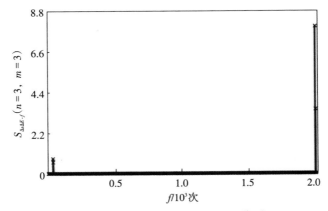

图3.126　全光谱滴定的色变曲线函数 $S_{\Delta s\Delta E-f}$ 图像（$n=3$，$m=3$）

3.3.12.3　色差的差值与加入反应液体中试剂的体积的差值的全光谱滴定的色变曲线函数 $S_{\Delta s\Delta E-V}$ 的计算公式

全光谱滴定的色变曲线函数 S_s，当选择以色差的差值和加入试剂的体积的差值为变量时

$$S_{\Delta s\Delta E-V}=\left|\frac{\left(\Delta E_x-\Delta E_y\right)^n}{\left(V_x-V_y\right)^m}\right|$$

式中，$S_{\Delta s\Delta E-V}$——当选择以色差的差值和加入试剂的体积的差值为变量时的全光谱滴定的色变曲线函数。

应用案例3.69：

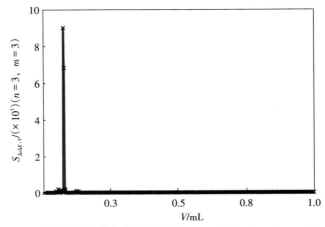

图3.127　全光谱滴定的色变曲线函数 $S_{\Delta s\Delta E-V}$ 图像（$n=3$，$m=3$）（1）

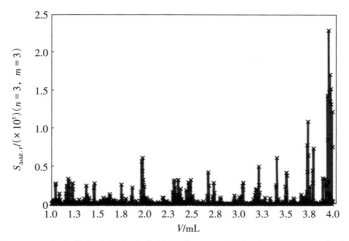

图3.128　全光谱滴定的色变曲线函数 $S_{\Delta s\Delta E\text{-}V}$ 图像（$n=3$，$m=3$）（2）

3.3.12.4　色差的差值与加入反应液体中试剂的浓度的差值的全光谱滴定的色变曲线函数 $S_{\Delta s\Delta E\text{-}c}$ 的计算公式

全光谱滴定的色变曲线函数 S_s，当选择以色差的差值和加入试剂的浓度的差值为变量时

$$S_{\Delta s\Delta E\text{-}c}=\left|\frac{\left(\Delta E_x-\Delta E_y\right)^n}{\left(c_x-c_y\right)^m}\right|$$

式中，　$S_{\Delta s\Delta E\text{-}c}$——当选择以色差的差值和加入试剂的浓度的差值为变量时的全光谱滴定的色变曲线函数。

应用案例3.70：

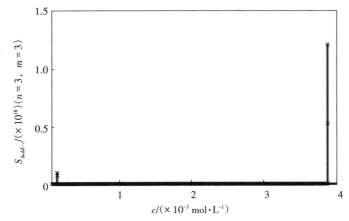

图3.129　全光谱滴定的色变曲线函数 $S_{\Delta s\Delta E\text{-}c}$ 图像（$n=3$，$m=3$）（1）

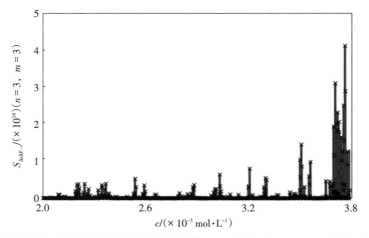

图3.130　全光谱滴定的色变曲线函数 $S_{\Delta s \Delta E \text{-} c}$ 图像（$n=3$，$m=3$）（2）

3.3.12.5　色差的差值与反应液体中pH值的差值的全光谱滴定的色变曲线函数 $S_{\Delta s \Delta E \text{-} pH}$ 的计算公式

全光谱滴定的色变曲线函数 S_s，当选择以色差的差值和pH值的差值为变量时

$$S_{\Delta s \Delta E \text{-} pH} = \left| \frac{\left(\Delta E_x - \Delta E_y \right)^n}{\left(pH_x - pH_y \right)^m} \right|$$

式中，　$S_{\Delta s \Delta E \text{-} pH}$——当选择以色差的差值和pH值的差值为变量时的全光谱滴定的色变曲线函数。

应用案例3.71：

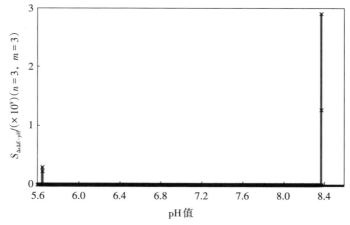

图3.131　全光谱滴定的色变曲线函数 $S_{\Delta s \Delta E \text{-} pH}$ 图像（$n=3$，$m=3$）（1）

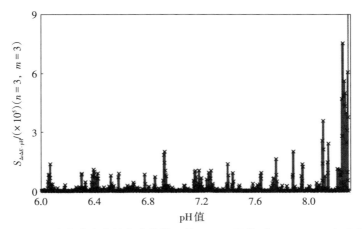

图 3.132　全光谱滴定的色变曲线函数 $S_{\Delta s\Delta E\text{-pH}}$ 图像（$n=3$，$m=3$）（2）

3.3.12.6　色差的差值与反应液体中氢离子浓度的差值的全光谱滴定的色变曲线函数 $S_{\Delta s\Delta E\text{-}c_{[H^+]}}$ 的计算公式

全光谱滴定的色变曲线函数 S_s，当选择以色差的差值和氢离子浓度的差值为变量时

$$S_{\Delta s\Delta E\text{-}c_{[H^+]}} = \left| \frac{\left(\Delta E_x - \Delta E_y \right)^n}{\left(c_{[H^+]_x} - c_{[H^+]_y} \right)^m} \right|$$

式中，$S_{\Delta s\Delta E\text{-}c_{[H^+]}}$——当选择以色差的差值和氢离子浓度的差值为变量时的全光谱滴定的色变曲线函数。

应用案例 3.72：

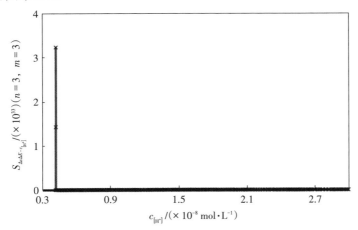

图 3.133　全光谱滴定的色变曲线函数 $S_{\Delta s\Delta E\text{-}c_{[H^+]}}$ 图像（$n=3$，$m=3$）（1）

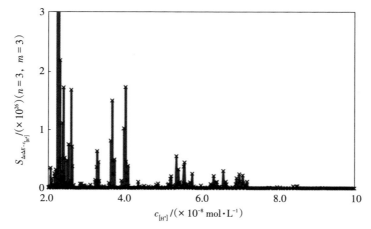

图 3.134　全光谱滴定的色变曲线函数 $S_{\Delta s\Delta E - c_{[H^+]}}$ 图像 （$n = 3$，$m = 3$）（2）

3.4　全光谱滴定的色变曲线函数 S_J 系列计算公式（15种）

针对现有全光谱滴定技术中存在的问题，利用全光谱滴定参数进行数学变换，将内含的滴定终点信号体现出来，提供一种全光谱滴定中相交参数曲线的滴定终点计算与判定方法。

通过色度值参数的不同组合，提供色度值曲线相交类型的 15 种 S_J 系列计算公式，包括色度值参数的明度值、红–绿色品指数值、黄–蓝色品指数值、彩度值、色调角和色差，选择其中任意 2 个参数作为计算全光谱滴定中相交参数曲线的滴定终点用参数值，计算结果为一个待建立的坐标参数。

全光谱滴定的色变曲线函数 S_J 计算公式为

$$S_J = \left| \frac{1}{S_a \pm S_b} \right| \tag{3.3}$$

式中，S_J——全光谱滴定终点曲线参数；

S_a——CIELAB 色空间的色度值的明度值、红–绿色品指数值、黄–蓝色品指数值和其衍生参数彩度值、色调角和色差中任意一个；

S_b——与 S_a 不同的 CIELAB 色空间的色度值的明度值、红–绿色品指数值、黄–蓝色品指数值和其衍生参数彩度值、色调角和色差中任意一个。

3.4.1 明度值与红-绿色品指数值的全光谱滴定的色变曲线函数 $S_{JL^*-a^*}$ 的计算公式

当 S_a 为明度值、S_b 为红-绿色品指数值时，用 $S_{JL^*-a^*}$ 表示 S_J。$S_{JL^*-a^*}$ 类函数的计算公式为

$$S_J = S_{JL^*-a^*} = \left| \frac{1}{L^* \pm a^*} \right|$$

式中，$S_{JL^*-a^*}$——当 S_a 为明度值、S_b 为红-绿色品指数值时，全光谱滴定相交类型的滴定曲线函数。

说明：$S_{JL^*-a^*}$ 类有6种计量参数应用，即滴定过程中的时间、脉冲信号、加入试剂体积、试剂浓度、pH值和氢离子浓度建立的6种应用类型的函数计算公式。

应用案例3.73：

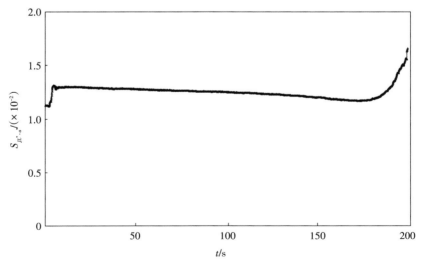

图3.135 色度值曲线相交类型的全光谱滴定参数 S_J 的全光谱滴定终点曲线函数 $S_{JL^*-a^*:t}$ 图像

应用案例3.74：

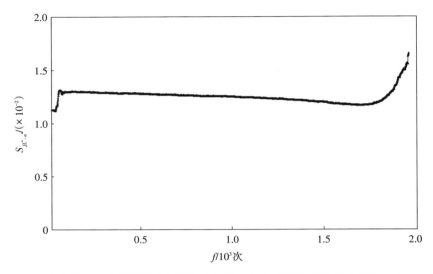

图3.136　色度值曲线相交类型的全光谱滴定参数 S_J 的全光谱滴定终点曲线函数 $S_{JL^*-a^*; f}$ 图像

应用案例3.75：

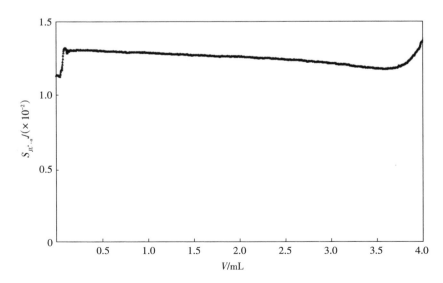

图3.137　色度值曲线相交类型的全光谱滴定参数 S_J 的全光谱滴定终点曲线函数 $S_{JL^*-a^*; V}$ 图像

应用案例 3.76：

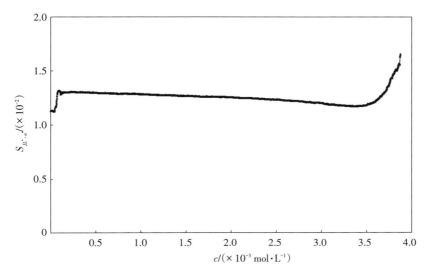

图 3.138　色度值曲线相交类型的全光谱滴定参数 S_J 的全光谱滴定终点曲线函数 $S_{JL'-a':\ c}$ 图像

应用案例 3.77：

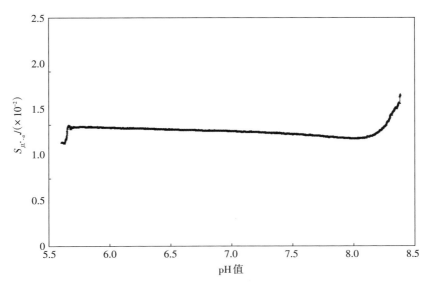

图 3.139　色度值曲线相交类型的全光谱滴定参数 S_J 的全光谱滴定终点曲线函数 $S_{JL'-a':\ pH}$ 图像

应用案例3.78：

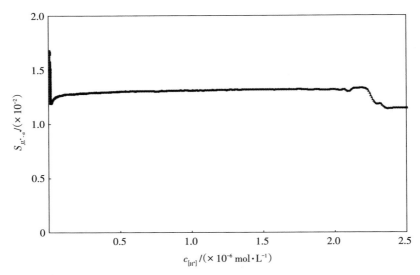

图3.140 色度值曲线相交类型的全光谱滴定参数 S_J 的全光谱滴定终点曲线函数 $S_{JL^*-a^*:\ c_{[H^+]}}$ 图像

3.4.2 明度值与黄–蓝色品指数值的全光谱滴定的色变曲线函数 $S_{JL^*-b^*}$ 的计算公式

当 S_a 为明度值、S_b 为黄–蓝色品指数值时，用 $S_{JL^*-b^*}$ 表示 S_J，$S_{JL^*-b^*}$ 类函数的计算公式为

$$S_J = S_{JL^*-b^*} = \left| \frac{1}{L^* \pm b^*} \right|$$

式中，$S_{JL^*-b^*}$——当 S_a 为明度值、S_b 为黄–蓝色品指数值时，全光谱滴定相交类型的滴定曲线函数。

说明：$S_{JL^*-b^*}$ 类函数有6种计量参数应用，即滴定过程中的时间、脉冲信号、加入试剂的体积、加入试剂的浓度、pH值和氢离子浓度建立的6种应用类型的函数计算公式。

应用案例 3.79：

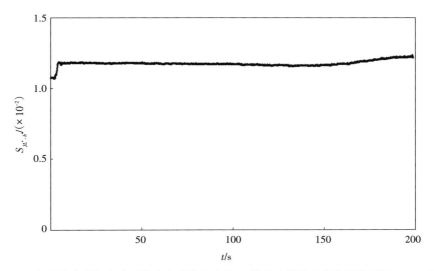

图 3.141　色度值曲线相交类型的全光谱滴定参数 S_J 的全光谱滴定终点曲线函数 $S_{JL^*-b^*:\,t}$ 图像

应用案例 3.80：

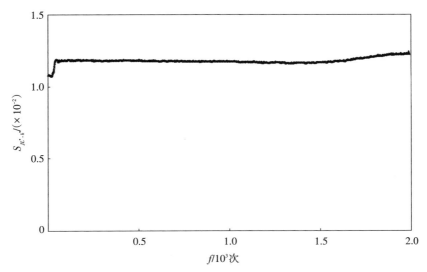

图 3.142　色度值曲线相交类型的全光谱滴定参数 S_J 的全光谱滴定终点曲线函数 $S_{JL^*-b^*:\,f}$ 图像

应用案例3.81：

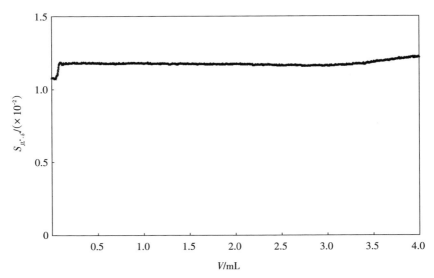

图3.143 色度值曲线相交类型的全光谱滴定参数 S_J 的全光谱滴定终点曲线函数 $S_{JL^*-b^*:\ V}$ 图像

应用案例3.82：

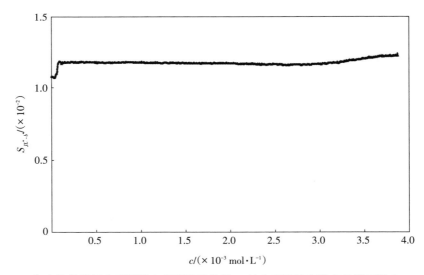

图3.144 色度值曲线相交类型的全光谱滴定参数 S_J 的全光谱滴定终点曲线函数 $S_{JL^*-b^*:\ c}$ 图像

应用案例 3.83：

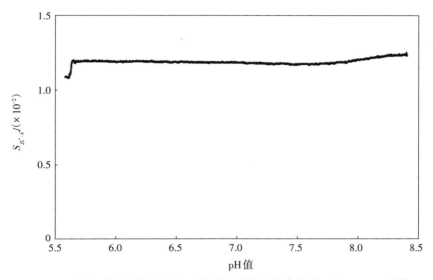

图3.145　全光谱滴定曲线参数 S_J 的全光谱滴定终点曲线函数 $S_{JL^{\bullet}-b^{\bullet}:\ \text{pH}}$ 图像

应用案例 3.84：

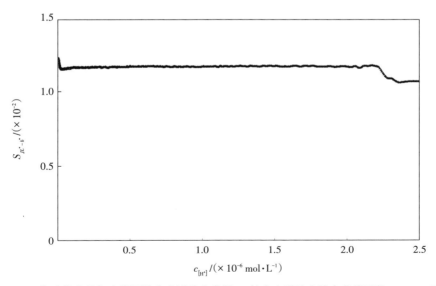

图3.146　色度值曲线相交类型的全光谱滴定参数 S_J 的全光谱滴定终点曲线函数 $S_{JL^{\bullet}-b^{\bullet}:\ c_{[\text{Jr}^{\bullet}]}}$ 图像

3.4.3 明度值与彩度值的全光谱滴定的色变曲线函数 $S_{JL^*-C_{ab}^*}$ 的计算公式

当 S_a 为明度值、S_b 为彩度值时，用 $S_{JL^*-C_{ab}^*}$ 表示 S_J，$S_{JL^*-C_{ab}^*}$ 类函数的计算公式为

$$S_J = S_{JL^*-C_{ab}^*} = \left| \frac{1}{L^* \pm C_{ab}^*} \right|$$

式中，$S_{JL^*-C_{ab}^*}$——当 S_a 为明度值、S_b 为彩度值时，全光谱滴定相交类型的滴定曲线函数。

说明：$S_{JL^*-C_{ab}^*}$ 类函数有6种计量参数应用，即滴定过程中的时间、脉冲信号、加入试剂的体积、加入试剂的浓度、pH值和氢离子浓度建立的6种应用类型的函数计算公式。

应用案例3.85：

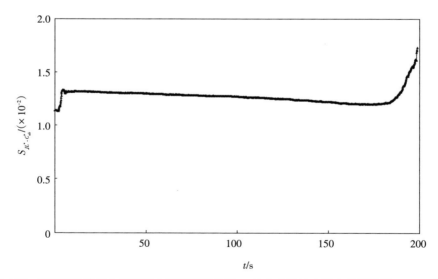

图3.147 色度值曲线相交类型的全光谱滴定参数 S_J 的全光谱滴定终点曲线函数 $S_{JL^*-C_{ab}^*,t}$ 图像

应用案例 3.86：

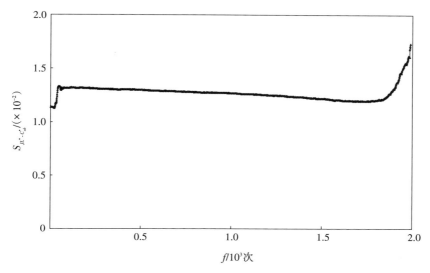

3.148　色度值曲线相交类型的全光谱滴定参数 S_J 的全光谱滴定终点曲线函数 $S_{JL^*-C^*_{ab}:\ f}$ 图像

应用案例 3.87：

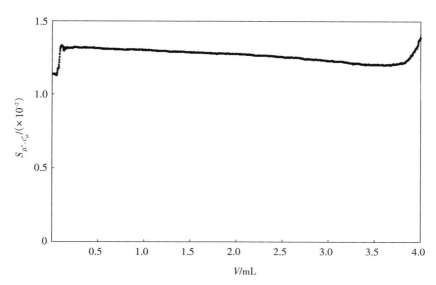

图 3.149　色度值曲线相交类型的全光谱滴定参数 S_J 的全光谱滴定终点曲线函数 $S_{JL^*-C^*_{ab}:\ V}$ 图像

应用案例3.88：

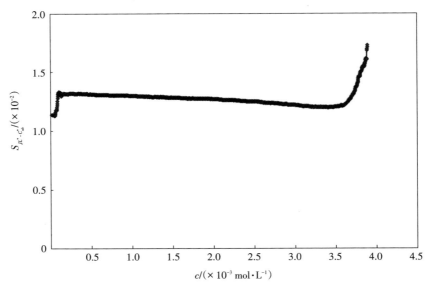

图3.150　色度值曲线相交类型的全光谱滴定参数 S_J 的全光谱滴定终点曲线函数 $S_{JL^* - C_{ab}^* : c}$ 图像

应用案例3.89：

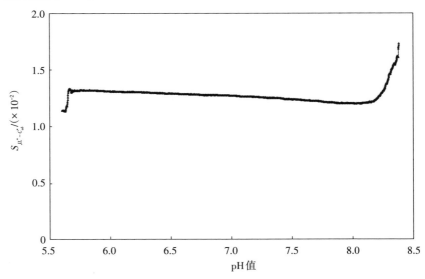

图3.151　色度值曲线相交类型的全光谱滴定参数 S_J 的全光谱滴定终点曲线函数 $S_{JL^* - C_{ab}^* : pH}$ 图像

应用案例 3.90：

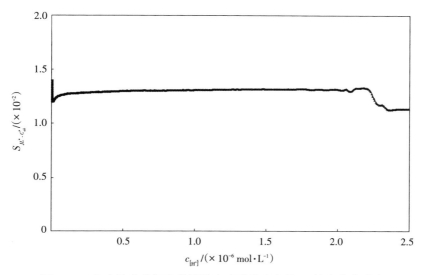

图 3.152　色度值曲线相交类型的全光谱滴定参数 S_J 的全光谱滴定

终点曲线函数 $S_{JL^*-C^*_{ab}:\ c_{[H^+]}}$　图像

3.4.4　明度值与色调角的全光谱滴定的色变曲线函数 $S_{JL^*-h_{ab}}$ 的计算公式

当 S_a 为明度值、S_b 为色调角时，用 $S_{JL^*-h_{ab}}$ 表示 S_J，$S_{JL^*-h_{ab}}$ 类函数的计算公式为

$$S_J = S_{JL^*-h_{ab}} = \left| \frac{1}{L^* \pm h_{ab}} \right|$$

式中，$S_{JL^*-h_{ab}}$ ——当 S_a 为明度值、S_b 为色调角时，全光谱滴定相交类型的滴定曲线函数。

说明：$S_{JL^*-h_{ab}}$ 类函数有 6 种计量参数应用，即滴定过程中的时间、脉冲信号、加入试剂的体积、加入试剂的浓度、pH 值和氢离子浓度建立的 6 种应用类型的函数计算公式。

应用案例3.91：

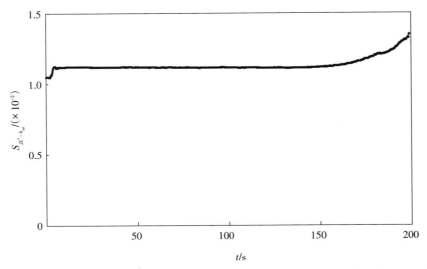

图3.153 色度值曲线相交类型的全光谱滴定参数 S_J 的全光谱滴定终点曲线函数 $S_{JL^*-h_{ab}:\ t}$ 图像

应用案例3.92：

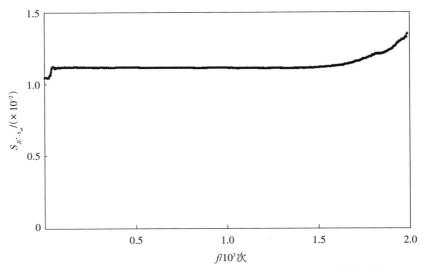

图3.154 色度值曲线相交类型的全光谱滴定参数 S_J 的全光谱滴定终点曲线函数 $S_{JL^*-h_{ab}:\ f}$ 图像

应用案例3.93：

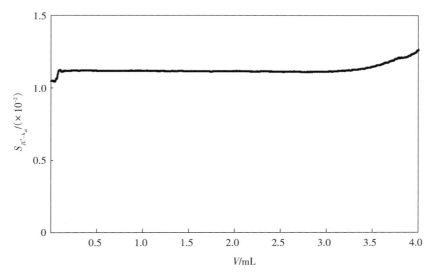

图3.155 色度值曲线相交类型的全光谱滴定参数 S_J 的全光谱滴定终点曲线函数 $S_{JL^*-h_{ab};\ V}$ 图像

应用案例3.94：

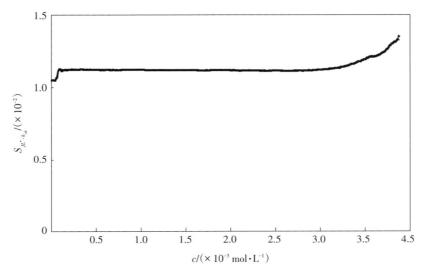

图3.156 色度值曲线相交类型的全光谱滴定参数 S_J 的全光谱滴定终点曲线函数 $S_{JL^*-h_{ab};\ c}$ 图像

应用案例3.95：

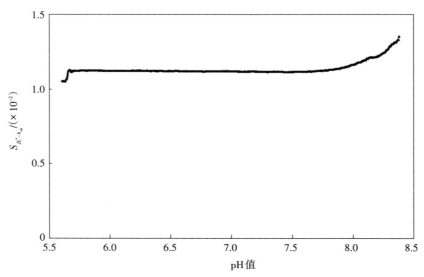

图3.157　色度值曲线相交类型的全光谱滴定参数 S_J 的全光谱滴定终点曲线函数 $S_{JL^*-h_{ab}: pH}$ 图像

应用案例3.96：

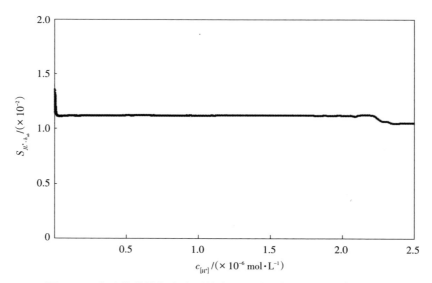

图3.158　色度值曲线相交类型的全光谱滴定参数 S_J 的全光谱滴定

终点曲线函数 $S_{JL^*-h_{ab}: c_{[H^+]}}$ 图像

3.4.5　红–绿色品指数值与黄–蓝色品指数值的全光谱滴定的色变曲线函数 $S_{Ja^*-b^*}$ 的计算公式

当 S_a 为红–绿色品指数值、S_b 为黄–蓝色品指数值时，用 $S_{Ja^*-b^*}$ 表示 S_J，$S_{Ja^*-b^*}$ 的计算公式为

$$S_J = S_{Ja^*-b^*} = \left| \frac{1}{a^* \pm b^*} \right|$$

式中，$S_{Ja^*-b^*}$——当 S_a 为红–绿色品指数值、S_b 为黄–蓝色品指数值时，全光谱滴定相交类型的滴定曲线函数。

说明：$S_{Ja^*-b^*}$ 类函数有6种计量参数应用，即滴定过程中的时间、脉冲信号、加入试剂的体积、加入试剂的浓度、pH值和氢离子浓度建立的6种应用类型的函数计算公式。

应用案例3.97：

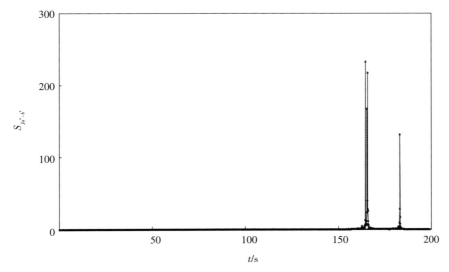

图3.159　色度值曲线相交类型的全光谱滴定参数 S_J 的全光谱滴定

终点曲线函数 $S_{Ja^*-b^*;\ t}$ 图像

应用案例3.98：

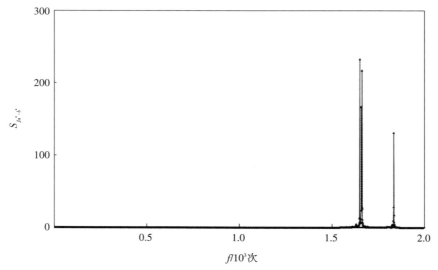

图3.160 色度值曲线相交类型的全光谱滴定参数 S_J 的全光谱滴定终点曲线函数 $S_{Ja'-b':f}$ 图像

应用案例3.99：

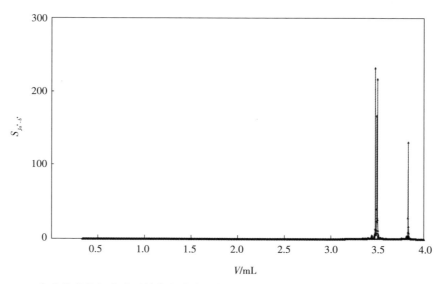

图3.161 色度值曲线相交类型的全光谱滴定参数 S_J 的全光谱滴定终点曲线函数 $S_{Ja'-b':V}$ 图像

应用案例3.100：

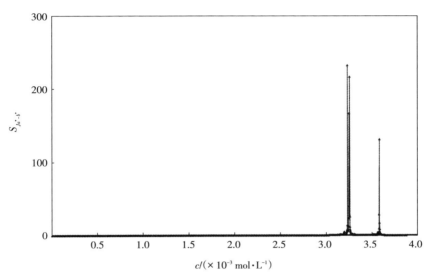

图3.162　色度值曲线相交类型的全光谱滴定参数 S_J 的全光谱滴定

终点曲线函数 $S_{Ja^*-b^*:\ c}$ 图像

应用案例3.101：

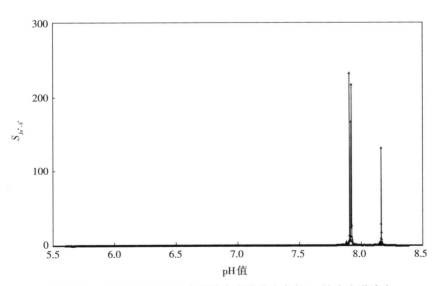

图3.163　色度值曲线相交类型的全光谱滴定参数 S_J 的全光谱滴定

终点曲线函数 $S_{Ja^*-b^*:\ pH}$ 图像

应用案例3.102：

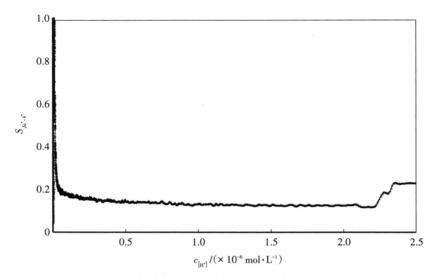

图3.164　色度值曲线相交类型的全光谱滴定参数 S_J 的全光谱滴定

终点曲线函数 $S_{Ja^*-b^*:\ c_{[H^+]}}$ 图像

3.4.6　红–绿色品指数值与彩度值的全光谱滴定的色变曲线函数 $S_{Ja^*-C_{ab}^*}$ 的计算公式

当 S_a 为红–绿色品指数值、S_b 为彩度值时，用 $S_{Ja^*-C_{ab}^*}$ 表示 S_J，$S_{Ja^*-C_{ab}^*}$ 的计算公式为

$$S_J = S_{Ja^*-C_{ab}^*} = \left| \frac{1}{a^* \pm C_{ab}^*} \right|$$

式中，$S_{Ja^*-C_{ab}^*}$——当 S_a 为红–绿色品指数、S_b 为彩度值时，全光谱滴定相交类型的滴定曲线函数。

说明：$S_{Ja^*-C_{ab}^*}$ 类函数有6种计量参数应用，即滴定过程中的时间、脉冲信号、加入试剂体积、试剂浓度、pH值和氢离子浓度建立的6种应用类型的函数计算公式。

应用案例3.103：

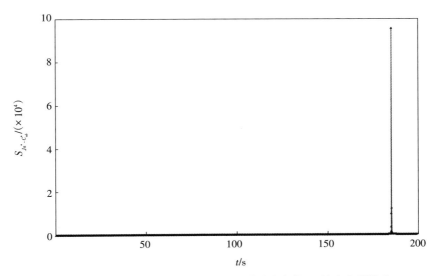

图3.165　色度值曲线相交类型的全光谱滴定参数 S_I 的全光谱滴定

终点曲线函数 $S_{Ja^*-C_{ab}^*;\ t}$ 图像

应用案例3.104：

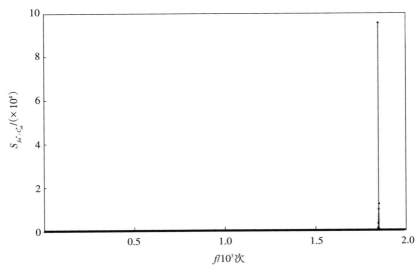

图3.166　色度值曲线相交类型的全光谱滴定参数 S_I 的全光谱滴定

终点曲线函数 $S_{Ja^*-C_{ab}^*;\ f}$ 图像

应用案例3.105：

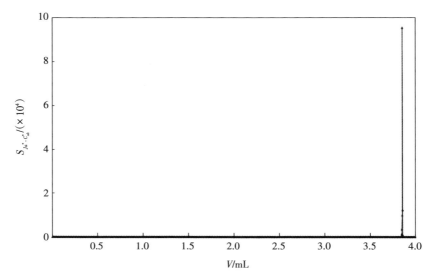

图3.167 色度值曲线相交类型的全光谱滴定参数 S_J 的全光谱滴定

终点曲线函数 $S_{Ja^*-C_{ab}^*:\ V}$ 图像

应用案例3.106：

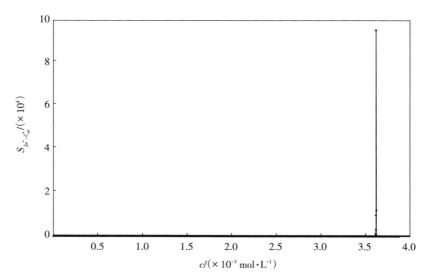

图3.168 色度值曲线相交类型的全光谱滴定参数 S_J 的全光谱滴定

终点曲线函数 $S_{Ja^*-C_{ab}^*:\ c}$ 图像

应用案例3.107：

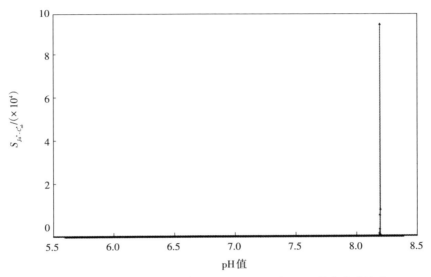

图3.169 色度值曲线相交类型的全光谱滴定参数 S_J 的全光谱滴定

终点曲线函数 $S_{Ja^*-C_{ab}^*:\ pH}$ 图像

应用案例3.108：

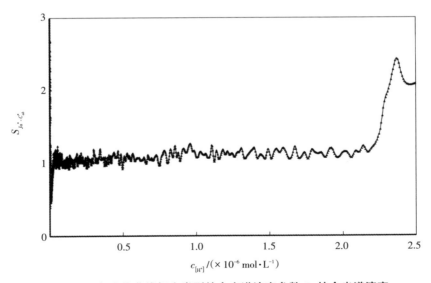

图3.170 色度值曲线相交类型的全光谱滴定参数 S_J 的全光谱滴定

终点曲线函数 $S_{Ja^*-C_{ab}^*:\ c_{[H^+]}}$ 图像

3.4.7 红-绿色品指数值与色调角的全光谱滴定的色变曲线函数 $S_{Ja^*-h_{ab}}$ 的计算公式

当 S_a 为红-绿色品指数值、S_b 为色调角时，用 $S_{Ja^*-h_{ab}}$ 表示 S_J，$S_{Ja^*-h_{ab}}$ 的计算公式为

$$S_J = S_{Ja^*-h_{ab}} = \left| \frac{1}{a^* \pm h_{ab}} \right|$$

式中，$S_{Ja^*-h_{ab}}$——当 S_a 为红-绿色品指数值、S_b 为色调角时，全光谱滴定相交类型的滴定曲线函数。

说明：$S_{Ja^*-h_{ab}}$ 类函数有6种计量参数应用，即滴定过程中的时间、脉冲信号、加入试剂的体积、加入试剂的浓度、pH值和氢离子浓度建立的6种应用类型的函数计算公式。

应用案例3.109：

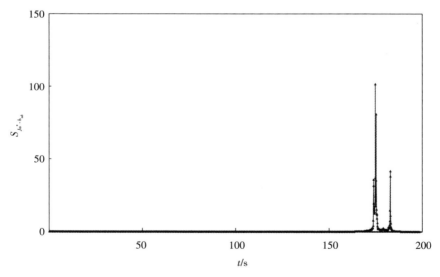

图3.171　色度值曲线相交类型的全光谱滴定参数 S_J 的全光谱滴定

终点曲线函数 $S_{Ja^*-h_{ab};\ t}$ 图像

应用案例3.110：

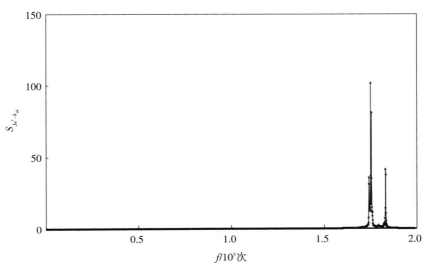

图3.172 色度值曲线相交类型的全光谱滴定参数 S_l 的全光谱滴定

终点曲线函数 $S_{Ja^* - h_{ab}:\ f}$ 图像

应用案例3.111：

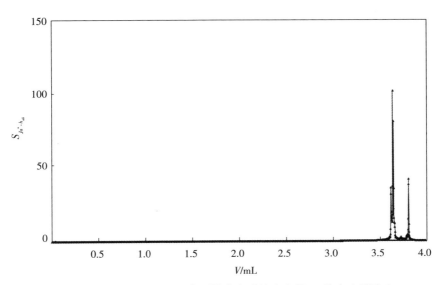

图3.173 色度值曲线相交类型的全光谱滴定参数 S_l 的全光谱滴定

终点曲线函数 $S_{Ja^* - h_{ab}:\ V}$ 图像

应用案例3.112：

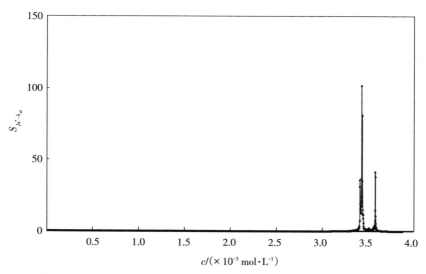

图3.174　色度值曲线相交类型的全光谱滴定参数 S_J 的全光谱滴定

终点曲线函数 $S_{Ja^*-h_{ab}:\ c}$ 图像

应用案例3.113：

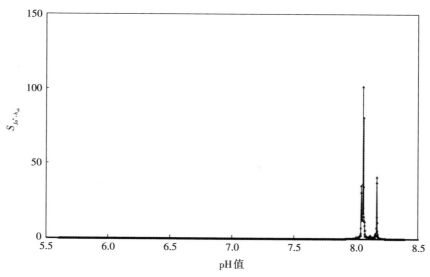

图3.175　色度值曲线相交类型的全光谱滴定参数 S_J 的全光谱滴定

终点曲线函数 $S_{Ja^*-h_{ab}:\ pH}$ 图像

应用案例 3.114：

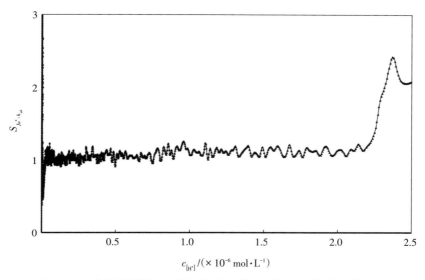

图 3.176　色度值曲线相交类型的全光谱滴定参数 S_J 的全光谱滴定

终点曲线函数 $S_{Ja^*-h_{ab}:\ c_{[H^+]}}$ 图像

3.4.8　黄-蓝色品指数值与彩度值的全光谱滴定的色变曲线函数 $S_{Jb^*-C_{ab}^*}$ 的计算公式

当 S_a 为黄-蓝色品指数值、S_b 为彩度值时，用 $S_{Jb^*-C_{ab}^*}$ 表示 S_J，$S_{Jb^*-C_{ab}^*}$ 的计算公式为

$$S_J = S_{Jb^*-C_{ab}^*} = \left| \frac{1}{b^* \pm C_{ab}^*} \right|$$

式中，$S_{Jb^*-C_{ab}^*}$——当 S_a 为黄-蓝色品指数值、S_b 为彩度值时，全光谱滴定相交类型的滴定曲线函数。

说明：$S_{Jb^*-C_{ab}^*}$ 类函数有 6 种计量参数应用，即滴定过程中的时间、脉冲信号、加入试剂的体积、加入试剂的浓度、pH 值和氢离子浓度建立的 6 种应用类型的函数计算公式。

应用案例3.115：

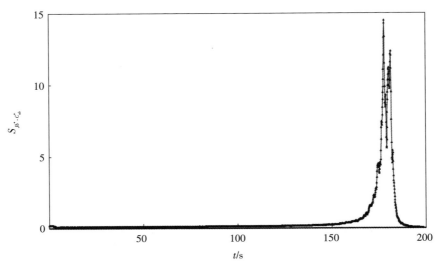

图3.177 色度值曲线相交类型的全光谱滴定参数 S_J 的全光谱滴定

终点曲线函数 $S_{Jb^*-C^*_{ab}:\ t}$ 图像

应用案例3.116：

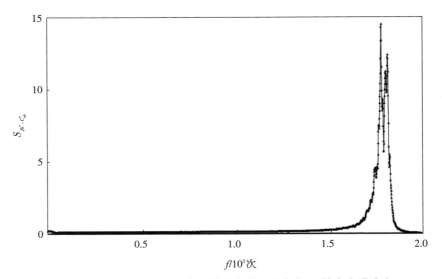

图3.178 色度值曲线相交类型的全光谱滴定参数 S_J 的全光谱滴定

终点曲线函数 $S_{Jb^*-C^*_{ab}:\ f}$ 图像

应用案例3.117：

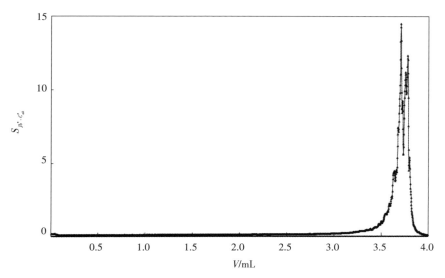

图3.179 色度值曲线相交类型的全光谱滴定参数 S_I 的全光谱滴定
终点曲线函数 $S_{Jb^*-C_{ab}^*:V}$ 图像

应用案例3.118：

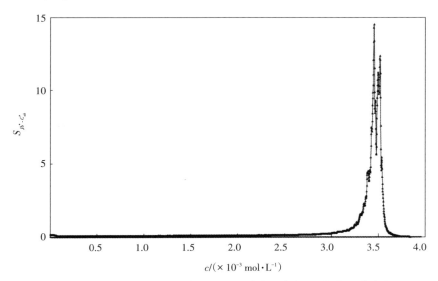

图3.180 色度值曲线相交类型的全光谱滴定参数 S_I 的全光谱滴定
终点曲线函数 $S_{Jb^*-C_{ab}^*:c}$ 图像

应用案例3.119：

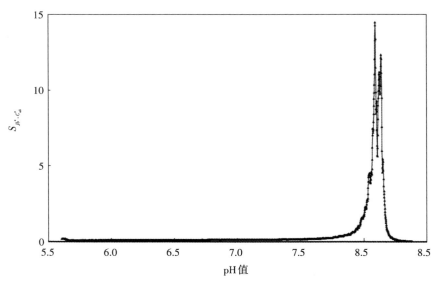

图3.181　色度值曲线相交类型的全光谱滴定参数 S_J 的全光谱滴定
终点曲线函数 $S_{Jb^*-C_{ab}^*;\ pH}$ 图像

应用案例3.120：

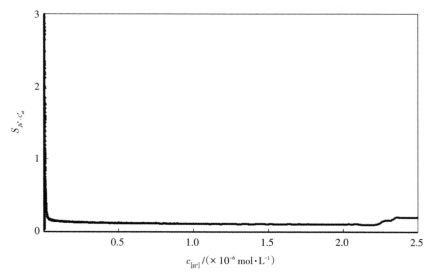

图3.182　色度值曲线相交类型的全光谱滴定参数 S_J 的全光谱滴定
终点曲线函数 $S_{Jb^*-C_{ab}^*;\ c_{[H^+]}}$ 图像

3.4.9 黄−蓝色品指数值与色调角的全光谱滴定的色变曲线函数 $S_{Jb^*-h_{ab}}$ 的计算公式

当 S_a 为黄−蓝色品指数、S_b 为色调角时，用 $S_{Jb^*-h_{ab}}$ 表示 S_J，$S_{Jb^*-h_{ab}}$ 类函数的计算公式为

$$S_J = S_{Jb^*-h_{ab}} = \left| \frac{1}{b^* \pm h_{ab}} \right|$$

式中，$S_{Jb^*-h_{ab}}$ ——当 S_a 为黄−蓝色品指数值、S_b 为色调角时，全光谱滴定相交类型的滴定曲线函数。

说明：$S_{Jb^*-h_{ab}}$ 类函数有6种计量参数应用，即滴定过程中的时间、脉冲信号、加入试剂函数体积、加入试剂的浓度、pH值和氢离子浓度建立的6种应用类型的函数计算公式。

应用案例3.121：

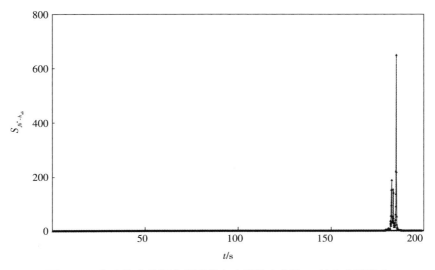

图3.183 色度值曲线相交类型的全光谱滴定参数 S_J 的全光谱滴定终点曲线函数 $S_{Jb^*-h_{ab};\ t}$ 图像

应用案例3.122：

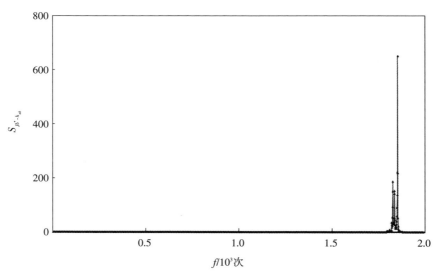

图3.184　色度值曲线相交类型的全光谱滴定参数S_J的全光谱滴定

终点曲线函数$S_{Jb^*-h_{ab}:\ f}$图像

应用案例3.123：

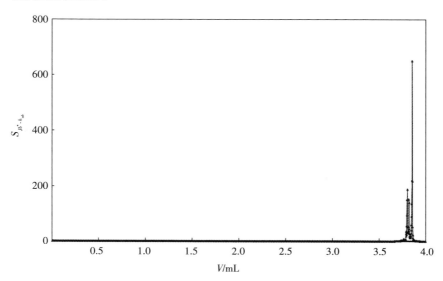

图3.185　色度值曲线相交类型的全光谱滴定参数S_J的全光谱滴定

终点曲线函数$S_{Jb^*-h_{ab}:\ V}$图像

应用案例 3.124：

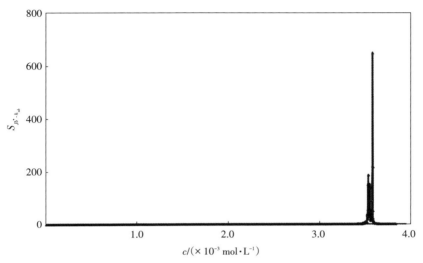

图 3.186　色度值曲线相交类型的全光谱滴定参数 S_J 的全光谱滴定
终点曲线函数 $S_{Jb^* \cdot h_{ab};\ c}$ 图像

应用案例 3.125：

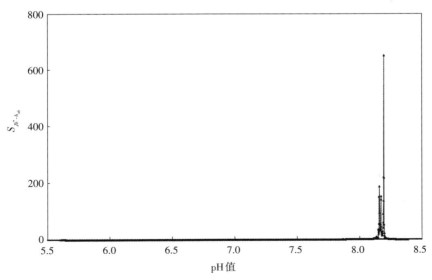

图 3.187　色度值曲线相交类型的全光谱滴定参数 S_J 的全光谱滴定
终点曲线函数 $S_{Jb^* \cdot h_{ab};\ pH}$ 图像

应用案例3.126：

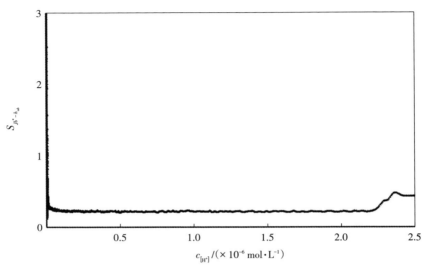

图3.188　色度值曲线相交类型的全光谱滴定参数 S_J 的全光谱滴定
终点曲线函数 $S_{Jb^*-h_{ab}:\,c_{[H^+]}}$ 图像

3.4.10　彩度值与色调角的全光谱滴定的色变曲线函数 $S_{JC_{ab}^*-h_{ab}}$ 的计算公式

当 S_a 为彩度值、S_b 为色调角时，用 $S_{JC_{ab}^*-h_{ab}}$ 表示 S_J，$S_{JC_{ab}^*-h_{ab}}$ 的计算公式为

$$S_J = S_{JC_{ab}^*-h_{ab}} = \left| \frac{1}{C_{ab}^* \pm h_{ab}} \right|$$

式中，$S_{JC_{ab}^*-h_{ab}}$ ——当 S_a 为彩度值、S_b 为色调角时，全光谱滴定相交类型的滴定曲线函数。

说明：$S_{JC_{ab}^*-h_{ab}}$ 类函数有6种计量参数应用，即滴定过程中的时间、脉冲信号、加入试剂的体积、加入试剂的浓度、pH值和氢离子浓度建立的6种应用类型的函数计算公式。

应用案例3.127：

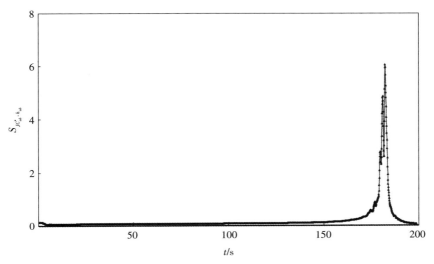

图3.189　色度值曲线相交类型的全光谱滴定参数 S_I 的全光谱滴定

终点曲线函数 $S_{JC_{ab}^{*}-h_{ab}:\ t}$ 图像

应用案例3.128：

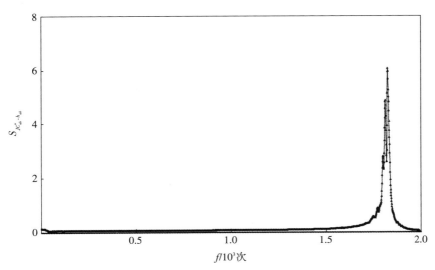

图3.190　色度值曲线相交类型的全光谱滴定参数 S_I 的全光谱滴定

终点曲线函数 $S_{JC_{ab}^{*}-h_{ab}:\ f}$ 图像

161

应用案例3.129：

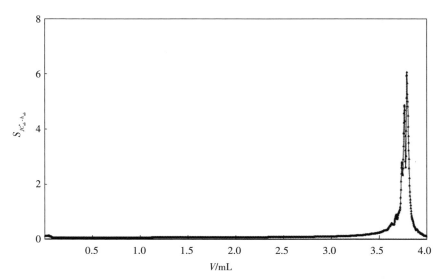

图3.191 色度值曲线相交类型的全光谱滴定参数 S_J 的全光谱滴定

终点曲线函数 $S_{JC_{ab}^* - h_{ab}: V}$ 图像

应用案例3.130：

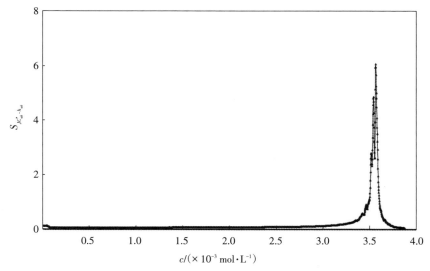

图3.192 色度值曲线相交类型的全光谱滴定参数 S_J 的全光谱滴定

终点曲线 $S_{JC_{ab}^* - h_{ab}: c}$ 图像

应用案例3.131：

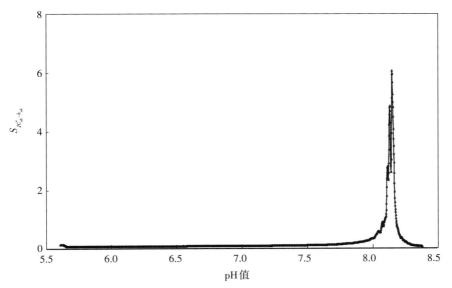

图3.193　色度值曲线相交类型的全光谱滴定参数S_J的全光谱滴定

终点曲线函数$S_{JC_{ab}^*-h_{ab}:\ pH}$图像（1）

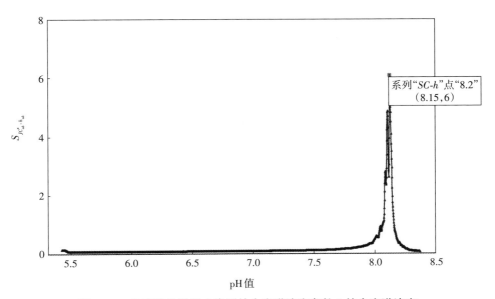

图3.194　色度值曲线相交类型的全光谱滴定参数S_J的全光谱滴定

终点曲线函数$S_{JC_{ab}^*-h_{ab}:\ pH}$图像（2）

应用案例3.132：

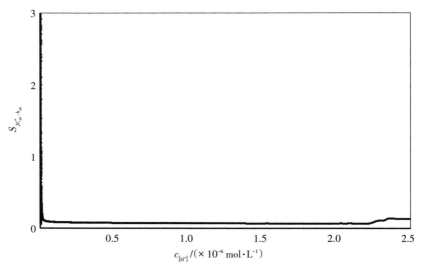

图3.195 色度值曲线相交类型的全光谱滴定参数 S_J 的全光谱滴定

终点曲线函数 $S_{JC_{ab}^*-h_{ab}:\ c_{[H^+]}}$ 图像

3.4.11 明度值与色差的全光谱滴定的色变曲线函数 $S_{JL^*-\Delta E}$ 的计算公式

当 S_a 为明度值、S_b 为色差时，用 $S_{JL^*-\Delta E}$ 表示 S_J，$S_{JL^*-\Delta E}$ 的计算公式为

$$S_J = S_{JL^*-\Delta E} = \left| \frac{1}{L^* \pm \Delta E} \right|$$

式中，$S_{JL^*-\Delta E}$——当 S_a 为明度值、S_b 为色差时，全光谱滴定相交类型的滴定曲线函数。

说明：$S_{JL^*-\Delta E}$ 类函数有6种计量参数应用，即滴定过程中的时间、脉冲信号、加入试剂的体积、加入试剂的浓度、pH值和氢离子浓度建立的6种应用类型的函数计算公式。

应用案例 3.133：

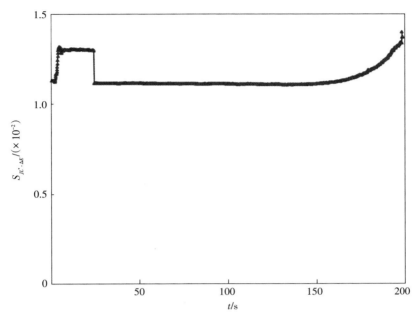

图 3.196　色度值曲线相交类型的全光谱滴定参数 S_J 的全光谱滴定终点曲线函数 $S_{JL^*-\Delta E:\ t}$ 图像

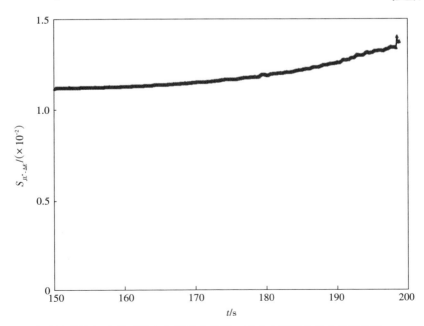

图 3.197　色度值曲线相交类型的全光谱滴定参数 S_J 的全光谱滴定终点曲线函数 $S_{JL^*-\Delta E:\ t}$ 图像

（滴定终点放大图）

应用案例3.134：

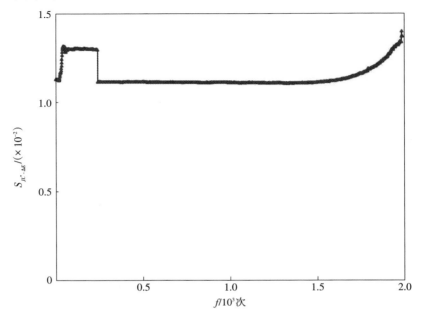

图3.198 色度值曲线相交类型的全光谱滴定参数S_J的全光谱滴定终点曲线函数$S_{JL^*-\Delta E:\ f}$图像

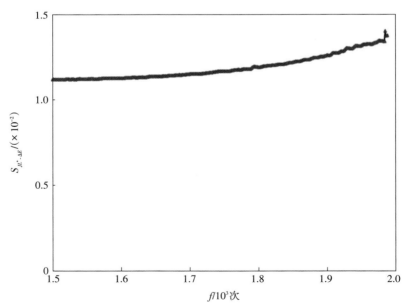

图3.199 色度值曲线相交类型的全光谱滴定参数S_J的全光谱滴定终点曲线函数$S_{JL^*-\Delta E:\ f}$图像

（滴定终点放大图）

应用案例3.135：

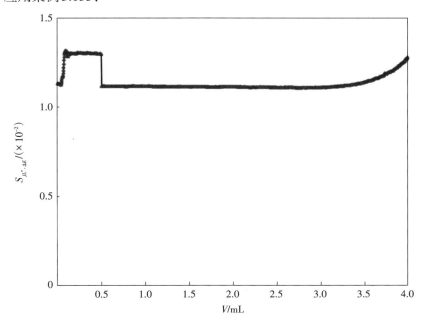

图3.200 色度值曲线相交类型的全光谱滴定参数S_J的全光谱滴定终点曲线函数$S_{JL^*-\Delta E:\ V}$图像

应用案例3.136：

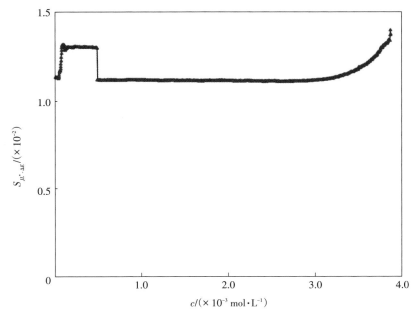

图3.201 色度值曲线相交类型的全光谱滴定参数S_J的全光谱滴定终点曲线函数$S_{JL^*-\Delta E:\ c}$图像

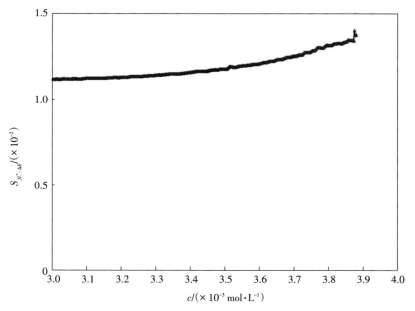

图3.202 色度值曲线相交类型的全光谱滴定参数S_J的全光谱滴定终点曲线函数$S_{JL^*-\Delta E;\ c}$图像
（滴定终点放大图）

应用案例3.137：

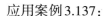

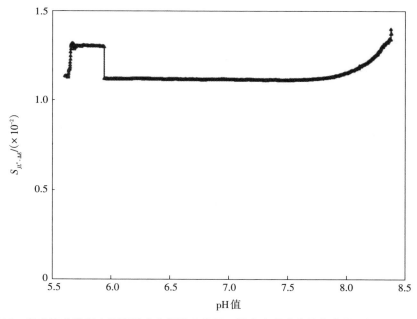

图3.203 色度值曲线相交类型的全光谱滴定参数S_J的全光谱滴定终点曲线函数$S_{JL^*-\Delta E;\ pH}$图像

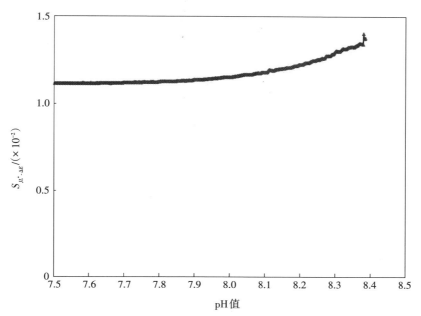

图3.204　色度值曲线相交类型的全光谱滴定参数S_J的全光谱滴定终点曲线函数 $S_{JL^{*}-\Delta E:\ pH}$ 图像

（滴定终点放大图）

应用案例3.138：

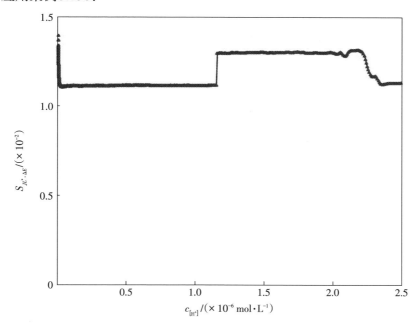

图3.205　色度值曲线相交类型的全光谱滴定参数S_J的全光谱滴定终点曲线函数 $S_{JL^{*}-\Delta E:\ c_{[H^{+}]}}$ 图像

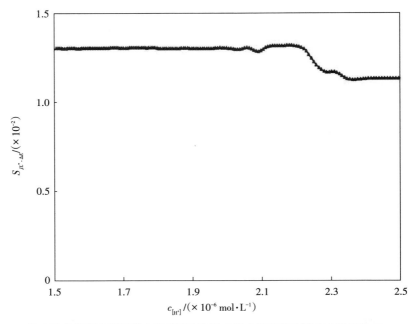

图3.206 色度值曲线相交类型的全光谱滴定参数S_J的全光谱滴定终点曲线函数 $S_{JL^*-\Delta E;\,c_{[H^+]}}$ 图像

（滴定终点放大图）

3.4.12 红–绿色品指数值与色差的全光谱滴定的色变曲线函数 $S_{Ja^*-\Delta E}$ 的计算公式

当S_a为红–绿色品指数值、S_b为色差时，用$S_{Ja^*-\Delta E}$表示S_J，即

$$S_J = S_{Ja^*-\Delta E} = \left| \frac{1}{a^* \pm \Delta E} \right|$$

式中，$S_{Ja^*-\Delta E}$——当S_a为红–绿色品指数值、S_b为色差时，全光谱滴定相交类型的滴定曲线函数。

说明：$S_{Ja^*-\Delta E}$类函数有6种计量参数应用，即滴定过程中的时间、脉冲信号、加入试剂的体积、加入试剂的浓度、pH值和氢离子浓度建立的6种应用类型的函数计算公式。

应用案例3.139：

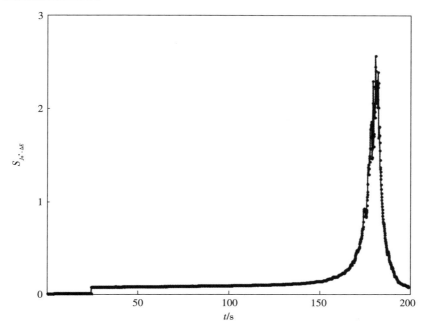

图3.207　色度值曲线相交类型的全光谱滴定参数 S_J 的全光谱滴定终点曲线函数 $S_{Ja^*-\Delta E:~t}$ 图像

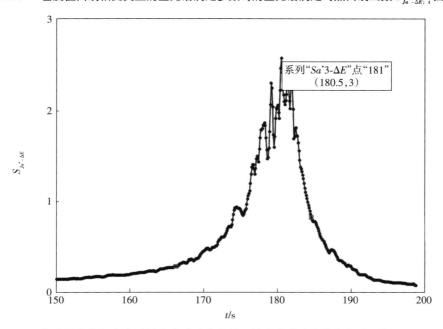

图3.208　色度值曲线相交类型的全光谱滴定参数 S_J 的全光谱滴定终点曲线函数 $S_{Ja^*-\Delta E:~t}$ 图像
（滴定终点放大图）

应用案例3.140：

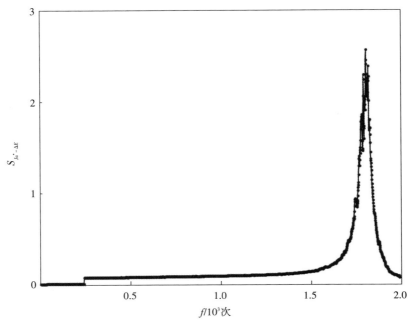

图3.209 色度值曲线相交类型的全光谱滴定参数S_J的全光谱滴定终点曲线函数$S_{Ja^*-\Delta E;\,f}$图像

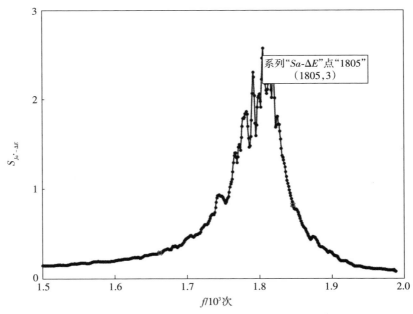

图3.210 色度值曲线相交类型的全光谱滴定参数S_J的全光谱滴定终点曲线函数$S_{Ja^*-\Delta E;\,f}$图像

（滴定终点放大图）

应用案例 3.141：

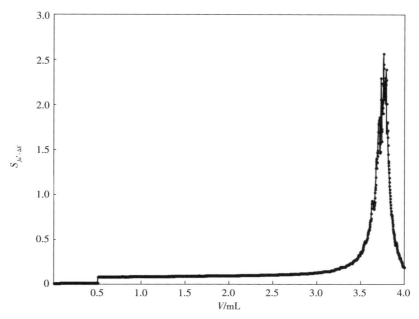

图 3.211 色度值曲线相交类型的全光谱滴定参数 S_J 的全光谱滴定终点曲线函数 $S_{J_a^* - \Delta E: V}$ 图像

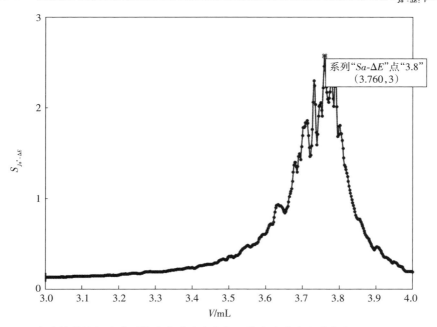

图 3.212 色度值曲线相交类型的全光谱滴定参数 S_J 的全光谱滴定终点曲线函数 $S_{J_a^* - \Delta E: V}$ 图像

（滴定终点放大图）

应用案例3.142：

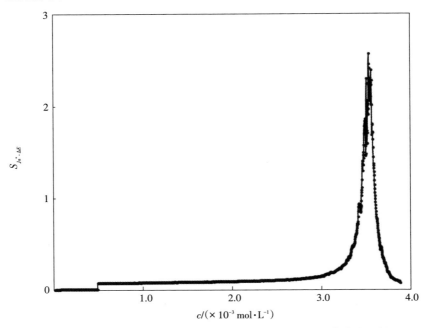

图3.213 色度值曲线相交类型的全光谱滴定参数S_J的全光谱滴定终点曲线函数$S_{Ja^*-\Delta E:\ c}$图像

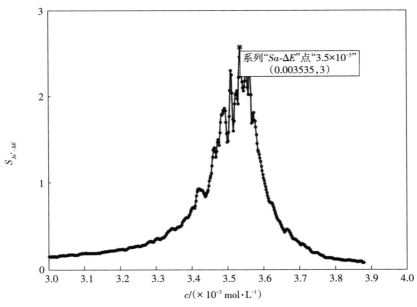

图3.214 色度值曲线相交类型的全光谱滴定参数S_J的全光谱滴定终点曲线函数$S_{Ja^*-\Delta E:\ c}$图像

（滴定终点放大图）

应用案例3.143：

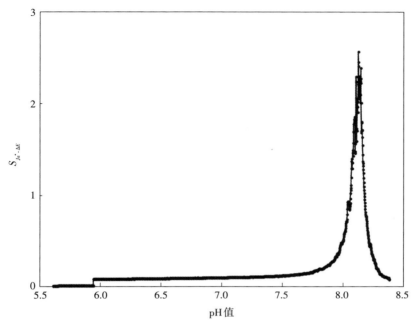

图3.215　色度值曲线相交类型的全光谱滴定参数S_J的全光谱滴定终点曲线函数$S_{Ja^{\cdot}-\Delta E;\ pH}$图像

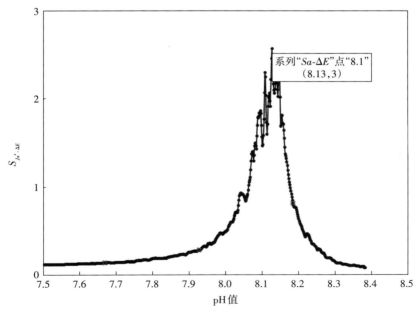

图3.216　色度值曲线相交类型的全光谱滴定参数S_J的全光谱滴定终点曲线函数$S_{Ja^{\cdot}-\Delta E;\ pH}$图像

（滴定终点放大图）

应用案例3.144：

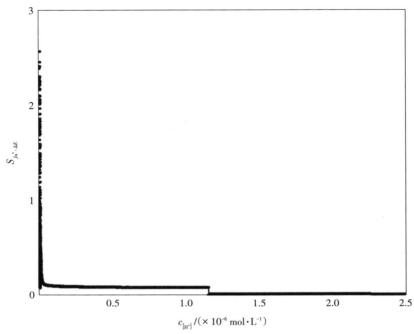

图3.217 色度值曲线相交类型的全光谱滴定参数S_I的全光谱滴定终点曲线函数$S_{Ja^* - \Delta E:\ c_{[H^+]}}$图像

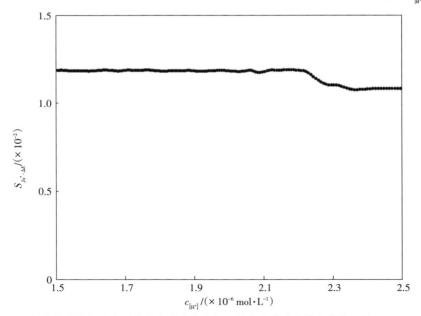

图3.218 色度值曲线相交类型的全光谱滴定参数S_I的全光谱滴定终点曲线函数$S_{Ja^* - \Delta E:\ c_{[H^+]}}$图像
（滴定终点放大图）

3.4.13 黄−蓝色品指数值与色差的全光谱滴定的色变曲线函数 $S_{Jb^*-\Delta E}$ 的计算公式

当S_a为黄−蓝色品指数、S_b为色差时，用$S_{Jb^*-\Delta E}$表示S_J，即

$$S_J = S_{Jb^*-\Delta E} = \left| \frac{1}{b^* \pm \Delta E} \right|$$

式中，$S_{Jb^*-\Delta E}$——当S_a为黄−蓝色品指数值、S_b为色差时，全光谱滴定相交类型的滴定曲线函数。

说明：$S_{Jb^*-\Delta E}$类函数有6种计量参数应用，即滴定过程中的时间、脉冲信号、加入试剂的体积、加入试剂的浓度、pH值和氢离子浓度建立的6种应用类型的函数计算公式。

应用案例3.145：

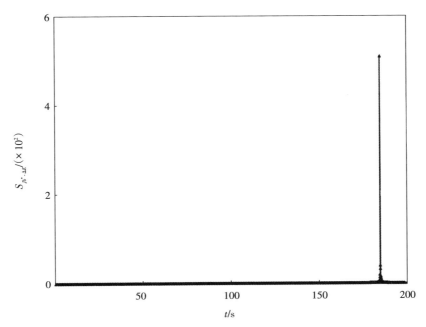

图3.219 色度值曲线相交类型的全光谱滴定参数S_J的全光谱滴定终点曲线函数 $S_{Jb^*-\Delta E;\ t}$ 图像

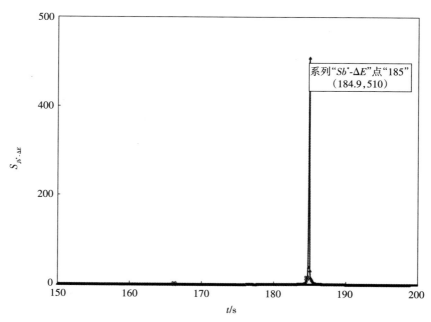

图3.220 色度值曲线相交类型的全光谱滴定参数 S_I 的全光谱滴定终点曲线函数 $S_{Jb^*-\Delta E;\ t}$ 图像（滴定终点放大图）

应用案例3.146：

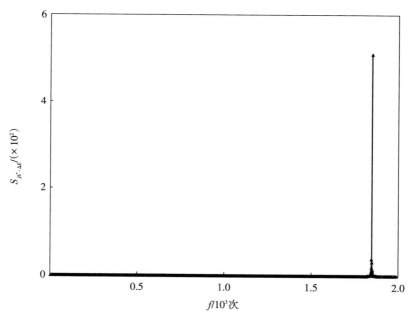

图3.221 色度值曲线相交类型的全光谱滴定参数 S_J 的全光谱滴定终点曲线函数 $S_{Jb^*-\Delta E;\ f}$ 图像

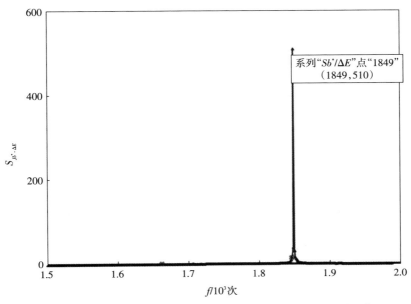

图3.222　色度值曲线相交类型的全光谱滴定参数 S_I 的全光谱滴定终点曲线函数 $S_{Jb^*-\Delta E:\ f}$ 图像
（滴定终点放大图）

应用案例3.147：

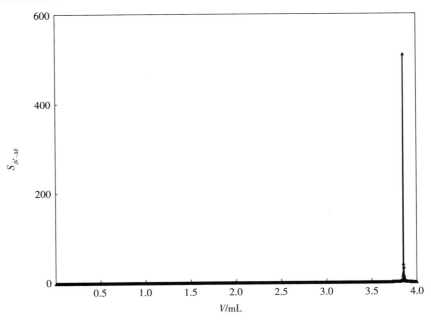

图3.223　色度值曲线相交类型的全光谱滴定参数 S_I 的全光谱滴定终点曲线函数 $S_{Jb^*-\Delta E:\ V}$ 图像

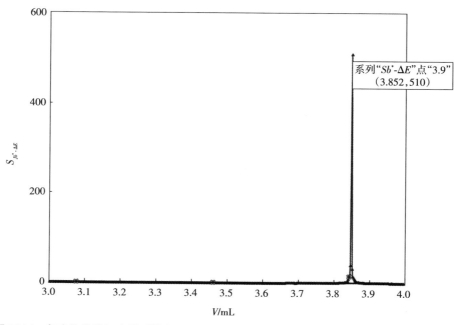

图3.224 色度值曲线相交类型的全光谱滴定参数S_J的全光谱滴定终点曲线函数$S_{Jb^*-\Delta E:\ V}$图像（滴定终点放大图）

应用案例3.148：

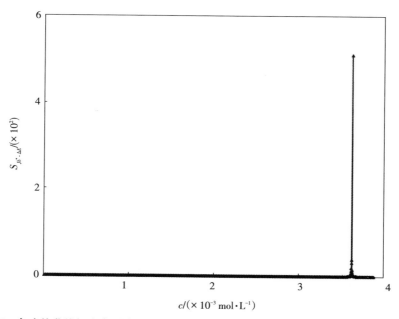

图3.225 色度值曲线相交类型的全光谱滴定参数S_J的全光谱滴定终点曲线函数$S_{Jb^*-\Delta E:\ c}$图像

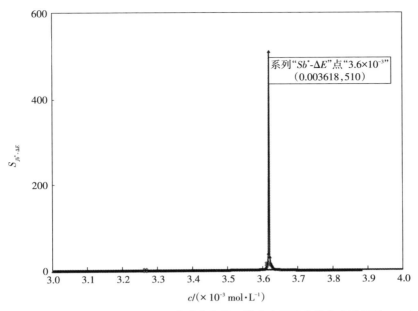

图3.226 色度值曲线相交类型的全光谱滴定参数 S_l 的全光谱滴定终点曲线函数 $S_{Jb^*-\Delta E;\ c}$ 图像

（滴定终点放大图）

应用案例3.149：

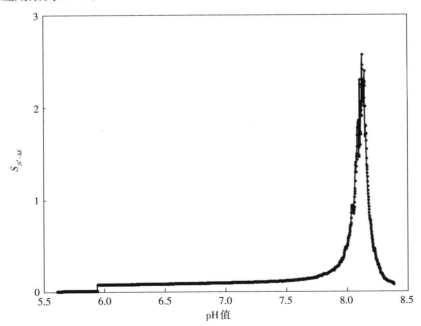

图3.227 色度值曲线相交类型的全光谱滴定参数 S_l 的全光谱滴定终点曲线函数 $S_{Jb^*-\Delta E;\ pH}$ 图像

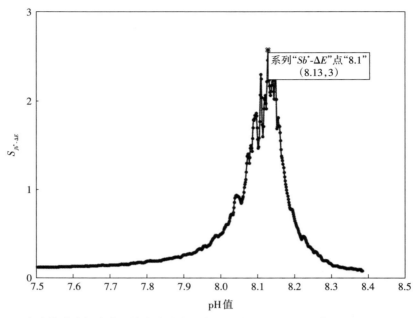

图3.228　色度值曲线相交类型的全光谱滴定参数S_I的全光谱滴定终点曲线函数 $S_{Jb^*-\Delta E:\ pH}$ 图像

（滴定终点放大图）

应用案例3.150：

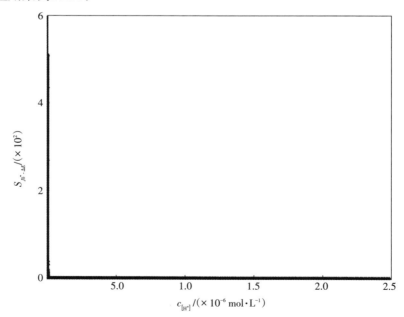

图3.229　色度值曲线相交类型的全光谱滴定参数S_J的全光谱滴定终点曲线函数 $S_{Jb^*-\Delta E:\ c_{[H^+]}}$ 图像

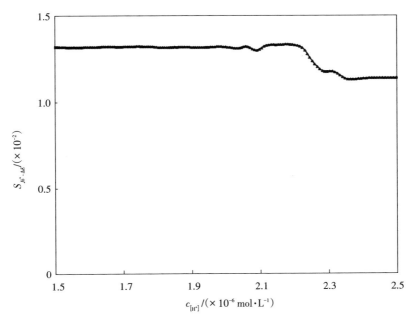

图3.230 色度值曲线相交类型的全光谱滴定参数 S_J 的全光谱滴定终点曲线函数 $S_{Jb^*-\Delta E:\ c_{[H^+]}}$ 图像

（滴定终点放大图）

3.4.14 彩度值与色差的全光谱滴定的色变曲线函数 $S_{JC_{ab}^*-\Delta E}$ 的计算公式

当 S_a 为彩度值、S_b 为色差时，用 $S_{JC_{ab}^*-\Delta E}$ 表示 S_J，即

$$S_J = S_{JC_{ab}^*-\Delta E} = \left| \frac{1}{C_{ab}^* \pm \Delta E} \right|$$

式中，$S_{JC_{ab}^*-\Delta E}$ ——当 S_a 为彩度值、S_b 为色差时，全光谱滴定相交类型的滴定曲线函数。

说明：$S_{JC_{ab}^*-\Delta E}$ 类函数有6种计量参数应用，即滴定过程中的时间、脉冲信号、加入试剂的体积、加入试剂的浓度、pH值和氢离子浓度建立的6种应用类型的函数计算公式。

应用案例3.151：

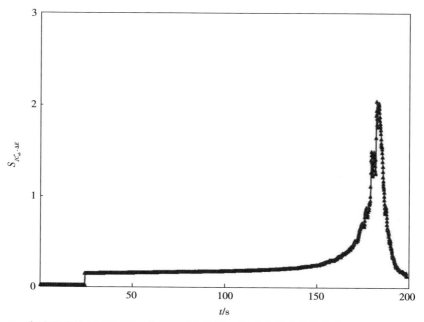

图3.231 色度值曲线相交类型的全光谱滴定参数S_J的全光谱滴定终点曲线函数$S_{JC_{ab}^*-\Delta E:\ t}$图像

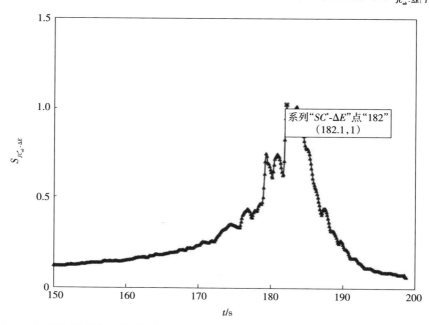

图3.232 色度值曲线相交类型的全光谱滴定参数S_J的全光谱滴定终点曲线函数$S_{JC_{ab}^*-\Delta E:\ t}$图像

（滴定终点放大图）

应用案例3.152：

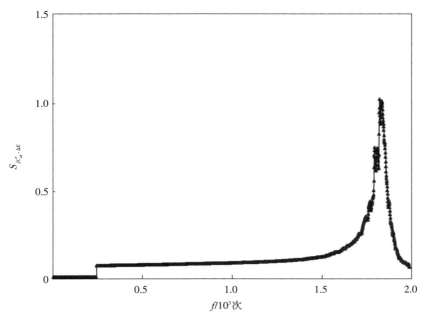

图3.233 色度值曲线相交类型的全光谱滴定参数S_J的全光谱滴定终点曲线函数$S_{JC_{ab}^*-\Delta E;\ f}$图像

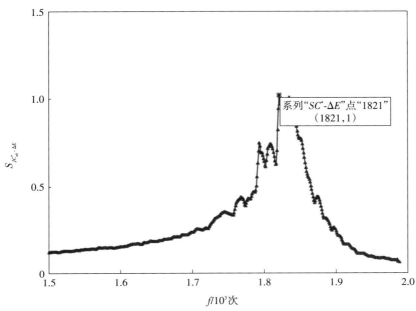

图3.324 色度值曲线相交类型的全光谱滴定参数S_J的全光谱滴定终点曲线函数$S_{JC_{ab}^*-\Delta E;\ f}$图像

（滴定终点放大图）

应用案例3.153：

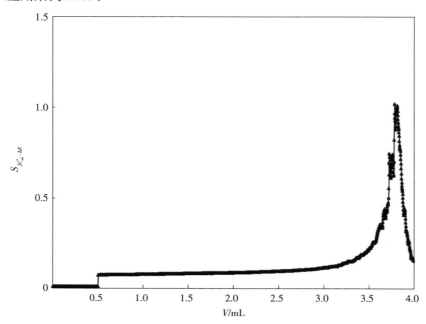

图3.235 色度值曲线相交类型的全光谱滴定参数S_J的全光谱滴定终点曲线函数$S_{JC^*_{ab}-\Delta E:\ V}$图像

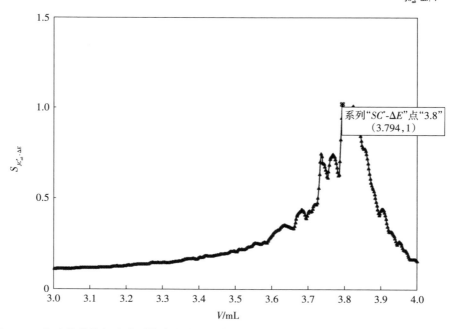

系列"$SC^*-\Delta E$"点"3.8"
$(3.794,1)$

图3.236 色度值曲线相交类型的全光谱滴定参数S_J的全光谱滴定终点曲线函数$S_{JC^*_{ab}-\Delta E:\ V}$图像

（滴定终点放大图）

应用案例3.154：

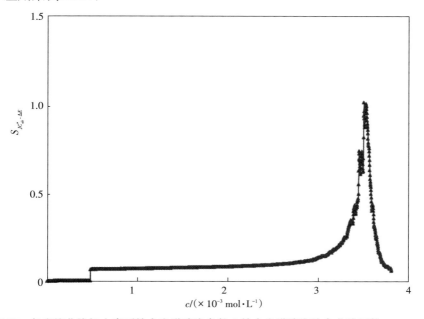

图3.237　色度值曲线相交类型的全光谱滴定参数 S_J 的全光谱滴定终点曲线函数 $S_{JC^*_{ab}\text{-}\Delta E;\ c}$ 图像

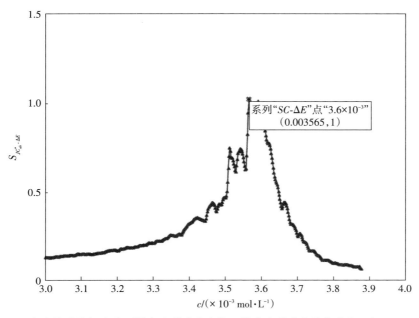

图3.238　色度值曲线相交类型的全光谱滴定参数 S_J 的全光谱滴定终点曲线函数 $S_{JC^*_{ab}\text{-}\Delta E;\ c}$ 图像

（滴定终点放大图）

应用案例3.155：

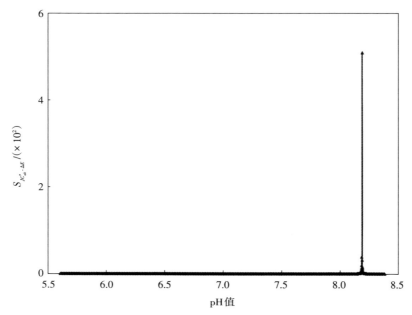

图3.239　色度值曲线相交类型的全光谱滴定参数S_J的全光谱滴定终点曲线函数$S_{JC_{ab}^{*}-\Delta E;\ pH}$图像

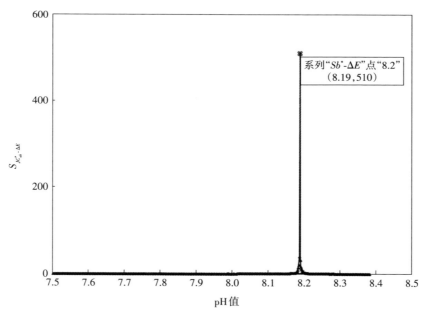

系列"$Sb^{*}-\Delta E$"点"8.2"
（8.19,510）

图3.240　色度值曲线相交类型的全光谱滴定参数S_J的全光谱滴定终点曲线函数$S_{JC_{ab}^{*}-\Delta E;\ pH}$图像

（滴定终点放大图）

应用案例3.156：

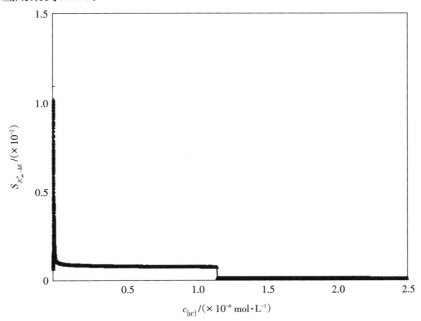

图3.241　色度值曲线相交类型的全光谱滴定参数 S_J 的全光谱滴定终点曲线函数 $S_{JC_{ab}^* - \Delta E: \ c_{[H^+]}}$ 图像

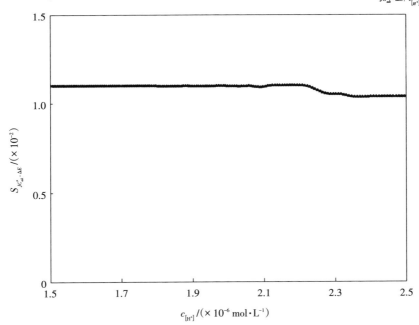

图3.242　色度值曲线相交类型的全光谱滴定参数 S_J 的全光谱滴定终点曲线函数 $S_{JC_{ab}^* - \Delta E: \ c_{[H^+]}}$ 图像

（滴定终点放大图）

3.4.15 色调角与色差的全光谱滴定的色变曲线函数 $S_{Jh_{ab}-\Delta E}$ 的计算公式

当 S_a 为色调角、S_b 为色差时，用 $S_{Jh_{ab}-\Delta E}$ 表示 S_J，即

$$S_J = S_{Jh_{ab}-\Delta E} = \left| \frac{1}{h_{ab} \pm \Delta E} \right|$$

式中，$S_{Jh_{ab}-\Delta E}$ ——当 S_a 为色调角、S_b 为色差时，全光谱滴定相交类型的滴定曲线函数。

说明：$S_{Jh_{ab}-\Delta E}$ 类函数有6种计量参数应用，滴定过程中的时间、脉冲信号、加入试剂体积、试剂浓度、pH值和氢离子浓度建立的6种应用类型的函数计算公式。

应用案例3.157：

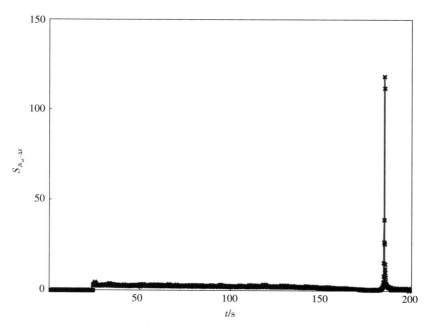

图3.243 色度值曲线相交类型的全光谱滴定参数 S_J 的全光谱滴定终点曲线函数 $S_{Jh_{ab}-\Delta E:\ t}$ 图像

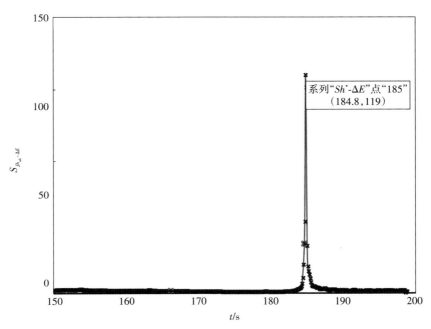

图 3.244　色度值曲线相交类型的全光谱滴定参数 S_J 的全光谱滴定终点曲线函数 $S_{Jh_{ab}-\Delta E:\ t}$ 图像

（滴定终点放大图）

应用案例 3.158：

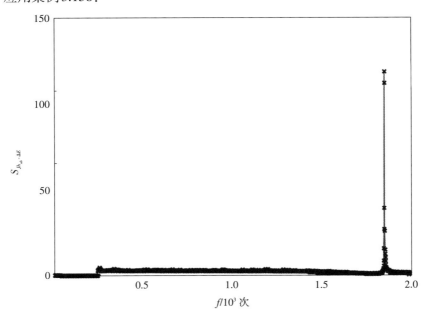

图 3.245　色度值曲线相交类型的全光谱滴定参数 S_J 的全光谱滴定终点曲线函数 $S_{Jh_{ab}-\Delta E:\ t}$ 图像

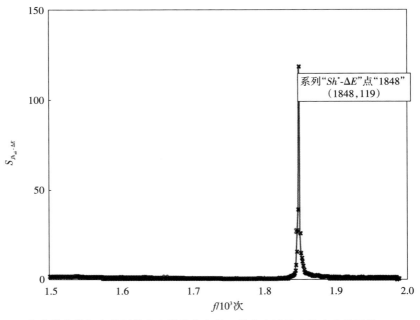

图 3.246 色度值曲线相交类型的全光谱滴定参数 S_J 的全光谱滴定终点曲线函数 $S_{Jh_{ab}-\Delta E;\ f}$ 图像（滴定终点放大图）

应用案例3.159：

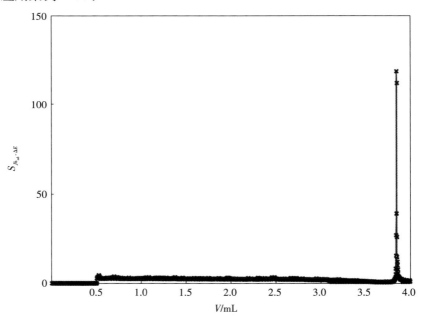

图 3.247 色度值曲线相交类型的全光谱滴定参数 S_J 的全光谱滴定终点曲线函数 $S_{Jh_{ab}-\Delta E;\ V}$ 图像

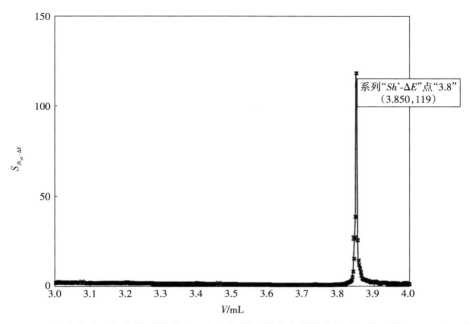

图3.248　色度值曲线相交类型的全光谱滴定参数 S_J 的全光谱滴定终点曲线函数 $S_{Jh_{ab}-\Delta E;\ V}$ 图像

（滴定终点放大图）

应用案例3.160：

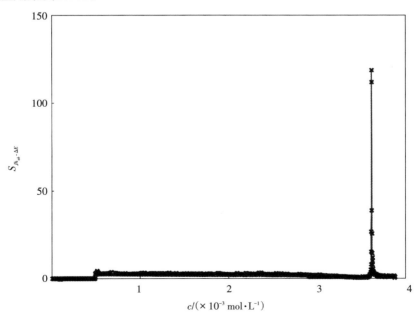

图3.249　色度值曲线相交类型的全光谱滴定参数 S_J 的全光谱滴定终点曲线函数 $S_{Jh_{ab}-\Delta E;\ c}$ 图像

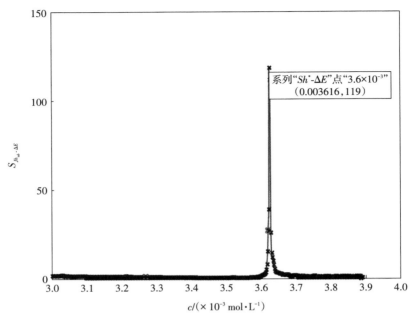

图3.250 色度值曲线相交类型的全光谱滴定参数 S_J 的全光谱滴定终点曲线函数 $S_{Jh_{ab}-\Delta E: c}$ 图像
（滴定终点放大图）

应用案例3.161：

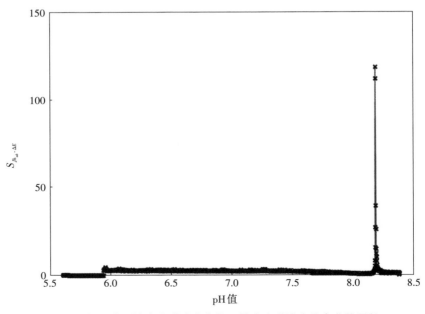

图3.251 色度值曲线相交类型的全光谱滴定参数 S_J 的全光谱滴定终点曲线函数 $S_{Jh_{ab}-\Delta E: pH}$ 图像

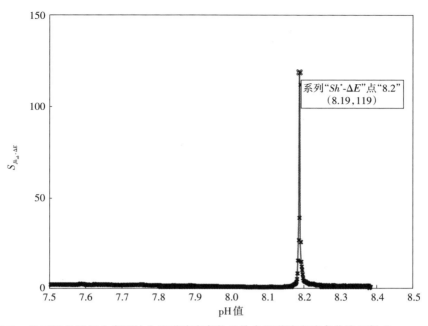

图3.252 色度值曲线相交类型的全光谱滴定参数 S_J 的全光谱滴定终点曲线函数 $S_{Jh_{ab}-\Delta E:\ pH}$ 图像
（滴定终点放大图）

应用案例3.162：

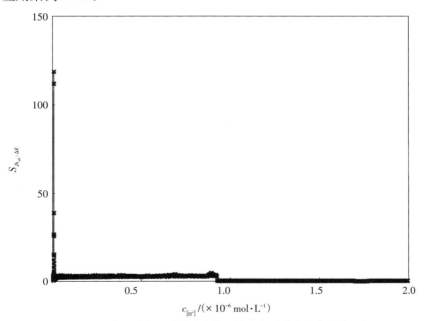

图3.253 色度值曲线相交类型的全光谱滴定参数 S_J 的全光谱滴定终点曲线函数 $S_{Jh_{ab}-\Delta E:\ c_{[H^+]}}$ 图像

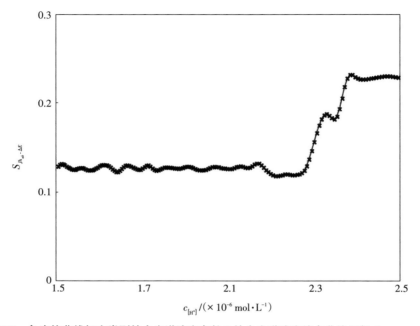

图3.254 色度值曲线相交类型的全光谱滴定参数 S_J 的全光谱滴定终点曲线函数 $S_{Jh_{ab}-\Delta E:\ c_{[H^+]}}$ 图像

（滴定终点放大图）

第4章
全光谱滴定色变曲线的选择

由于用于计算的参数众多，全光谱滴定的色变曲线可以计算的 S_s 系列有2个、S_l 系列有90个。不同参数的算法不同，构成的曲线也不同。

实际上对全光谱滴定（VSTT）的需求参数是试剂体积的滴定终点值。对于同步进行 VSTT 与 pH 测量的方法（visible spectral titration technology-pH titration measurement，VSTT-pH），主要是反应溶液的 pH 值和试剂体积两个参数。

4.1 全光谱滴定色变曲线滴定终点的峰值曲线

4.1.1 全光谱滴定中 S_s 系列色变曲线

表4.1 全光谱滴定中 S_s 系列色变曲线与终点（以葡萄酒中总酸为例）

序号	横轴的计量参数	纵轴的相交全光谱滴定曲线参数 S	计量单位	滴定终点值（以极值为例）
1	t	S_{sL^*-t}	s	无
2	t	$S_{\Delta sL^*-t}$	s	无
3	t	S_{sa^*-t}	s	无
4	t	$S_{\Delta sa^*-t}$	s	无
5	t	S_{sb^*-t}	s	无
6	t	$S_{\Delta sa^*-t}$	s	无
7	t	$S_{sC_{ab}^*-t}$	s	无
8	t	$S_{\Delta sC_{ab}^*-t}$	s	无
9	t	$S_{sh_{ab}^*-t}$	s	182.1

表4.1（续）

序号	横轴的计量参数	纵轴的相交全光谱滴定曲线参数 S	计量单位	滴定终点值（以极值为例）
10	t	$S_{\Delta sh_{ab}\text{-}t}$	s	182.0
11	t	$S_{s\Delta E\text{-}t}$	s	179.4
12	t	$S_{\Delta s\Delta E\text{-}t}$	s	无
13	f	$S_{sL^*\text{-}f}$	次	无
14	f	$S_{\Delta sL^*\text{-}f}$	次	1791
15	f	$S_{sa^*\text{-}f}$	次	无
16	f	$S_{\Delta sa^*\text{-}f}$	次	无
17	f	$S_{sb^*\text{-}f}$	次	无
18	f	$S_{\Delta sb^*\text{-}f}$	次	无
19	f	$S_{sC^*_{ab}\text{-}f}$	次	无
20	f	$S_{\Delta sC^*_{ab}\text{-}f}$	次	无
21	f	$S_{sh_{ab}\text{-}f}$	次	无
22	f	$S_{\Delta sh_{ab}\text{-}f}$	次	无
23	f	$S_{s\Delta E\text{-}f}$	次	1849
24	f	$S_{\Delta s\Delta E\text{-}f}$	次	无
25	V	$S_{sL^*\text{-}V}$	mL	3.733
26	V	$S_{\Delta sL^*\text{-}V}$	mL	3.733
27	V	$S_{sa^*\text{-}V}$	mL	无
28	V	$S_{\Delta sa^*\text{-}V}$	mL	无
29	V	$S_{sb^*\text{-}V}$	mL	无
30	V	$S_{\Delta sb^*\text{-}V}$	mL	无
31	V	$S_{sC^*_{ab}\text{-}V}$	mL	无
32	V	$S_{\Delta sC^*_{ab}\text{-}V}$	mL	无
33	V	$S_{sh_{ab}\text{-}V}$	mL	3.794
34	V	$S_{\Delta sh_{ab}\text{-}V}$	mL	3.792
35	V	$S_{s\Delta E\text{-}V}$	mL	2.887
36	V	$S_{\Delta s\Delta E\text{-}V}$	mL	无
37	c	$S_{sL^*\text{-}c}$	mol/L	1.65×10^{-5}
38	c	$S_{\Delta sL^*\text{-}c}$	mol/L	1.65×10^{-5}
39	c	$S_{sa^*\text{-}c}$	mol/L	1.69×10^{-5}

表4.1（续）

序号	横轴的计量参数	纵轴的相交全光谱滴定曲线参数 S	计量单位	滴定终点值（以极值为例）
40	c	$S_{\Delta sa^* - c}$	mol/L	1.69×10^{-5}
41	c	$S_{sb^* - c}$	mol/L	无
42	c	$S_{\Delta sb^* - c}$	mol/L	无
43	c	$S_{sC_{ab}^* - c}$	mol/L	无
44	c	$S_{\Delta sC_{ab}^* - c}$	mol/L	无
45	c	$S_{sh_{ab} - c}$	mol/L	1.67×10^{-5}
46	c	$S_{\Delta sh_{ab} - c}$	mol/L	1.67×10^{-5}
47	c	$S_{s\Delta E - c}$	mol/L	无
48	c	$S_{\Delta s\Delta E - c}$	mol/L	无
49	pH值	$S_{sL^* - pH}$		8.11
50	pH值	$S_{\Delta sL^* - pH}$		8.11
51	pH值	$S_{sa^* - pH}$		无
52	pH值	$S_{\Delta sa^* - pH}$		无
53	pH值	$S_{sb^* - pH}$		无
54	pH值	$S_{\Delta sb^* - pH}$		无
55	pH值	$S_{sC_{ab}^* - pH}$		无
56	pH值	$S_{\Delta sC_{ab}^* - pH}$		无
57	pH值	$S_{sh_{ab} - pH}$		8.15
58	pH值	$S_{\Delta sh_{ab} - pH}$		8.15
59	pH值	$S_{s\Delta E - pH}$		无
60	pH值	$S_{\Delta s\Delta E - pH}$		无
61	$c_{[H^+]}$	$S_{sL^* - c_{[H^+]}}$	mol/L	2.51×10^{-6}
62	$c_{[H^+]}$	$S_{\Delta sL^* - c_{[H^+]}}$	mol/L	无
63	$c_{[H^+]}$	$S_{sa^* - c_{[H^+]}}$	mol/L	无
64	$c_{[H^+]}$	$S_{\Delta sa^* - c_{[H^+]}}$	mol/L	无
65	$c_{[H^+]}$	$S_{sb^* - c_{[H^+]}}$	mol/L	无
66	$c_{[H^+]}$	$S_{\Delta sb^* - c_{[H^+]}}$	mol/L	无
67	$c_{[H^+]}$	$S_{sC_{ab}^* - c_{[H^+]}}$	mol/L	无
68	$c_{[H^+]}$	$S_{\Delta sC_{ab}^* - c_{[H^+]}}$	mol/L	无
69	$c_{[H^+]}$	$S_{sh_{ab} - c_{[H^+]}}$	mol/L	无

表4.1（续）

序号	横轴的计量参数	纵轴的相交全光谱滴定曲线参数S	计量单位	滴定终点值（以极值为例）
70	$c_{[H^+]}$	$S_{\Delta ab \cdot c_{[H^+]}}$	mol/L	无
71	$c_{[H^+]}$	$S_{\Delta \cdot \Delta E \cdot c_{[H^+]}}$	mol/L	无
72	$c_{[H^+]}$	$S_{\Delta s \Delta E \cdot c_{[H^+]}}$	mol/L	无

4.1.2 全光谱滴定中 S_J 系列色变曲线

表4.2 全光谱滴定中 S_J 系列色变曲线与终点（以葡萄酒中总酸为例）

序号	横轴的计量参数	纵轴的相交全光谱滴定曲线参数S	计量单位	滴定终点值（以极值为例）
1	t	$S_{JL^* \cdot a^*}$	s	无
2	t	$S_{JL^* \cdot b^*}$	s	无
3	t	$S_{JL^* \cdot C_{ab}^*}$	s	无
4	t	$S_{JL^* \cdot h_{ab}}$	s	无
5	t	$S_{Ja^* \cdot b^*}$	s	164.7
6	t	$S_{Ja^* \cdot C_{ab}^*}$	s	185.2
7	t	$S_{Ja^* \cdot h_{ab}}$	s	175.1
8	t	$S_{Jb^* \cdot C_{ab}^*}$	s	178.1
9	t	$S_{Jb^* \cdot h_{ab}}$	s	185.2
10	t	$S_{JC_{ab}^* \cdot h_{ab}}$	s	182.2
11	t	$S_{JL^* \cdot \Delta E}$	s	无
12	t	$S_{Ja^* \cdot \Delta E}$	s	180.5
13	t	$S_{Jb^* \cdot \Delta E}$	s	184.9
14	t	$S_{JC_{ab}^* \cdot \Delta E}$	s	182.1
15	t	$S_{Jh_{ab} \cdot \Delta E}$	s	184.8
16	f	$S_{JL^* \cdot a^*}$	次	无
17	f	$S_{JL^* \cdot b^*}$	次	无
18	f	$S_{JL^* \cdot C_{ab}^*}$	次	无
19	f	$S_{JL^* \cdot h_{ab}}$	次	无
20	f	$S_{Ja^* \cdot b^*}$	次	1647

表4.2（续）

序号	横轴的计量参数	纵轴的相交全光谱滴定曲线参数 S	计量单位	滴定终点值（以极值为例）
21	f	$S_{Ja^{*}-C_{ab}^{*}}$	次	1852
22	f	$S_{Ja^{*}-h_{ab}}$	次	1751
23	f	$S_{Jb^{*}-C_{ab}^{*}}$	次	1781
24	f	$S_{Jb^{*}-h_{ab}}$	次	1852
25	f	$S_{JC_{ab}^{*}-h_{ab}}$	次	1822
26	f	$S_{JL^{*}-\Delta E}$	次	无
27	f	$S_{Ja^{*}-\Delta E}$	次	1805
28	f	$S_{Jb^{*}-\Delta E}$	次	1849
29	f	$S_{JC_{ab}^{*}-\Delta E}$	次	1821
30	f	$S_{Jh_{ab}-\Delta E}$	次	1848
31	V	$S_{JL^{*}-a^{*}}$	mL	无
32	V	$S_{JL^{*}-b^{*}}$	mL	无
33	V	$S_{JL^{*}-C_{ab}^{*}}$	mL	无
34	V	$S_{JL^{*}-h_{ab}}$	mL	无
35	V	$S_{Ja^{*}-b^{*}}$	mL	3.431
36	V	$S_{Ja^{*}-C_{ab}^{*}}$	mL	3.858
37	V	$S_{Ja^{*}-h_{ab}}$	mL	3.648
38	V	$S_{Jb^{*}-C_{ab}^{*}}$	mL	3.710
39	V	$S_{Jb^{*}-h_{ab}}$	mL	3.858
40	V	$S_{JC_{ab}^{*}-h_{ab}}$	mL	3.794
41	V	$S_{JL^{*}-\Delta E}$	mL	无
42	V	$S_{Ja^{*}-\Delta E}$	mL	3.760
43	V	$S_{Jb^{*}-\Delta E}$	mL	3.852
44	V	$S_{JC_{ab}^{*}-\Delta E}$	mL	3.794
45	V	$S_{Jh_{ab}-\Delta E}$	mL	3.850
46	c	$S_{JL^{*}-a^{*}}$	mol/L	无
47	c	$S_{JL^{*}-b^{*}}$	mol/L	无
48	c	$S_{JL^{*}-C_{ab}^{*}}$	mol/L	无
49	c	$S_{JL^{*}-h_{ab}}$	mol/L	无

表4.2（续）

序号	横轴的计量参数	纵轴的相交全光谱 滴定曲线参数 S	计量 单位	滴定终点值 （以极值为例）
50	c	$S_{Ja^* - b^*}$	mol/L	0.0032
51	c	$S_{Ja^* - C^*_{ab}}$	mol/L	0.0036
52	c	$S_{Ja^* - h_{ab}}$	mol/L	0.0034
53	c	$S_{Jb^* - C^*_{ab}}$	mol/L	0.0035
54	c	$S_{Jb^* - h_{ab}}$	mol/L	0.0036
55	c	$S_{JC^*_{ab} - h_{ab}}$	mol/L	0.0036
56	c	$S_{JL^* - \Delta E}$	mol/L	无
57	c	$S_{Ja^* - \Delta E}$	mol/L	0.0035
58	c	$S_{Jb^* - \Delta E}$	mol/L	0.0035
59	c	$S_{JC^*_{ab} - \Delta E}$	mol/L	0.0036
60	c	$S_{Jh_{ab} - \Delta E}$	mol/L	0.0036
61	pH值	$S_{JL^* - a^*}$		无
62	pH值	$S_{JL^* - b^*}$		无
63	pH值	$S_{JL^* - C^*_{ab}}$		无
64	pH值	$S_{JL^* - h_{ab}}$		无
65	pH值	$S_{Ja^* - b^*}$		7.91
66	pH值	$S_{Ja^* - C^*_{ab}}$		8.19
67	pH值	$S_{Ja^* - h_{ab}}$		8.05
68	pH值	$S_{Jb^* - C^*_{ab}}$		8.09
69	pH值	$S_{Jb^* - h_{ab}}$		8.19
70	pH值	$S_{JC^*_{ab} - h_{ab}}$		8.15
71	pH值	$S_{JL^* - \Delta E}$		无
72	pH值	$S_{Ja^* - \Delta E}$		8.13
73	pH值	$S_{Jb^* - \Delta E}$		8.13
74	pH值	$S_{JC^*_{ab} - \Delta E}$		8.19
75	pH值	$S_{Jh_{ab} - \Delta E}$		8.19
76	$c_{[H^+]}$	$S_{JL^* - a^*_{[H^+]}}$	mol/L	无
77	$c_{[H^+]}$	$S_{JL^* - b^*_{[H^+]}}$	mol/L	无
78	$c_{[H^+]}$	$S_{JL^* - C^*_{ab[H^+]}}$	mol/L	无

表4.2（续）

序号	横轴的计量参数	纵轴的相交全光谱滴定曲线参数 S	计量单位	滴定终点值（以极值为例）
79	$c_{[H^+]}$	$S_{JL^*-h_{ab[H^+]}}$	mol/L	无
80	$c_{[H^+]}$	$S_{Ja^*-b^*_{[H^+]}}$	mol/L	1.2×10^{-9}
81	$c_{[H^+]}$	$S_{Ja^*-C^*_{ab[H^+]}}$	mol/L	6.4×10^{-9}
82	$c_{[H^+]}$	$S_{Ja^*-h_{ab[H^+]}}$	mol/L	8.9×10^{-9}
83	$c_{[H^+]}$	$S_{Jb^*-C^*_{ab[H^+]}}$	mol/L	8.1×10^{-9}
84	$c_{[H^+]}$	$S_{Jb^*-h_{ab[H^+]}}$	mol/L	6.4×10^{-9}
85	$c_{[H^+]}$	$S_{JC^*_{ab}-h_{ab[H^+]}}$	mol/L	7.1×10^{-9}
86	$c_{[H^+]}$	$S_{JL^*-\Delta E}$	mol/L	无
87	$c_{[H^+]}$	$S_{Ja^*-\Delta E}$	mol/L	无
88	$c_{[H^+]}$	$S_{Jb^*-\Delta E}$	mol/L	无
89	$c_{[H^+]}$	$S_{JC^*_{ab}-\Delta E}$	mol/L	无
90	$c_{[H^+]}$	$S_{Jh_{ab}-\Delta E}$	mol/L	无

4.2 全光谱滴定色变曲线滴定终点峰值的顺序

表4.3 全光谱滴定中 S_s 系列色变曲线凸变峰（以葡萄酒中总酸为例）

序号	横轴的计量参数	全光谱滴定曲线参数 S	计量单位	滴定终点值	峰型是否凸出
1	t	S_{sL^*-t}	s	无	☆
2	t	$S_{\Delta sL^*-t}$	s	无	☆
3	t	S_{sa^*-t}	s	无	☆
4	t	$S_{\Delta sa^*-t}$	s	无	☆
5	t	S_{sb^*-t}	s	无	☆
6	t	$S_{\Delta sb^*-t}$	s	无	☆
7	t	$S_{sC^*_{ab}-t}$	s	无	☆
8	t	$S_{\Delta sC^*_{ab}-t}$	s	无	☆
9	t	$S_{sh_{ab}-t}$	s	182.1	★
10	t	$S_{\Delta sh_{ab}-t}$	s	182.0	★
11	t	$S_{s\Delta E-t}$	s	179.4	★

表4.3（续）

序号	横轴的计量参数	全光谱滴定曲线参数 S	计量单位	滴定终点值	峰型是否凸出
12	t	$S_{\Delta s \Delta E - t}$	s	无	☆
13	f	$S_{sL^* - f}$	次	无	☆
14	f	$S_{\Delta sL^* - f}$	次	1791	★
15	f	$S_{sa^* - f}$	次	无	☆
16	f	$S_{\Delta sa^* - f}$	次	无	☆
17	f	$S_{sb^* - f}$	次	无	☆
18	f	$S_{\Delta sb^* - f}$	次	无	☆
19	f	$S_{sC_{ab}^* - f}$	次	无	☆
20	f	$S_{\Delta sC_{ab}^* - f}$	次	无	☆
21	f	$S_{sh_{ab} - f}$	次	无	☆
22	f	$S_{\Delta sh_{ab} - f}$	次	无	☆
23	f	$S_{s \Delta E - f}$	次	1849	—
24	f	$S_{\Delta s \Delta E - f}$	次	无	☆
25	V	$S_{sL^* - V}$	mL	3.733	★★
26	V	$S_{\Delta sL^* - V}$	mL	3.733	★★
27	V	$S_{sa^* - V}$	mL	无	☆
28	V	$S_{\Delta sa^* - V}$	mL	无	☆
29	V	$S_{sb^* - V}$	mL	无	☆
30	V	$S_{\Delta sb^* - V}$	mL	无	☆
31	V	$S_{sC_{ab}^* - V}$	mL	无	☆
32	V	$S_{\Delta sC_{ab}^* - V}$	mL	无	☆
33	V	$S_{sh_{ab} - V}$	mL	3.794	★★
34	V	$S_{\Delta sh_{ab} - V}$	mL	3.792	★★★
35	V	$S_{s \Delta E - V}$	mL	2.887	★
36	V	$S_{\Delta s \Delta E - V}$	mL	无	☆
37	c	$S_{s \Delta L^* - c}$	mol/L	1.65×10^{-5}	★
38	c	$S_{\Delta s \Delta L^* - c}$	mol/L	1.65×10^{-5}	★
39	c	$S_{sa^* - c}$	mol/L	1.69×10^{-5}	★

表4.3（续）

序号	横轴的计量参数	全光谱滴定曲线参数S	计量单位	滴定终点值	峰型是否凸出
40	c	$S_{\Delta sa^*-c}$	mol/L	1.69×10^{-5}	★
41	c	S_{sb^*-c}	mol/L	无	☆
42	c	$S_{\Delta sb^*-c}$	mol/L	无	☆
43	c	$S_{sC_{ab}^*-c}$	mol/L	无	☆
44	c	$S_{\Delta sC_{ab}^*-c}$	mol/L	无	☆
45	c	$S_{sh_{ab}-c}$	mol/L	1.67×10^{-5}	★
46	c	$S_{\Delta sh_{ab}-c}$	mol/L	1.67×10^{-5}	★
47	c	$S_{s\Delta E-c}$	mol/L	无	☆
48	c	$S_{\Delta s\Delta E-c}$	mol/L	无	☆
49	pH值	S_{sL^*-pH}		8.11	★★
50	pH值	$S_{\Delta sL^*-pH}$		8.11	★★
51	pH值	S_{sa^*-pH}		无	☆
52	pH值	$S_{\Delta sa^*-pH}$		无	☆
53	pH值	S_{sb^*-pH}		无	☆
54	pH值	$S_{\Delta sb^*-pH}$		无	☆
55	pH值	$S_{sC_{ab}^*-pH}$		无	☆
56	pH值	$S_{\Delta sC_{ab}^*-pH}$		无	☆
57	pH值	$S_{sh_{ab}-pH}$		8.15	★
58	pH值	$S_{\Delta sh_{ab}-pH}$		8.15	★
59	pH值	$S_{s\Delta E-pH}$		无	☆
60	pH值	$S_{\Delta s\Delta E-pH}$		无	☆
61	$c_{[H^+]}$	$S_{sL^*-c_{[H^+]}}$	mol/L	2.51×10^{-6}	★
62	$c_{[H^+]}$	$S_{\Delta sL^*-c_{[H^+]}}$	mol/L	无	☆
63	$c_{[H^+]}$	$S_{sa^*-c_{[H^+]}}$	mol/L	无	☆
64	$c_{[H^+]}$	$S_{\Delta sa^*-c_{[H^+]}}$	mol/L	无	☆
65	$c_{[H^+]}$	$S_{sb^*-c_{[H^+]}}$	mol/L	无	☆
66	$c_{[H^+]}$	$S_{\Delta sb^*-c_{[H^+]}}$	mol/L	无	☆
67	$c_{[H^+]}$	$S_{sC_{ab}^*-c_{[H^+]}}$	mol/L	无	☆

表4.3（续）

序号	横轴的计量参数	全光谱滴定曲线参数S	计量单位	滴定终点值	峰型是否凸出
68	$c_{[H^+]}$	$S_{\Delta sC_{ab}^* - c_{[H^+]}}$	mol/L	无	☆
69	$c_{[H^+]}$	$S_{sh_{ab} - c_{[H^+]}}$	mol/L	无	☆
70	$c_{[H^+]}$	$S_{\Delta sh_{ab} - c_{[H^+]}}$	mol/L	无	☆
71	$c_{[H^+]}$	$S_{s\Delta E - c_{[H^+]}}$	mol/L	无	☆
72	$c_{[H^+]}$	$S_{\Delta s\Delta E - c_{[H^+]}}$	mol/L	无	☆

注：☆代表有峰，但干扰严重。★代表有峰。星多代表效果好。

表4.4　全光谱滴定中S_J系列色变曲线凸变峰（以葡萄酒中总酸为例）

序号	横轴的计量参数	全光谱滴定曲线参数S	计量单位	滴定终点值	峰型是否凸出
1	t	$S_{Ja^* - b^*}$	s	164.7	★★★
2	t	$S_{Ja^* - h_{ab}}$	s	175.1	★★★
3	t	$S_{Jb^* - C_{ab}^*}$	s	178.1	★★
4	t	$S_{Ja^* - \Delta E}$	s	180.5	★
5	t	$S_{JC_{ab}^* - \Delta E}$	s	182.1	★
6	t	$S_{Ja^* - C_{ab}^*}$	s	185.2	★★★★
7	t	$S_{Jb^* - h_{ab}}$	s	185.2	★★★★
8	t	$S_{JC_{ab}^* - h_{ab}}$	s	182.2	★★
9	t	$S_{Jh_{ab} - \Delta E}$	s	184.8	★★★
10	t	$S_{Jb^* - \Delta E}$	s	184.9	★★★
11	f	$S_{Ja^* - b^*}$	次	1647	★★★
12	f	$S_{Ja^* - h_{ab}}$	次	1751	★★★
13	f	$S_{Jb^* - C_{ab}^*}$	次	1781	★★
14	f	$S_{Ja^* - \Delta E}$	次	1805	★
15	f	$S_{JC_{ab}^* - \Delta E}$	次	1821	★
16	f	$S_{JC_{ab}^* - h_{ab}}$	次	1822	★
17	f	$S_{Jh_{ab} - \Delta E}$	次	1848	★★★

表4.4（续）

序号	横轴的计量参数	全光谱滴定曲线参数 S	计量单位	滴定终点值	峰型是否凸出
18	f	$S_{Jb^*-\Delta E}$	次	1849	★★★
19	f	$S_{Ja^*-C_{ab}^*}$	次	1852	★★★★
20	f	$S_{Jb^*-h_{ab}}$	次	1852	★★★★
21	V	$S_{Ja^*-b^*}$	mL	3.431	★★★
22	V	$S_{Ja^*-h_{ab}}$	mL	3.648	★★★
23	V	$S_{Jb^*-C_{ab}^*}$	mL	3.710	★★
24	V	$S_{Ja^*-\Delta E}$	mL	3.760	★
25	V	$S_{JC_{ab}^*-h_{ab}}$	mL	3.794	★★
26	V	$S_{JC_{ab}^*-\Delta E}$	mL	3.794	★
27	V	$S_{Jh_{ab}-\Delta E}$	mL	3.850	★★★
28	V	$S_{Jb^*-\Delta E}$	mL	3.852	★★★
29	V	$S_{Ja^*-C_{ab}^*}$	mL	3.858	★★★★
30	V	$S_{Jb^*-h_{ab}}$	mL	3.858	★★★★
31	c	$S_{Ja^*-b^*}$	mol/L	0.0032	★★★
32	c	$S_{Ja^*-h_{ab}}$	mol/L	0.0034	★★★
33	c	$S_{Jb^*-C_{ab}^*}$	mol/L	0.0035	★★
34	c	$S_{Ja^*-\Delta E}$	mol/L	0.0035	★
35	c	$S_{Jb^*-\Delta E}$	mol/L	0.0035	★★★
36	c	$S_{Ja^*-C_{ab}^*}$	mol/L	0.0036	★★★★
37	c	$S_{Jb^*-h_{ab}}$	mol/L	0.0036	★★★★
38	c	$S_{JC_{ab}^*-h_{ab}}$	mol/L	0.0036	★★
39	c	$S_{JC_{ab}^*-\Delta E}$	mol/L	0.0036	★
40	c	$S_{Jh_{ab}-\Delta E}$	mol/L	0.0036	★★★
41	pH值	$S_{Ja^*-b^*}$		7.91	★★★★
42	pH值	$S_{Ja^*-h_{ab}}$		8.05	★★★

表4.4（续）

序号	横轴的计量参数	全光谱滴定曲线参数S	计量单位	滴定终点值	峰型是否凸出
43	pH值	$S_{Jb^*-C_{ab}^*}$		8.09	★★
44	pH值	$S_{Ja^*-\Delta E}$		8.13	★
45	pH值	$S_{Jb^*-\Delta E}$		8.13	★★
46	pH值	$S_{JC_{ab}^*-h_{ab}}$		8.15	★★★
47	pH值	$S_{Ja^*-C_{ab}^*}$		8.19	★★★★
48	pH值	$S_{Jb^*-h_{ab}}$		8.19	★★★★
49	pH值	$S_{JC_{ab}^*-\Delta E}$		8.19	★★★
50	pH值	$S_{Jh_{ab}-\Delta E}$		8.19	★★★
51	$c_{[H^+]}$	$S_{Ja^*-b^*}$	mol/L	1.2×10^{-9}	★
52	$c_{[H^+]}$	$S_{Ja^*-h_{ab}}$	mol/L	6.4×10^{-9}	★★
53	$c_{[H^+]}$	$S_{Jb^*-C_{ab}^*}$	mol/L	6.4×10^{-9}	★★
54	$c_{[H^+]}$	$S_{Ja^*-\Delta E}$	mol/L	7.1×10^{-9}	★★
55	$c_{[H^+]}$	$S_{Jb^*-\Delta E}$	mol/L	8.1×10^{-9}	★★★
56	$c_{[H^+]}$	$S_{JC_{ab}^*-h_{ab}}$	mol/L	8.9×10^{-9}	★★★
57	$c_{[H^+]}$	$S_{Ja^*-C_{ab}^*}$	mol/L	6.4×10^{-9}	★★
58	$c_{[H^+]}$	$S_{Jb^*-h_{ab}}$	mol/L	7.1×10^{-9}	★★
59	$c_{[H^+]}$	$S_{JC_{ab}^*-\Delta E}$	mol/L	8.1×10^{-9}	★★★
60	$c_{[H^+]}$	$S_{Jh_{ab}-\Delta E}$	mol/L	8.9×10^{-9}	★★★

注：★代表有峰。星多代表效果好。

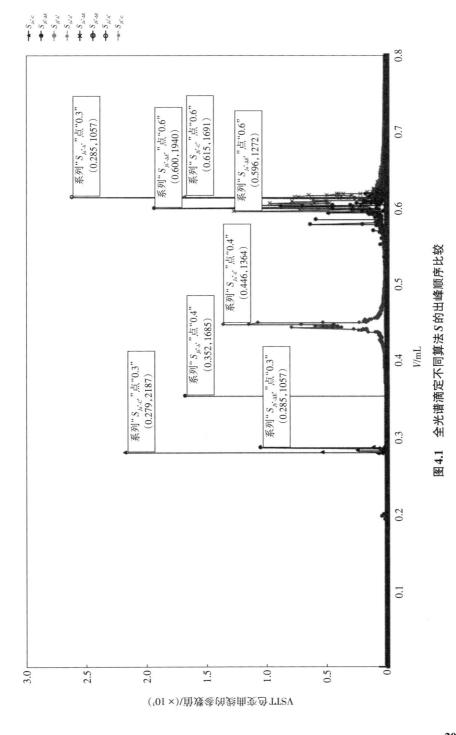

图4.1 全光谱滴定不同算法 S 的出峰顺序比较

4.3　全光谱滴定色变曲线滴定终点峰的峰型

建议在方法建立时，对于有色度值曲线交叉特征的滴定类型，优先选择滴定终点参数，推荐按照 $S_{Ja^*-b^*}$，$S_{Ja^*-h_{ab}^*}$，$S_{Jb^*-C_{ab}^*}$，$S_{Ja^*-\Delta E}$，$S_{JC_{ab}^*-h_{ab}}$，$S_{JC_{ab}^*-\Delta E}$，$S_{Jh_{ab}-\Delta E}$，$S_{Jb^*-\Delta E}$，$S_{Ja^*-C_{ab}^*}$ 和 $S_{Jb^*-h_{ab}}$ 进行验证。

前述参数的出峰顺序是按照先后顺序排列的，需要与标准物质进行验证。还需要注意的是，不同的样品基质带来的峰型及对峰型的影响不同，需要实际验证不同算法的影响。

表4.5　全光谱滴定中 S_J 系列色变曲线

（以葡萄酒中总酸为例，计量参数为 pH 值和加入试剂的体积）

序号	横轴的计量参数	全光谱滴定曲线参数 S	计量单位	滴定终点值	峰型是否凸出
1	V	$S_{Ja^*-b^*}$	mL	3.431	★★★
2	V	$S_{Ja^*-h_{ab}^*}$	mL	3.648	★★★
3	V	$S_{Jb^*-C_{ab}^*}$	mL	3.710	★★
4	V	$S_{Ja^*-\Delta E}$	mL	3.760	★★
5	V	$S_{JC_{ab}^*-h_{ab}}$	mL	3.794	★★
6	V	$S_{JC_{ab}^*-\Delta E}$	mL	3.794	★★
7	V	$S_{Jh_{ab}-\Delta E}$	mL	3.850	★★★
8	V	$S_{Jb^*-\Delta E}$	mL	3.852	★★★
9	V	$S_{Ja^*-C_{ab}^*}$	mL	3.858	★★★★
10	V	$S_{Jb^*-h_{ab}}$	mL	3.858	★★★★
11	pH值	$S_{Ja^*-b^*}$		7.91	★★★★
12	pH值	$S_{Ja^*-h_{ab}}$		8.05	★★★
13	pH值	$S_{Jb^*-C_{ab}^*}$		8.09	★★
14	pH值	$S_{Ja^*-\Delta E}$		8.13	★★
15	pH值	$S_{Jb^*-\Delta E}$		8.13	★★

表4.5（续）

序号	横轴的计量参数	全光谱滴定曲线参数S	计量单位	滴定终点值	峰型是否凸出
16	pH值	$S_{JC_{ab}^{*}-h_{ab}}$		8.15	★★★
17	pH值	$S_{Ja^{*}-C_{ab}^{*}}$		8.19	★★★★
18	pH值	$S_{Jb^{*}-h_{ab}}$		8.19	★★★★
19	pH值	$S_{JC_{ab}^{*}-\Delta E}$		8.19	★★★
20	pH值	$S_{Jh_{ab}-\Delta E}$		8.19	★★★

注：★代表有峰。星多代表效果好。

4.4　全光谱滴定色变曲线 S 参数算法的算数平均值法

全光谱滴定色变曲线 S（包括 S_s 和 S_J 类）参数算法的不同参数经常会出现在最大峰的附近，出现多个相近的信号峰，给终点峰的确定带来困难。作为全光谱滴定的研究者，需要给出必要的规则以规范该现象。以图4.2为例，全光谱滴定曲线 S 上有明显的信号峰，3个信号峰都是计算出的有效的信号峰。

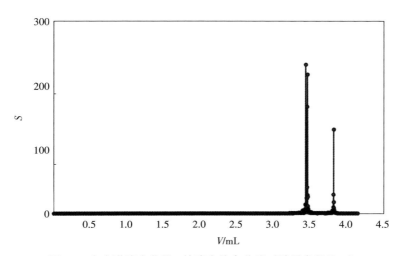

图4.2　全光谱滴定曲线 S 的滴定终点曲线（计量参数为 V）

为了清晰地观察到信号峰，将图4.2的滴定终点附近的图放大为图4.3，并标识出3个峰值的相关信息。

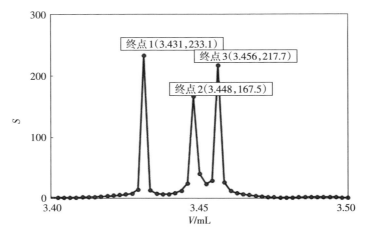

图4.3　全光谱滴定曲线 S 的滴定终点曲线放大图计量参数为 V

图4.3是图4.2的终点取值范围的放大图，全光谱滴定曲线 S 上有明显的3个信号峰。依次为终点1（3.431 mL，233.1）、终点2（3.448 mL，167.5）和终点3（3.456，217.7）。下面依次对6种滴定终点信号峰标识的滴定终点值的选择进行举例分析，具体采用哪种计算方法，需要根据具体案例进行优化选择。

以在 x 轴上取值范围内出现的多个全光谱滴定终点曲线 S 上出现的多个信号峰对应的 x 轴上的值为滴定终点值，采用算数平均值为色变曲线滴定终点值。

滴定终点的滴定体积（算数平均值法）算法如下：

$$V_1 = \frac{\text{滴定终点}1x\text{轴值} + \text{滴定终点}2x\text{轴值} + \text{滴定终点}3x\text{轴值}}{3}$$
$$= \frac{3.431 + 3.448 + 3.456}{3}$$
$$= 3.445 (\text{mL})$$

4.5　全光谱滴定色变曲线 S 参数算法的中间值法

以在 x 轴上取值范围内出现的多个全光谱滴定终点曲线 S 上出现的多个信号峰对应的 x 轴上的值为滴定终点值，采用中间值为色变曲线滴定终点值。

滴定终点的滴定体积（中间值法）算法如下：

滴定终点的滴定体积（x 轴值）依次为终点1的体积3.431 mL、终点2的体积3.448 mL 和终点3的体积3.456 mL。因为中间值为终点2，终点2的体积为3.448 mL，所以，$V = 3.448$ mL。

4.6 全光谱滴定色变曲线 S 参数算法的 x 轴信号最大值法

以在 x 轴上取值范围内出现的多个全光谱滴定终点曲线 S 上出现的多个信号峰对应的 x 轴上的值为滴定终点值，采用 x 轴上的信号最大值为色变曲线滴定终点值。

滴定终点的滴定体积（x 轴信号最大值法）算法如下：

滴定终点的滴定体积（x 轴值）依次为终点1的体积3.431 mL、终点2的 x 轴体积3.448 mL 和终点3的体积3.456 mL。因为终点3的体积最大，滴定终点为终点3，所以，$V = 3.456$ mL。

4.7 全光谱滴定色变曲线 S 参数算法的 x 轴信号最小值法

以在 x 轴上取值范围内出现的多个全光谱滴定终点曲线 S 上出现的信号峰对应的滴定终点值，采用 x 轴信号最小值为色变曲线滴定终点值。

滴定终点的滴定体积（x 轴信号最小值法）算法如下：

滴定终点的滴定体积（x 轴值）依次为终点1的体积3.431 mL、终点2的体积3.448 mL 和终点3的体积3.456 mL。因为终点1的体积值最小，所以，滴定终点为终点1，$V = 3.431$ mL。

4.8 全光谱滴定色变曲线 S 参数算法的 y 轴信号最大值法

以在 x 轴上取值范围内出现的多个全光谱滴定终点曲线 S 上出现的多个信号峰对应的 x 轴上的值为滴定终点值，采用 y 轴信号最大值为色变曲线滴定终点值。

滴定终点的滴定体积（y 轴信号最大值法）算法如下：

滴定终点的滴定体积（y 轴值）依次为终点1（y 轴信号值233.1）、终点2（y 轴信号值167.5）和终点3（y 轴信号值217.7）。因为终点1的 y 轴值最大，所以，滴定终点为终点1，终点1的y轴信号值233.1的信号峰对应的x轴值即体积$V = 3.431$ mL。

4.9 全光谱滴定色变曲线S参数算法的y轴信号最小值法

以在x轴上取值范围内出现的多个全光谱滴定终点曲线S上出现的多个信号峰对应的x轴上的值为滴定终点值，采用y轴信号最小值为色变曲线滴定终点值。

滴定终点的滴定体积（y轴信号最小值法）算法如下：

滴定终点的滴定体积（y轴值）依次为终点1（y轴信号值233.1）、终点2（y轴信号值167.5）和终点3（y轴信号值217.7）。因为终点2的y轴值最小，所以滴定终点为终点2，终点2的y轴信号值167.5的信号峰对应的x轴值即体积$V = 3.448$ mL。

4.10 滴定曲线的吸收光谱信号有效性的确定方法

全光谱滴定方法采用CIELAB色空间技术进行反应过程中颜色变化的测量，其光谱成分由各波长的吸光度的量确定，在吸光度换算为透射率的过程中，因为吸光度与透射率的转换是反对数的非直线关系，所以在不同吸光度转换为透射率T的转化曲线上（图4.4），不同角度的关系也就不是线性比例关系，导致在测量过程中，不同的转换值的可信程度不同。

因此，需要对转换计算的CIELAB色空间方法的参数值进行有效性的判断，以保证测量数据的可信度。

当光透过溶液时，一部分被吸收，另一部分通过溶液。当入射光强度（I_0）透过溶液时，若吸收光强度为I_a，透射强度为I_t，则$I_\lambda = I_a + I_t$。用透射率T描述I_0有多少光透过，即$T = \dfrac{I_t}{I_0}$，可用百分率表示。用A表示吸光度，即$A = \lg\dfrac{1}{T} = \lg\dfrac{I_0}{I_t}$，即吸光度与透射率为非线性关系。利用图4.4中$T$的差值与$A$的差值可以更直观地说明。设纵轴$T$为透射率，当$[(T_1-T_2) = \Delta T_{12}] = [(T_3-T_4) = \Delta T_{34}] = [(T_5-T_6) = \Delta T_{56}]$时，设横轴为吸光度，对应的吸光度为$[(A_1-A_2) = \Delta A_{12}] \neq [(A_3-A_4) = \Delta A_{34}] \neq [(A_5-A_6) = \Delta A_{56}]$。二者的关系示意图见图4.4。考虑到

实际仪器的性能，不同的吸光度的稳定性不同，吸光度在4以上的稳定性很不好，不同的A与T在测量过程中的转换值的可信程度不同。

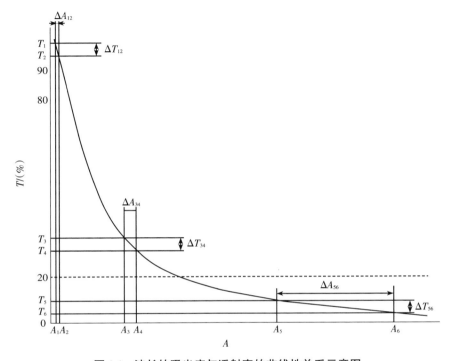

图4.4 波长的吸光度与透射率的非线性关系示意图

然而，尚没有对已知的依据吸光度数值进行CIELAB色空间的明度值、红-绿色品指数值、有效黄-蓝色品指数值、有效彩度值、有效色调角和有效色差，以及计算基于明度值、红-绿色品指数值、有效黄-蓝色品指数值、有效彩度值、有效色调角和有效色差等参数的衍生信号值可信程度判断的方法，这为后期全光谱滴定数据的进一步应用带来了困难。

现有测量方法无法区分测量数据的可信程度，这也是严重影响全光谱滴定技术应用的一个重要因素。

从图4.4中可见，对于吸光度较大和较小的样品，其换算误差也相应较大。

从CIELAB色空间的数学计算关系中分析，被测物的三刺激值与L^*，a^*，b^*成正向非线性关系，透光率与三刺激值成正向关系，透光率与吸光度成负对数关系，在线性的两侧产生的影响较大。

实际样品中的测定数据，从图4.5中可以看出，对于L^*小于20的样品，其

10 mm 光程的吸光度已经饱和。一般仪器吸光度在实际中很少能达到4，当以当前10 mm 光程测得的 L^* 低于20时，对于换算的色度值的结果是存疑的。所以，当发现 L^* 低于20时，当前的结果是值得怀疑的，应该采用短光程测量获得吸光度后，再将测量的吸光度换算为10 mm 光程的吸光度数据。

值得说明的是，对于颜色非常浅的反应类型，虽然现在的数据不是很充足，但从经验角度看，在 L 大于90时，建议采用长光程的反应器进行测量。例如，在光程为10 mm 的反应器中，测量的 L^* 大于90时，更换为光程为20 mm 的，测量后将吸光度换算为光程10 mm 的吸光度数据后，再进行下一步计算。

光谱滴定学默认使用10 mm 光程的测定值为标准测定值表示方法。如果使用其他光程的测定参数，应换算为10 mm 光程的测定值，并在测定参数右下角注明使用的比色皿光程数值。例如：①使用2 mm 光程比色皿相关色度值参数的表示方法：$L^* = 23.4$，$a^* = 22.36$，$b^* = 1.67$，$C_{ab}^* = 2.3$，$h_{ab} = 0.7$。②使用5 mm 光程的测定结果换算为10 mm 光程后相关色度值参数的表示方法：$L_5^* = 23.4$，$a_5^* = 22.36$，$b_5^* = 1.67$，$C_{ab5}^* = 2.3$，$h_{ab5} = 0.7$。③使用10 mm 光程的测定结果换算为10 mm 光程后相关色度值参数的表示方法：$L_{20}^* = 23.4$，$a_{20}^* = 22.36$，$b_{20}^* = 1.67$，$C_{ab20}^* = 2.3$，$h_{ab20} = 0.7$。或者在测量条件中注明。

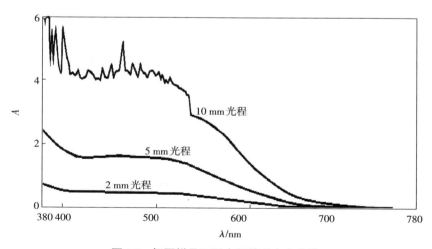

图4.5 相同样品不同光程的吸光度曲线

4.11　全光谱滴定分析中滴定曲线的阈值设定

全光谱滴定技术作为2018年出现的滴定测量技术，将可见光全谱测量信号换算为全光谱滴定曲线S信号，再根据与计量参数关联的动态数据进行反应溶液中物质结构变化导致颜色光谱变化的量化测量，是实现反应过程颜色变化的一种数字化、曲线表征，通过滴定曲线上的峰对应的计量值进行定量分析的一种方法。

然而，在将化学全光谱滴定方法应用于不同的化学滴定过程中，动态扰动信号给光谱信号带来强烈的干扰噪声。一方面，由于全光谱滴定技术不成熟，其理论与算法尚不能完全摒弃背景干扰噪声，致使滴定曲线上会出现非目标信号，不利于预设化学反应过程的确定；另一方面，偶然的噪声信号会影响真实滴定终点的人工智能识别。因此，确定化学全光谱滴定过程中的真实信号，不仅是当前化学全光谱滴定方法的一个难点，也是实现全光谱滴定技术实际应用的一个关键环节。

因此，如何将真实信号限定在一定计量范围内成为本领域亟须解决的问题。针对现有技术中存在的问题，本书提供一种全光谱滴定测量中滴定终点范围的区域限制方法。该方法确定了全光谱滴定方法中滴定终点的区域，区域内曲线上的滴定终点排除了非预定区域的干扰，方便检测人员确定信号峰位置，提高检测数据的准确性，步骤简单，可实现清晰的滴定终点判定。

全光谱滴定测量中滴定终点范围的区域限制方法：通过预设一种或多种全光谱滴定色变曲线S的值为纵坐标y的参数，设定滴定终点的阈值范围。其中，所述全光谱滴定曲线S包括全光谱滴定的色变曲线S_c、全光谱滴定的色变曲线$S_{\Delta c}$、全光谱滴定的色变曲线S_s的算法、全光谱滴定的色变曲线$S_{\Delta s}$或色变曲线S_J的算法。全光谱滴定的色变曲线S_c包括明度值、红-绿色品指数值、黄-蓝色品指数值、彩度值、色调角、色差、pH值。

预设一种或多种计量参数J为横坐标x的参数。其中，所述计量参数J包括反应过程的时间、脉冲信号、加入试剂体积、反应液物质浓度、反应溶液的pH值或反应溶液的氢离子浓度。

将预设的计量参数J的最大值和最小值之间的全光谱滴定曲线参数S的信号峰作为全光谱滴定的滴定终点信号峰，滴定终点信号峰对应的横坐标x上的

计量参数 J 值作为滴定终点值。其中，所述滴定终点信号峰包括全光谱滴定曲线 S 的最大值或全光谱滴定曲线 S 的指定值。

例如，一种全光谱滴定测量中滴定终点范围的区域限制方法。

待测量样品为葡萄酒，测量项目为总酸含量，测量依据为《葡萄酒、果酒通用分析方法》（GB/T 15038—2006）葡萄酒中"4.4.2　指示剂法"。按照该标准规定进行试剂、样品处理，以酚酞为指示剂、用氢氧化钠标准溶液进行全光谱滴定方法测量总酸含量实验。氢氧化钠标准溶液：$c(\mathrm{NaOH}) = 0.09608$ mol/L。酚酞指示剂：1 g 酚酞以乙醇溶解，定容至 100 mL。水：去离子水。仪器条件：秦皇岛水熊科技 SX-03 型全光谱滴定仪，配测量反应器、自动进样功能。测量条件：光谱范围为 380～780 nm，$\Delta\lambda = 5$ nm，光程为 10 nm，采样频率为 100 ms，积分周期为 20 ms，滴定速度为 0.168～10 mL/min，搅拌速度为 200～600 rad/min，常温。

先进行仪器空白校正液测量和校正，再进行备测量样品的测量。

仪器空白校正液测量：以一级水为仪器空白校正液。开机后，置于全光谱滴定仪的仪器空白校正容器中进行测量。

取酒样 5.0 mL，以水稀释至 100 mL，进行样品的测定，测量参数包括 L^*，a^*，b^*，C_{ab}^*，h_{ab}。举例说明，图 4.6 为体积参数，图 4.8 为频率参数，图 4.9 为 pH 参数。

图 4.6 中的全光谱滴定曲线有明显的信号峰，在取值范围内有 3 个信号峰。

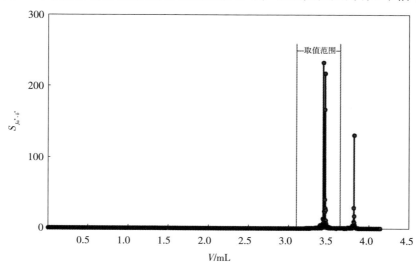

图 4.6　终点取值范围（1）

图4.7为图4.6终点取值范围的放大图，全光谱滴定曲线有明显的3个信号峰，依次为终点1（3.431，233.1）、终点2（3.448，167.5）和终点3（3.456，217.7）。

图4.8的全光谱滴定曲线有明显的信号峰，在取值范围内有3个信号峰。

图4.9的全光谱滴定曲线没有明显的信号峰。

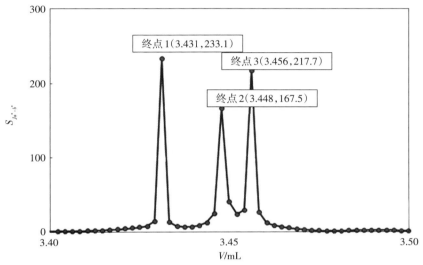

图4.7　图4.6终点取值范围的放大图

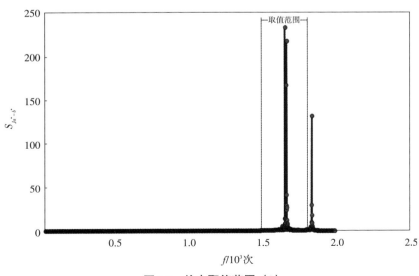

图4.8　终点取值范围（2）

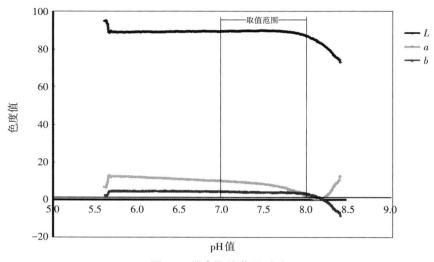

图4.9　终点取值范围（3）

第5章
光谱信号去噪分离技术处理系统

5.1 全光谱滴定仪参数的小波降噪分析

5.1.1 重叠峰解析

5.1.1.1 滴定光谱重叠峰解析

基于可见光全光谱滴定分析，在某些情况下，不同物质的吸收峰会发生重叠，形成重叠峰。重叠峰是指在光谱图中出现的两个或多个峰彼此重叠在一起的现象。然而，这种情况通常出现在样品中含有多种物质时，且这些物质在可见光波长范围内具有相似的吸收特性。例如，有机化合物中常常会出现多个吸收峰，其中一些峰可能会重叠在一起，产生重叠峰。

重叠峰产生的原因主要有以下几点。

（1）样品本身具有相近波长的两种或多种光吸收基团，它们的吸收峰在一定浓度范围内会发生重叠。例如，含酚基和醛基的有机化合物。

（2）在滴定过程中，随着滴定剂的加入，样品中的不同反应物会出现吸收峰波长相近的情况。例如，氨水滴定酸溶液，酸的吸收峰和 NH_3 的吸收峰位置相近。

（3）当样品浓度较高时，单个光吸收基团的吸收峰也会发生峰宽增大的情况，导致相邻峰间重叠。根据朗伯-比尔定律，峰会加宽和加强。

（4）光谱分析仪分辨率有限。光栅、检测器性能的限制以及无法避免的色散现象，都会使单个光谱线呈一定宽度，无法得到无穷小宽度的光谱线。

（5）滴定终点附近，次要组分的光吸收峰强度较小，主要组分的光吸收峰强度较大，这时，次要组分的光谱峰和主要组分的光谱峰之间很容易发生重叠的情况。

重叠峰的存在会给后续光谱分析带来很大的危害。首先，重叠峰会影响光谱峰的精确识别。无法明确判定各个重叠成分的光谱峰参数，如波长位置、峰宽、峰高等。其次，重叠峰会影响化学成分的定性分析，降低结构分析和识别能力。重叠峰会导致无法详细解析组分的化学结构。在重叠峰存在的情况下，很难将每个组分的光谱信号分离出来进行结构鉴定。这对于定性分析来说是一个挑战，因为无法准确确定每个组分的化学结构。再次，重叠峰还会降低光谱分辨率。重叠峰的存在，会使不同组分的光谱信号会相互干扰，峰形变宽、峰高降低。这会导致光谱分辨率下降，使得一些细微的差别无法被观察到，减弱光谱分析的效果。这对于追踪化学滴定中的化学反应过程来说是一个限制。最后，重叠峰还会增加数据处理的复杂性。由于重叠峰的存在，需要采用一些复杂的数据处理方法来对光谱信号进行分离和定量计算。这不仅增加了数据处理的复杂性，也增大了出错的可能性。因此，在光谱分析中应尽量避免重叠峰的产生，或者采用一些合适的方法来解决重叠峰问题。

5.1.1.2 重叠峰解析方法

在全光谱滴定分析中，产生重叠峰是一个常见且具有挑战性的问题，需要选择合适的分析方法来解决。首先，需要保证实验条件的稳定性和准确性，以获得可靠的实验结果。其次，在存在重叠峰的情况下，实验结果可能会受到多种因素的影响，如样品浓度、仪器灵敏度等。需要特别注意这些因素，并采取相应的措施保证实验结果的可靠性。最后，采用重叠峰解析算法将重叠峰分解成若干个单独的峰，提高光谱分辨率。

化学计量学方法是目前处理重叠峰的重要手段。它借助一些数学或统计学方法，把通过化学方法和仪器未能完全分离的复合量测信号分解成几个单独组分的信号，从而从重叠谱中获取每个组分的相关信息，如峰位置、半峰宽、峰高度及峰面积的估计值。化学计量学峰解析方法主要包括两大类：一类是从峰宽的角度出发，通过数学处理使峰宽变窄，并且峰位置、峰面积保持不变，傅里叶变换去卷积和空域反卷积属此类方法；另一类是通过建立一定的数学模型，得出各峰的原始形状，以曲线拟合法为典型代表。

1）PSF

在介绍重叠峰解析方法之前，先简要介绍光谱仪的点扩散函数（point spread function，PSF）。PSF描述光谱仪器对一个理想的狄拉克（δ）谱线的响应结果，反映一个点光源通过光谱系统后成像的光谱峰形状。当一个狭窄的光谱线进入光谱仪器后，由于系统的色散等其他因素，无法成像为一个理想的线条光谱，而是成为一个有一定宽度的光谱峰形状。PSF就是描述这个扩散光谱峰的形状和强度分布的。PSF峰宽度越窄，表示光谱分辨率越高。PSF是评价光谱仪性能的一个重要参数。知道光谱仪的PSF后，可以通过数字反卷积提高光谱的分辨率，用于解析复杂的重叠光谱峰。

PSF的选择对于重叠峰解析的效果有着重要影响。选择合适的PSF可以使重叠峰解析更加准确和可靠。PSF的确定与谱线展宽机制有密切关系，碰撞增宽导致谱线轮廓呈洛伦兹线型分布；多普勒展宽导致谱线轮廓呈高斯线型分布。洛伦兹函数$L(\nu)$和高斯函数$G(\nu)$分别为

$$L(\nu) = \alpha\left[\frac{\sigma}{\left(\nu - \nu_0\right)^2 + \sigma^2}\right] \tag{5.1}$$

$$G(\nu) = \alpha \exp\left(-\frac{\left(\nu - \nu_0\right)^2}{2\sigma^2}\right) \tag{5.2}$$

式中，α——谱线强度；

ν_0——中心频率；

2σ——半峰宽度。

当谱线具有不止一种线宽来源时，谱线线型由各分立谱型按照一定规律合成而得到，其中最普遍的是洛伦兹线型和高斯线型的卷积，称为佛克脱型。以上这些函数都是对称的线型，从峰的中心开始向两边衰减，不同的衰减速率使得每个线型能够更好地模拟不同的物理过程。

2）差分法

（1）直接差分。直接差分（direct differentiation，DD）是光谱预处理中常用的方法之一，其主要作用是降低光谱的基线偏移和去除光谱中的背景信息。差分是通过对相邻数据点之间的差值进行计算，得到新的数据序列。其作用主要有两个：①降低光谱的基线偏移。差分可以将光谱中的基线偏移降低，使得信号在峰值处更加突出，便于后续的分析和处理。②去除光谱中的背景信

息。光谱中可能存在不同来源的背景信息，如荧光背景、散射背景等，这些背景信息会影响光谱的形态和分析结果。通过对光谱进行一定阶次的差分可以去除这些背景信息，从而提高信号的准确性和精度。常用的差分阶次有一阶、二阶和三阶。不同的阶次对光谱的处理效果有所不同。需要根据具体情况进行选择和应用。

（2）傅里叶滤波差分。傅里叶滤波差分（Fourier filtering and differentiation，FFD）是基于傅里叶变换的信号去噪与分辨率提升方法，通过去除高频成分降低数字化噪声影响，保留信号整体特征。与传统差分法相比，FFD能有效抑制数字化噪声，保留信号整体特征，适用范围广，结果更平滑。FFD适用于多种类型的信号，具有较高的实用性。

FFD的核心在于滤波与差分两个部分。滤波是指去除信号中的噪声或突显特定频率成分的处理过程。具体而言，人们可以通过数字滤波器实现频域滤波，将信号在特定频率上的成分滤除或保留下来。例如，低通滤波器可以过滤掉高频成分，只保留低频成分；高通滤波器则相反，只保留高频成分。在差分运算的过程中，滤波也可以提高输出的稳定性，减少误差和振荡。因此，在FFD中，滤波是不可或缺的一部分，它可以增强信号的质量和可靠性。差分是指在相邻数据点之间计算它们之间的差异或变化率。在傅里叶差分法中，人们通常采用傅里叶变换将信号在时域上的求导转换为在频域上的相乘操作，从而使得求导操作更加容易实现。例如，对于一个可导函数 $f(x)$，其导数的傅里叶变换 $G(k)$ 与 $f(x)$ 的傅里叶变换 $F(k)$ 存在特定的关系，即

$$G(k) = \mathrm{i}2\pi F(k) \tag{5.3}$$

这个关系在数字滤波和微分方程求解中非常有用，可以大大简化计算过程。

对于一个光谱数据 $I(v)$，$S(f)$ 为其傅里叶变换后的频谱，其 n 阶FFD可以表示为

$$I'(v) = F^{-}\left[S(f)^{*}\left(\frac{\mathrm{i}2\pi K}{L} \right)^{n} \right] \tag{5.4}$$

式中，K ——所选用的滤波器；

L ——光谱数据的长度。

因为滤波器的选择对于处理后光谱的优化效果有至关重要的影响，所以需要小心地选择。这里选用一个三角窗作为滤波器，表示如下：

$$K = \begin{cases} k, & k \leqslant MP \\ \dfrac{-MP(k-MP)}{CP-MP} + MP, & MP \leqslant k \leqslant CP \\ 0, & k \geqslant CP \end{cases} \quad \left(k = 0, \ 1, \ \cdots, \ \dfrac{L}{2} - 1 \right) \quad (5.5)$$

式中，MP——滤波器的极大值点，在这一点之前滤波器直线上升，这一点之后直线下降；

CP——截止点，滤波器的值在这一点之后均为0。

（3）Savitzky-Golay（SG）平滑差分。SG平滑差分是一种常用的光谱预处理方法，它基于局部多项式拟合和差分技术，可消除噪声和干扰，同时保留信号特征。该方法最初由Savitzky和Golay提出，经过不断优化和改进，在光谱数据处理中得到了广泛的应用。SG平滑差分能够提高信号质量，去除光谱信号中的噪声和干扰，提高特征信息的可视化效果和准确度。它还能够提高信号特征的分辨率和升高率，支持多种光谱类型的处理。

SG平滑差分包括SG平滑和差分两个操作。SG平滑采用多项式拟合方法，分窗口进行局部拟合并计算平均值，以去除光谱中的噪声和扰动。调整窗口大小和多项式阶数可控制拟合程度。在实际应用中，先使用SG平滑去除高频噪声和低频扰动，保留趋势变化特征，提高后续分析准确性。一阶导数提取峰值变化特征，二阶导数提取谷值变化特征。计算后的导数突出梯度变化特征并去除背景信号，进一步降低噪声和扰动，提高信号分辨率和灵敏度。选择导数方式通常与光谱数据的特征相关联。

假设一个以波数 v_i 为中心的包含 $2m+1$ 个点的窗口表示为

$$\boldsymbol{v}_i = \left(v_{i-m}, \ v_{i-m+1}, \ \cdots, \ v_i, \ \cdots, \ v_{i+m-1}, \ v_{i+m} \right)^{\mathrm{T}} \quad (5.6)$$

d阶拟合多项式表示为

$$y_i = \boldsymbol{v}_i^{\mathrm{T}} \boldsymbol{b}^{(i)} \sum_{j=0}^{d} b_j \left(v_i \right)^j \quad (i = i-m, \ \cdots, \ i, \ \cdots, \ i+m) \quad (5.7)$$

式中，y_i——波数 v_i 处的吸光度［等价于 $I(v_i)$］；

$\boldsymbol{b}^{(i)} = \left(b_0, \ b_1, \ \cdots, \ b_d \right)^{\mathrm{T}}$——拟合多项式的拟合系数向量。

公式（5.7）的n阶差分可以表示为

$$y_i^{(n)} = \sum_{j=0}^{d-n} \frac{(n+j)!}{j!} b_{n+j} v_i^j \quad (n \leqslant d) \quad (5.8)$$

根据最小二乘准则，$\boldsymbol{b}^{(i)}$ 可以由下面的线性方程确定：

$$\begin{pmatrix} y_{i-m} \\ y_{i-m+1} \\ \vdots \\ y_{i+m} \end{pmatrix} = \begin{pmatrix} 1 & v_{i-m} & \cdots & v_{i-m}^d \\ 1 & v_{i-m+1} & \cdots & v_{i-m+1}^d \\ \vdots & \vdots & & \vdots \\ 1 & v_{i+m} & \cdots & v_{i+m}^d \end{pmatrix} \begin{pmatrix} b_0 \\ b_1 \\ \vdots \\ b_d \end{pmatrix} + \begin{pmatrix} e_{i-m} \\ e_{i-m+1} \\ \vdots \\ e_{i+m} \end{pmatrix} \tag{5.9}$$

式中，$\boldsymbol{y}_i = (y_{i-m},\ y_{i-m+1},\ \cdots,\ y_{i+m})^{\mathrm{T}}$——被第 i 个窗口 $(\boldsymbol{v}_i)$ 截取的一段光谱值，其对应的拟合误差向量表示为 $\boldsymbol{e}_i = (e_{i-m},\ e_{i-m+1},\ \cdots,\ e_{i+m})^{\mathrm{T}}$。

显然，如果要该线性方程组有解，$d < 2m$ 是必需的。将公式（5.9）转换为下面的矩阵形式：

$$\boldsymbol{y}_i = \boldsymbol{X}_i \boldsymbol{b}^{(i)} + \boldsymbol{e}_i \tag{5.10}$$

其解可以表示为

$$\hat{\boldsymbol{b}}^{(i)} = \left(\boldsymbol{X}_i^T \boldsymbol{X}_i \right)^{-1} \boldsymbol{X}_i^{\mathrm{T}} \boldsymbol{y}_i \tag{5.11}$$

通过解得的拟合多项式系数向量 $\hat{\boldsymbol{b}}^{(i)}$，平滑后的光谱值 $\hat{y}_i$ 及其 n 阶差分值 $\hat{y}_i^{(n)}$ 可以由式（5.10）和式（5.8）得到。再改变 i 值，滑动整个窗口，即可实现对整个光谱的 SG 平滑差分。

3）傅里叶反卷积和傅里叶反卷积差分

（1）傅里叶反卷积（FSD）。FSD 是一种常用的光谱分析技术，通过自卷积和傅里叶变换消除峰形宽度效应，提高信号分辨率。与其他复杂技术相比，FSD 简单易行，不丢失重要信息，适用于多种光谱类型。在 FSD 中，窗函数和 PSF 是重要参数，影响算法效果。窗函数调整信号频谱分布，PSF 用于还原信号。合理选择参数可提高算法精度和准确性。

对于波数域内的光谱数据 $I(v)$，其傅里叶变换表示为

$$S(f) = \int_{\infty}^{+\infty} I(v) \exp(-\mathrm{i}2\pi vf) \mathrm{d}x = F\left[I(v)\right] \tag{5.12}$$

式中，$S(f)$——$I(v)$ 傅里叶变换后的光谱；

$\quad\quad F$——傅里叶变换；

$\quad\quad F^{-1}$——傅里叶逆变换。

$S(f)$ 的傅里叶逆变换可以表示为

$$I(v) = \int_{-\infty}^{+\infty} S(f) \exp(\mathrm{i}2\pi vf) \mathrm{d}x = F^{-1}\left[S(f)\right] \tag{5.13}$$

任意观测光谱 $I(v)$ 可以表示成 PSF $r(v)$ 和真实光谱 $I'(v)$ 的卷积：

$$I(v) = r(v) * I'(v) \tag{5.14}$$

为了从光谱 $I(\nu)$ 反卷积得到 $I'(\nu)$，对式（5.5）两端进行傅里叶变换，得到

$$S(f) = F\{r(\nu)\} \cdot S'(f) \qquad (5.15)$$

式中，$S(f)$，$S'(f)$——$I(\nu)$，$I'(\nu)$ 的傅里叶变换。

反卷积后，光谱对应的干涉为

$$S'(f) = \frac{1}{F[r(\nu)]} \cdot S(f) \qquad (5.16)$$

对 $S'(f)$ 进行傅里叶逆变换即可复原得到光谱 $I'(\nu)$。

由于受光谱仪器的分辨率等因素的限制，实际干涉图是在最大光程差 (L) 处进行截断。此时，退反卷积后的光谱 $I'_L(\nu)$ 为

$$I'_W(\nu) = F^{-1}\{W(f) \cdot S'(f)\} = F^{-1}\left\{\frac{W(f)}{R(f)} \cdot S(f)\right\} \quad \left(R(f) = F\{r(\nu)\}\right) \quad (5.17)$$

式中，$I'_W(\nu)$——FSD 处理过后的光谱；

　　　$W(f)$——窗函数（或切趾函数）；

　　　$\dfrac{1}{R}(f)$——退卷积函数。

窗函数 $W(f)$ 可以根据需要选择，一个合适的窗口可以有效降低噪声，而有些不合适的窗口可能会导致产生振铃效应。

（2）傅里叶反卷积差分。由公式（5.17）和公式（5.4）可以看出，FSD 和 FDD 两种光谱预处理方法的关键区别在于它们在傅里叶变换域中采用不同的滤波算子 $\left[\dfrac{W(f)}{R(f)} \text{ 和 } \left(\dfrac{i2\pi K}{L}\right)^n\right]$。FSD 使用的算子是 $\dfrac{W(f)}{R(f)}$，它能够初步过滤光谱的噪声，并具有一定的峰分离能力，同时较好地保留了原始光谱的整体形态与特征信息；而 FDD 使用的算子是 $\left(\dfrac{i2\pi K}{L}\right)^n$，它在滤波去噪的同时，还可以更有效地分离重叠的光谱峰，并去除光谱曲线的基线漂移。为充分利用两者的优势，我们可以尝试将两种算子相结合，即在频域中将它们相乘，得到一个新的混合算子 $\dfrac{W(f)}{R(f)} * \left(\dfrac{i2\pi K}{L}\right)^n$，如图5.1所示。傅里叶反卷积差分（Fourier self-deconvolution differentiation，FSDD）方法相当于同时采用 FSD 和 FDD 的处理策略，该方法可以达到同时过滤噪声，分离重叠峰，保留主要光谱特征的效果。具体来

说，FSDD可以保留FSD原有的低通滤波特性，有助于减少噪声和保持光谱整体形态。同时，它也继承了FDD的高通滤波属性，可以分离重叠峰和去除基线漂移。FSDD比直接叠加两种算子产生的线性叠加效应更好，能获得更好的非线性过滤增益。

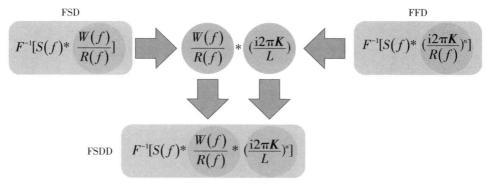

图5.1　FSDD与FSD和FFD之间的关系

对于一个光谱数据 $I(v)$，$S(f)$ 为其傅里叶变换后的频谱，则其FSDD可以表示为

$$I'(v) = F^{-1}\left[S(f)*\frac{W(f)}{R(f)}*\left(\frac{i2\pi K}{L}\right)^{n}\right]$$

理论上，FSDD不仅能够兼具FDS和FFD的优势，还能在一定程度上减少两者的缺陷，因为差分运算对高频噪声极为敏感，FSD算子的进一步滤噪可以增加对高频噪声的鲁棒性，FSD分离重叠峰的能力相当依赖参数的选择，通过FFD算子的差分使得参数的选择更加轻松，即使在FSD算子参数选择不尽完美时也能有良好的分离重叠峰的能力。总体而言，作为一种新型混合频谱滤波策略，FSDD同时融合FSD和FDD两种预处理方法的优点。这种新策略可以避免它们各自的局限性，实现更优异的预处理效果，具有降噪、分峰和保特征等多种功能。

4）应用案例

应用案例5.1：模拟光谱信号实验。为了比较DD，FFD，SGSD，FSD和FSDD方法的重叠峰解析能力，本案例采用模拟光谱信号对它们进行检验。该模拟光谱信号包含三种信息：重叠峰、基线和随机噪声（见图5.2）。两个吸收峰均根据高斯函数 $\dfrac{1}{\sqrt{2\pi}\,\sigma}\exp\left(-\dfrac{(x-\mu)^2}{2\sigma^2}\right)$ 获得。其中，σ 均为80，μ 分别为420

和 580。基线同样来自高斯函数，其 σ 和 μ 远大于高斯峰 1 和 2，截取其靠左较小的一段作为基线偏移。噪声是最大值为 0.05 的随机噪声。将高斯峰 1 和 2、基线与噪声相加后，即得到模拟的光谱数据。各重叠峰解析算法的最优参数列于表 5.1，处理效果见图 5.3。注意 FSDD 的参数与 FSD 和 FDD 保持一致，以方便验证其效果。

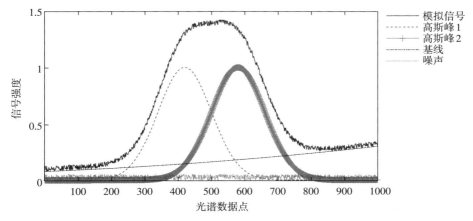

图 5.2　模拟光谱信号

表 5.1　模拟光谱数据中各参数的值

算法	参数
FSD	$wf = 4$；$\sigma = 0.2$
FFD	$n = 1$；$MP_L = 30$；$CP_L = 20$
DD	$n = 1$
SGSD	$w = 15$；$d = 5$；$n = 1$
FSDD	$wf = 4$；$\sigma = 0.2$；$n = 1$；$MP_L = 30$；$CP_L = 20$

在表 5.1 中，wf 代表 FSD 和 FSDD 中使用的窗函数类型，有五种选择：①三角窗；②塔基（Tukey）窗；③凯撒（Kaiser）窗；④高斯窗（Gaussian）窗；⑤切比雪夫（Chebyshev）窗（$wf = 1$，2，…，5）。FSD 和 FSDD 的 PSF $r(\nu)$ 被设定为高斯函数，因为它在实验中的绝大多数情况下性能更好。MP 和 CP 与频谱长度相关，所以它们被表示为 $MP = L/MP_L$ 和 $CP = L/CP_L$，将 MP_L 与 CP_L 用作被筛选的参数。参数 $w = 2m+1$ 表示 SGSD 的窗口，参数 n 代表求导阶次。

在图 5.3（b）中，FSD 几乎滤除了噪声，但对峰重叠与基线几乎没有效果，同时在边缘处产生了畸变，这种畸变也在FFD与FSDD［图5.3（c）和图5.3（f）］中出现了，推测是频域滤波所导致的边缘畸变。在图5.3（e）中，FFD很好地分离了重叠峰，消除了基线，但却出现了小的振荡峰，几乎遍布整个光谱，推测是差分对噪声的放大及滤波器的选择导致产生这种振荡峰。在图5.3（d）中，几乎得不到任何有用的信号，这是因为DD缺乏滤波，且rand函数所生产的随机噪声频率过高，导致差分后噪声急剧放大，难以观测到有用的信号。在图5.3（e）中，SGSD较DD有了明显的优化，虽然依旧有相当大的噪声，但是却能分辨出两个峰，同时也可以看到基线被消除了。而在图5.3（f）中，FSDD除了在边缘的畸变外，很好地分离了重叠峰，消除了基线和滤除了噪声，有相当不错的效果。总之，初步的分析和结果验证了混合频域滤波策略的可行性和优越性，这为光谱分析提供了一种高效、简单、准确的新型预处理方法。

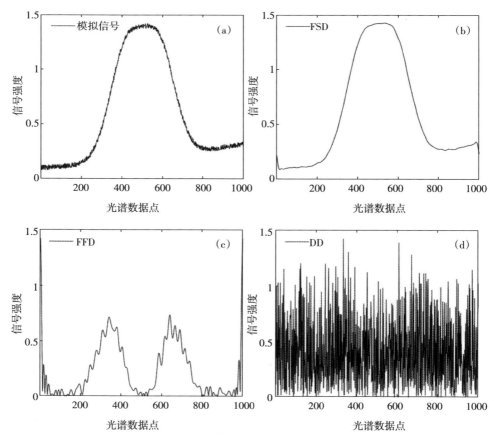

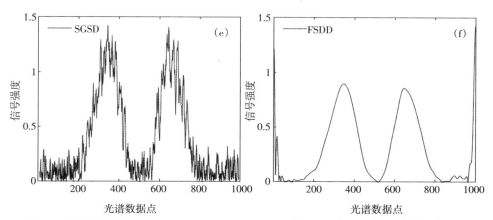

图5.3　重叠峰解析算法（FSD，FFD，DD，SGSD和FSDD）处理模拟光谱后的结果

应用案例5.2：铁矿石（全铁含量）全光谱滴定实验。在使用FSD算法解析铁矿石可见光谱的重叠峰时，尝试了2种PSF（高斯型和洛伦兹型PSF）和7种窗函数的组合，相应处理结果展示在图5.4和图5.5中。通过对比高斯型PSF和洛伦兹型PSF的反卷积效果，发现洛伦兹型PSF处理结果优于高斯型PSF。

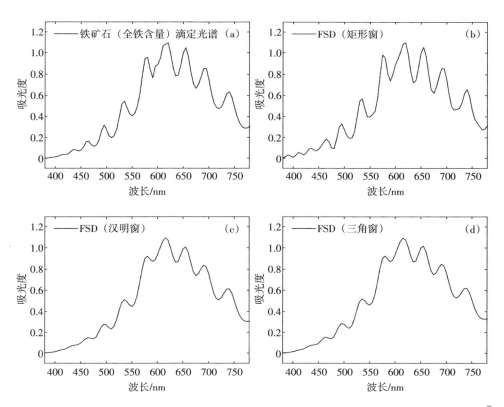

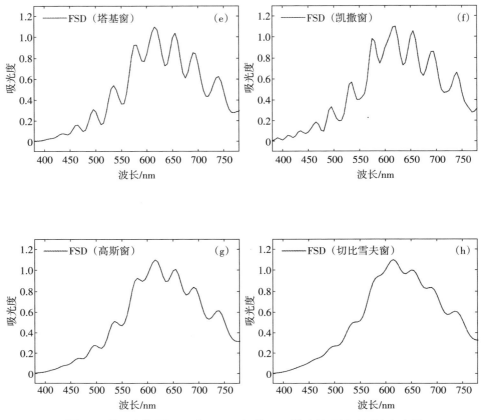

图5.4 基于高斯型PSF（$\sigma = 0.2$）的FSD算法处理铁矿石滴定光谱

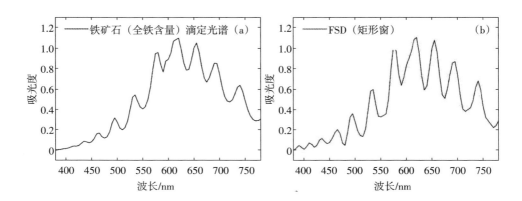

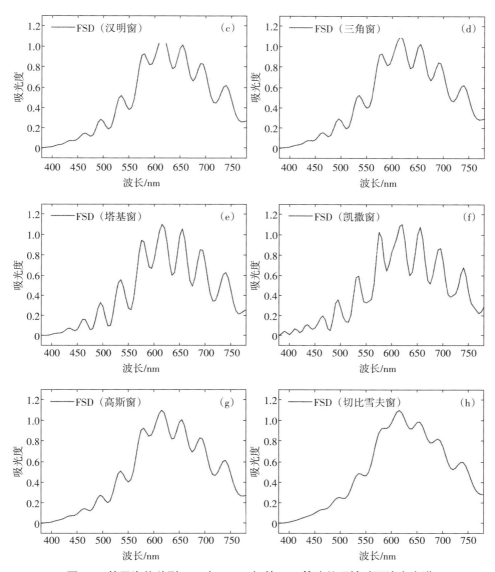

图 5.5 基于洛伦兹型 PSF（ $\sigma = 0.2$ ）的 FSD 算法处理铁矿石滴定光谱

矩形窗提升了一些峰的陡峭程度，效果还可以接受。汉明窗和三角窗的光滑程度一般，但分辨率提升不明显。塔基窗能明显提高分辨率，峰形基本正常，大多数重叠峰成功分割，效果较好。凯撒窗的分辨率获得大幅提升，峰形基本正常，重叠峰成功分割，是较优选择。高斯窗和切比雪夫窗过度平滑，抑制了有效信息，分辨率无提升，峰形畸变，重叠峰无法解析。综上，凯撒窗的解析效果最佳，可以明显提高分辨率，有效分割重叠峰。矩形窗和塔基窗也较适合该光谱解析。

七种常用的窗函数如图5.6所示。

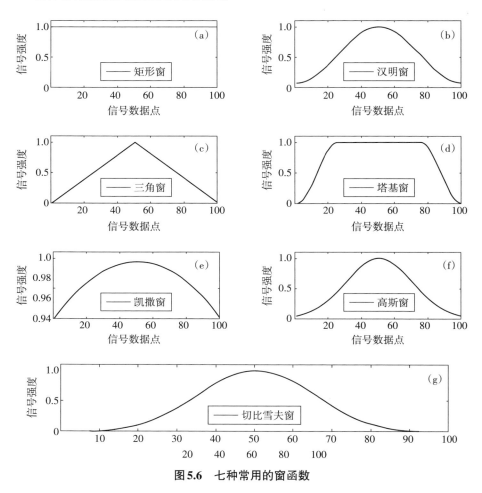

图5.6　七种常用的窗函数

此外，FSD与其他4种基于差分策略的重叠峰解析算法进行对比，结果展示在图5.7中，可以看出，不同的方法各有其优缺点。具体来说，FSD可以保持峰形，不会出现负峰，但分辨率提升有限；而基于差分策略的4种重叠峰解析算法虽然分辨率提升明显，但会出现负峰。相较于DD噪声放大严重，FFD通过频域滤波可以降低噪声，但需要优化滤波器。SGSD一步完成平滑和差分，但峰形畸变大。FSDD先利用FSD的峰分离优势预处理光谱，分离出主要峰形特征，然后进行滤波差分运算，可以有效避免直接差分带来的严重噪声放大，保留更多原始信息。FSDD优化了分辨率与畸变、滤波的平衡，提供一种高效解析复杂光谱的策略。

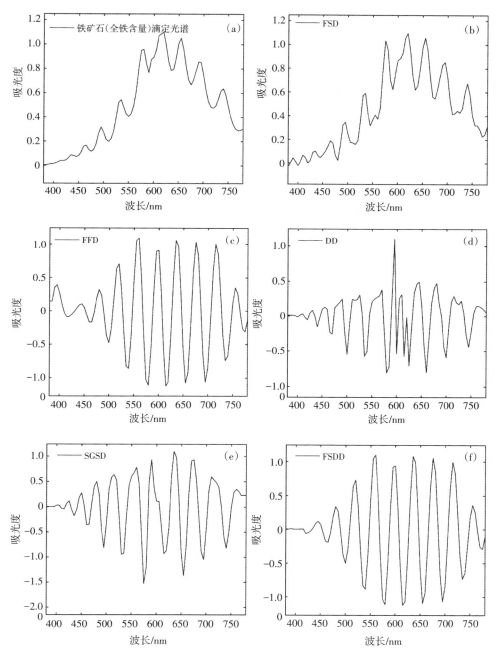

图5.7　基于差分策略的4种算法与FSD算法处理铁矿石滴定光谱的对比实验

应用案例5.3：一级玉米油（酸价）全光谱滴定实验。在对玉米油滴定光谱进行重叠峰解析时，仍然采用了2种PSF（高斯型和洛伦兹型PSF）和7种窗函数（矩形窗、汉明窗、三角窗、塔基窗、凯撒窗、高斯窗和切比雪夫窗）的组合策略，相应的FSD的处理结果分别展示在图5.8和图5.9中。通过观察图5.8和图5.9中每种窗口函数下的高斯型PSF和洛伦兹型PSF的反卷积对比效果，可以再次得到洛伦兹型PSF优于高斯型PSF的结论。凭借其频谱泄漏小、边缘陡峭的特点，洛伦兹型PSF的反卷积结果更能准确反映光谱原貌。

选择正确的窗口函数对提高FSD解析效果至关重要。需要在保证峰形正常和保留光谱信息的前提下，尽量提高分辨率。矩形窗切除突变会引入严重的吉布斯现象，导致反卷积光谱产生严重振铃效应，无法真实反映原光谱信息。重叠峰完全无法有效分割，仅显示为宽泛变形的峰组。凯撒窗和矩形窗一样，未能成功将重叠峰分离，并导致峰形失真。切比雪夫窗过度平滑，抑制了有效信息，分辨率无提升，峰形畸变，重叠峰无法解析。汉明窗、三角窗、塔基窗和高斯窗在一定程度上提升了分辨率，且峰形能保证正常。塔基窗对分辨率的提升最为显著。与在铁矿石滴定光谱案例一样，切比雪夫窗再次出现了过度平滑效应，谱峰的有效信息被抑制，分辨率提升失败。

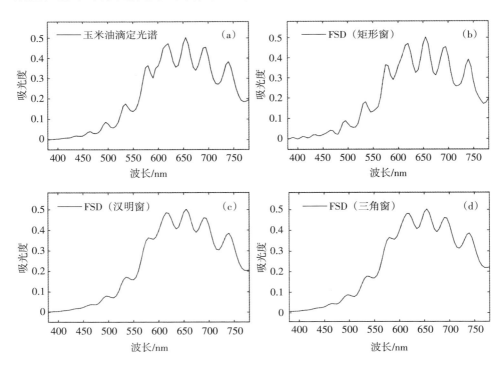

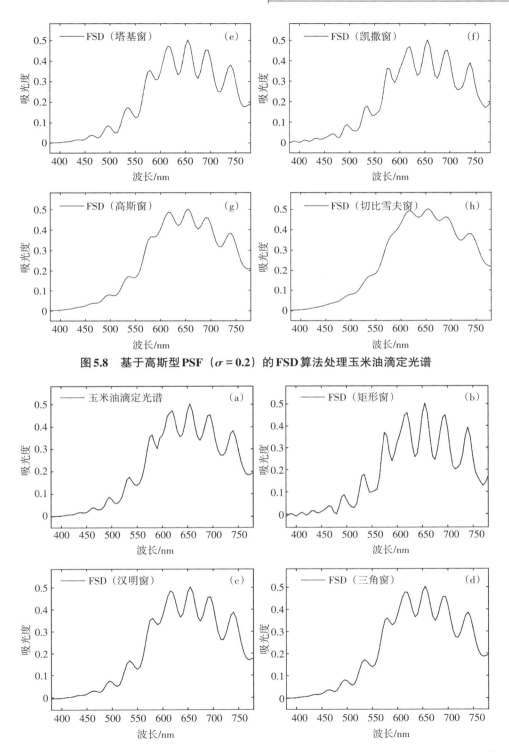

图 5.8　基于高斯型 PSF（$\sigma = 0.2$）的 FSD 算法处理玉米油滴定光谱

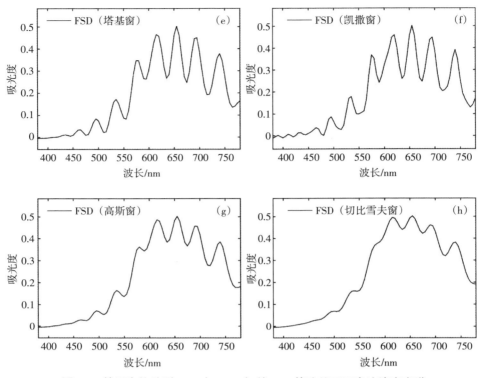

图5.9 基于洛伦兹型PSF（$\sigma = 0.2$）的FSD算法处理玉米油滴定光谱

图5.10再次表明各算法在提高分辨率和保真度之间存在不同取舍。在基于差分策略的重叠峰解析算法中，FSDD充分利用FSD和FFD的长处，先反卷积分峰再差分提高分辨率，实现了解析效果及抗噪性能的综合优化提升。实验结果再次证实了这种组合利用的妥善性和优越性。

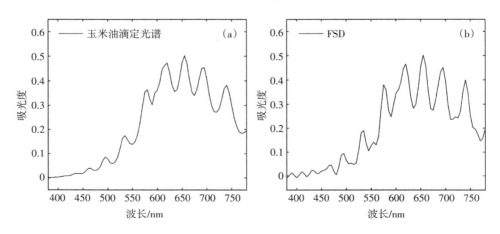

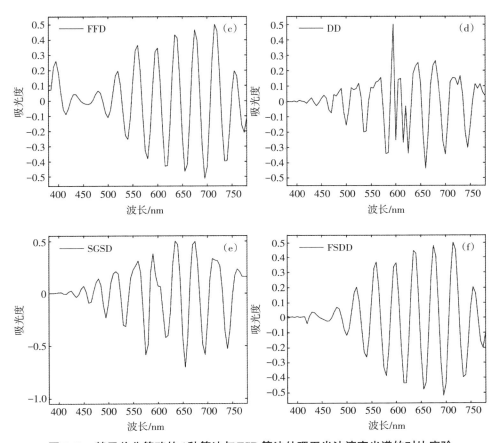

图 5.10　基于差分策略的 4 种算法与 FSD 算法处理玉米油滴定光谱的对比实验

5.1.1.3　空域反卷积

在光谱测量过程中，观测光谱可以被数学建模成实际光谱和 PSF 的卷积，再叠加上随机高斯白噪声，用来描述光谱获取过程中引入的随机误差。观测光谱和实际光谱之间的关系可以表达为

$$y(l) = h(l)*x(l) + n(l) \quad (l = 1, \cdots, N) \tag{5.18}$$

式中，$y(l)$，$x(l)$——观测光谱和实际光谱；

　　　　l——波长，nm；

　　　　$*$——卷积操作，$h(l)*x(l) = \sum_{k} h(k)*x(l-k)$；

　　　　$h(l)$——PSF，用来表达固有的线性变换和仪器响应；

$n(l)$——加性随机高斯白噪声。

公式（5.18）的矩阵形式可以表示为

$$y = Hx + n \tag{5.19}$$

式中，矩阵 H 的维数为 $N \times M$，向量 y 和 n 的长度为 N，向量 x 的长度为 M，且 $N \geq M$（超定方程组）。由于本书集中研究光谱数据，因此假设向量 y 和矩阵 H 中的元素都是正整数。对于一个不变的卷积系统，矩阵 H 的列由相互移动一个位置的响应表示。这意味着所有列的响应形式都是相同的。

$$H = \begin{bmatrix} h(0) & 0 & \cdots & 0 \\ h(1) & h(0) & \cdots & 0 \\ \vdots & \vdots & \cdots & \vdots \\ h(L-1) & h(L-2) & & 0 \\ 0 & h(L-1) & \cdots & h(0) \\ 0 & 0 & \cdots & h(1) \\ \vdots & \vdots & \cdots & \vdots \\ 0 & 0 & \cdots & h(L-1) \end{bmatrix} \tag{5.20}$$

反卷积方法在消除仪器畸变、提高分辨率等方面发挥着重要作用，是光谱解析领域的关键技术之一。反卷积的目的就是消除谱线展宽因素，尽可能复原出理想的谱线。光谱仪信号反卷积具有自身的特点，即光谱信号的正性，因此充分利用光谱正性有利于限制解的范围。经典的信号反卷积算法很多，如 Tikhonov 规整化方法、Wiener 滤波法、Jansson 算法、Van Cittert 算法、最大熵反卷积（maximum entropy deconvolution）算法、Richardson-Lucy 算法、最大后验概率法（maximum a posterior，MAP）、Gold 算法等。其中，Richardson-Lucy 算法、MAP 方法和 Gold 算法能够保持解的正性。M. Morhac 等人提出了基于最小化负值能量（minimization of squares of negative values，MSNV）的迭代反卷积方法和 Boost Gold 算法，它们在 γ 射线谱的反卷积上展示了很好的性能。对于全光谱滴定中的可见光光谱信号，我们主要考虑 MSNV 方法和 Boost Gold 算法，同时将它们与另外两种正性算法（Richardson-Lucy 算法、MAP 方法）进行比较。

1）Richardson-Lucy 算法

Richardson-Lucy 算法是一种常用于信号恢复和信号重建的迭代算法。该算法的数学原理基于贝叶斯统计和最大似然估计的思想，旨在通过迭代优化的方式，从模糊或噪声信号中恢复出清晰的原始信号。

Richardson-Lucy算法的核心思想是通过迭代的方式，不断更新估计信号，使其逼近原始信号。具体而言，该算法首先假设一个初始估计信号和PSF，然后根据当前迭代结果，通过PSF进行卷积，模拟信号降质过程，得到卷积模型信号。接着，计算原始信号与卷积模型信号的比值，即重构函数。最后，将当前迭代结果与重构函数相乘作为下一次迭代的输入。这个过程不断迭代，直到满足停止准则为止。

令Richardson-Lucy算法的初始解均为 $x^{(0)} = \int [1, \ 1, \ \cdots, \ 1]^{\mathrm{T}}$，则第 k 次迭代公式为

$$x^{(k)} = x^{(k-1)} \cdot \left[H^{\mathrm{T}} \left(\frac{y}{Hx^{(k-1)}} \right) \right] \tag{5.21}$$

在每次迭代中，Richardson-Lucy算法通过最大似然估计来计算更新信号。具体而言，该算法假设观测数据服从泊松分布，并利用泊松分布的概率密度函数计算更新信号。同时，为了避免数值不稳定性和过拟合问题，Richardson-Lucy算法引入了正则化项，通过约束更新信号的平滑性和非负性。

在执行Richardson-Lucy算法时，需要注意一些细节。首先，初始估计信号的选择对算法的收敛性和恢复效果有重要影响。在通常情况下，可以选择模糊或噪声信号作为初始估计信号。其次，在每次迭代中，需要对更新信号进行修正，以保证其非负性。一种常用的修正方法是将更新信号的负值置为0。此外，在每次迭代中，还需要控制迭代次数和停止准则，以避免过拟合和陷入局部最优解。

总之，Richardson-Lucy算法是一种有效的信号恢复和重建算法。通过迭代优化的方式，该算法可以从模糊或噪声信号中恢复出清晰的原始信号。在实际应用中，可以根据具体问题的需求和特点，对算法进行适当调整和改进，以获得更好的恢复效果。

2）MAP方法

MAP方法是一种经典的重叠峰解析方法。该方法的原理是利用贝叶斯定理，基于先验知识和观测数据，计算出后验概率最大的峰。具体而言，该方法首先需要根据先验知识构建出一个概率模型，其中包括峰的位置、高度、宽度

等参数。其次，利用观测数据，通过最大化后验概率，计算出最优的峰参数。最后，根据这些参数，可以确定峰的数量、位置和强度等信息。

MAP方法的目的是在给定的观测光谱y，估计出期望的光谱x。通过如下公式计算：

$$(\hat{x},\ \hat{h}) = \arg\max p(x,\ h|y) \tag{5.22}$$

根据贝叶斯公式，式（5.22）可以改写为

$$(\hat{x},\ \hat{h}) = \arg\max \frac{p(y|x,\ h)p(x)p(h)}{p(y)} \tag{5.23}$$

式中，$p(y|x,\ h)$——似然函数；

$p(x)$ 和 $p(h)$——光谱和PSF先验分布；

$p(y)$——证据。

在MAP估计中，我们希望找到参数x的点估计，使得后验概率$p(x|y)$最大化。由于$p(x,\ h|y)$独立于y，所以只需要最大化似然函数与先验的乘积：

$$(\hat{x},\ \hat{h}) = \arg\max p(y|x,\ h)p(x)p(h) \tag{5.24}$$

取对数后变为

$$(\hat{x},\ \hat{h}) = \arg\max \left\{ \ln p(y|x,\ h) + \ln p(x) + \ln p(h) \right\} \tag{5.25}$$

与最大似然估计相比，MAP增加了先验分布的信息，往往可以得到更稳定和准确的估计。MAP是一种全贝叶斯方法，兼顾了数据的信息和先验知识。

第一项 $\ln p(y|x,\ h)$ 是似然函数。根据光谱观测模型，对观测光谱和实际光谱之间的一致性提供了一种度量。它由式（5.10）中噪声向量的概率密度决定，也就是$p(y|x,\ h)=p(n)$。光谱噪声被建模为每个光谱点独立同分布的噪声随机变量，每一个都服从高斯分布。第二项光谱先验主要包括三种不同类型：正性约束、光滑性约束与峰形状约束。正性约束要求光谱强度值为正值，对于负值情况直接置0。光滑性约束主要使用Tikhonov正则化策略对整体光谱形状进行约束。峰形状约束一般先假设每个峰的参数（位置、宽度、峰高等）相互独立；对峰的位置采用均匀分布或相关的先验知识；对峰的宽度也可以采用均匀分布或三角形分布。峰宽受仪器分辨率限制，不能无限窄。对峰高可以采用伽马分布表达对强度的先验假设。不同峰之间的相关性可用马尔可夫随机场表达。相邻峰之间光强相关，非相邻峰无关。综合各方面先验知识，构建对

全部参数的联合先验分布，然后应用 MAP 框架进行参数估计，可以获得更准确和可解释的解析结果。先验的设置对结果质量至关重要。第三项是 PSF 先验，主要假设 PSF 符合某种分布类型，如高斯分布、洛伦兹分布等。利用仪器的分辨率指标计算理论 PSF 的宽度。这可以给出方差参数一个参考区间。若在不同波数下，PSF 宽度变化不大，综合利用理论分析、实验数据和光学知识确定 PSF 先验，可以使解析结果更准确，也便于分析光学系统的性能。

MAP 方法的具体步骤通常包括：

① 建立光谱峰函数模型。根据经验知识，假设重叠峰符合某种分布模式，如高斯峰、洛伦兹峰等，建立其数学表达式。

② 构建后验概率分布。根据贝叶斯规则，组合峰函数的先验概率分布和似然函数，建立后验概率密度函数。

③ 初始化参数。给出各峰参数，如峰位置、峰高、峰宽等的初始值设置。

④ 计算后验概率。将当前参数代入后验概率表达式，计算当前的后验概率。

⑤ 优化参数。使用梯度下降、模拟退火等算法，调整参数，以最大化后验概率。

⑥ 判断是否收敛。如果参数变化很小或达到预设迭代次数，则认为收敛，完成参数估计。否则返回第④步继续迭代，其迭代格式为

$$\boldsymbol{x}^{(k)} = \boldsymbol{x}^{(k-1)} \cdot \exp\left[\boldsymbol{H}^{\mathrm{T}}\left(\frac{\boldsymbol{y}}{\boldsymbol{H}\boldsymbol{x}^{(k-1)}}\right) - 1\right] \tag{5.26}$$

⑦ 输出结果。得到使后验概率最大的参数解，作为对各个峰参数的解析结果。

通过这些步骤，MAP 算法可以有效解析光谱曲线上的复杂重叠峰问题，估计各峰的参数。与 Richardson-Lucy 算法相同，MAP 算法的初始解也设置为 $\boldsymbol{x}^{(0)} = [1, 1, \cdots, 1]^{\mathrm{T}}$，最终迭代的结果均为正值。

3）Gold 算法

该算法最初由 R. Gold 于 1964 年在阿贡国家实验室开发，用来解卷积核响应矩阵。作为一种迭代反卷积技术，它又被称为 Gold 迭代反卷积算法。20 世纪 70 年代，Gold 算法被引入光谱分析中解析重叠峰。Gold 算法首先从观测光谱开始，进行反卷积操作；然后将反卷积结果与 PSF 卷积，获得重构光谱，并

计算重构光谱与实际光谱的残差；最后优化反卷积结果，重复迭代直至收敛。
Gold算法的迭代公式为

$$\boldsymbol{x}^{(k)} = \frac{\boldsymbol{x}^{(k-1)}}{\boldsymbol{A}\boldsymbol{x}^{(k-1)}} \cdot \boldsymbol{y}' \tag{5.27}$$

式中，$\boldsymbol{A} = \boldsymbol{H}^{\mathrm{T}}\boldsymbol{H}$，$\boldsymbol{y}' = \boldsymbol{H}^{\mathrm{T}}\boldsymbol{y}$，初始解 $\boldsymbol{x}^{(0)} = [1, 1, \cdots, 1]^{\mathrm{T}}$。Boost Gold算法相当于多次调用Gold算法，只是每次给定的初始解不同。假设总共重复 R 次调用Gold算法，每一次 Gold算法都迭代 t 次，得到的解记为 $\boldsymbol{x}^{(t)}$。在 boosting 操作中，下一次调用Gold算法的初始值 $\boldsymbol{x}^{(0)}$ 与上一次迭代后的解 $\boldsymbol{x}^{(t)}$ 之间的关系是

$$\boldsymbol{x}^{(0)} = \left(\boldsymbol{x}^{(t)}\right)^{p}$$

其中，p 大于0，代表提升系数。算法终止直到完成 R 次调用Gold算法。

4）MSNV方法

MSNV方法的主要思想是通过最小化负值能量来规整化重叠峰。该方法将重叠峰解析问题转换为一个约束优化问题。目标是求解光谱曲线，使其非负且光谱曲线的负值能量最小。该方法首先初始化光谱曲线并计算当前光谱曲线的负值能量；其次，使用优化算法调整光谱曲线，使负值能量减小；再次，加入约束条件保证光谱非负；重复迭代优化直至收敛。MSNV方法在零阶Tikhonov正则化方法的基础上加入了解的正性约束，其优化目标函数可以表示为

$$\hat{\boldsymbol{x}} = \arg\min \|\boldsymbol{H}\boldsymbol{x} - \boldsymbol{y}\|^2 + \alpha \|\boldsymbol{Q}_0 \hat{\boldsymbol{x}}\|^2 \tag{5.28}$$

式中，第一项为化误差平方，第二项为信号所有通道内元素的平方和；α 为正则化参数，用来代表两项之间的权重。第二项实际上表示光谱的能量。通过最小化光谱的能量来抑制解中的振荡，包括正值和负值。MSNV方法的基本思想是只关心负值通道，只对它们进行正则化，即算法的迭代过程中只对解的负值部分进行惩罚，其迭代格式为

$$\boldsymbol{x}^{(k)} = \left(\boldsymbol{H}^{\mathrm{T}}\boldsymbol{H} + \lambda \boldsymbol{Q}_0^{(k)\mathrm{T}}\boldsymbol{Q}_0^{(k)}\right)^{-1} \boldsymbol{H}^{\mathrm{T}}\boldsymbol{y}^{(k)} \tag{5.29}$$

$$\boldsymbol{y}^{(k+1)} = \boldsymbol{H}\boldsymbol{x}^{(k)}$$

式中，$\boldsymbol{Q}_0^{(k)} = \mathrm{diag}\{\boldsymbol{x}^{(k)} < 0\}$，$\boldsymbol{y}^{(0)} = \boldsymbol{y}$。

5）应用案例

应用案例5.4：仿真光谱数据空域反卷积。图5.11（a）为仿真数据，模拟理想的光谱信号，由8个脉冲信号组成。图5.11（b）为观察谱图，由理想谱线与长度为37的PSF（高斯函数）卷积加上噪声得到。第3～5个脉冲距离比

较近，在观测信号中它们混在一起，形成了一个大的重叠峰。图5.11（c）和（d）分别为采用Richardson-Lucy算法和MAP方法从图5.11（b）恢复出的信号。这两种算法均没有参数，均为迭代1000次的结果，它们虽然在一定程度上分开了重叠峰，但是峰高比严重失真。明显可以看到，第3～5个峰还没有得到完全反卷积。因此，对于重叠峰解析，这两种方法均不合适。

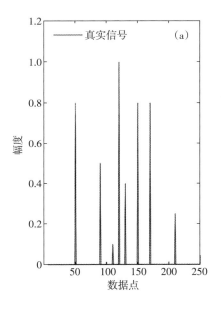
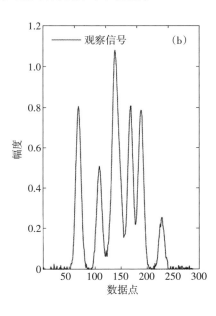
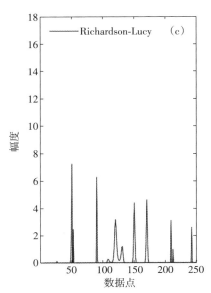
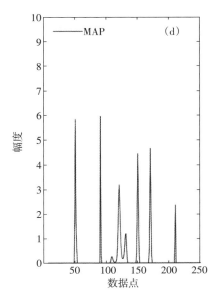

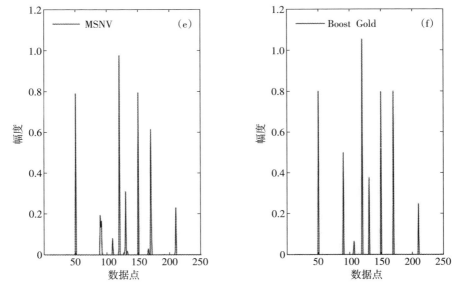

图5.11 基于高斯型PSF（$\sigma = 5$）空域反卷积算法处理仿真数据

Boost Gold算法中，重复20次调用Gold算法，每个Gold算法迭代50次，boosting系数$p = 1.3$，MSNV方法中规整化参数$\lambda = 1000$，算法迭代1000次。图5.11（e）和5.11（f）分别为采用MSNV方法和Boost Gold算法从图5.11（b）恢复出的信号。可以看到，MSNV方法和Boost Gold算法能够实现重叠峰解析，反卷积得到的结果与真实解也很接近。MSNV方法在每一次迭代的过程中都要更新规整化矩阵Q_0，并求解一个完全的线性方程系统，因此运算速度很慢，同时求解过程中涉及矩阵求逆运算，因而解的稳定性也较差一些。Boost Gold算法相对较为简单，速度更快，性能也更好。

反卷积运算的目的是恢复卷积运算所模糊的原始信号。PSF（卷积核）决定信号被如何模糊，因此反卷积时采用的卷积核必须尽可能接近真实的卷积核。图5.11（f）中Boost Gold算法之所以能实现对原始信号的准确还原，关键在于真实的卷积核参数（$\sigma = 5$）已知，可以采用精确的卷积核进行反卷积操作。反卷积核的选择对结果至关重要。若采用错误的卷积核，会引入新的失真，结果将偏离原始信号。

图5.12展示了各种空域反卷积算法采用小于真实方差（$\sigma = 3 < 5$）的高斯型卷积核后的结果。如果在反卷积运算中，采用方差小于真实卷积核方差的高斯型卷积核，会产生以下结果：① 反卷积后的信号分辨率会虚假地得到提

高；② 反卷积信号中会出现更多高频成分，可能引入假信号；③ 反卷积信号的峰值也会升高或降低，不能准确反映原始信号；④ 由于高频噪声增强，信噪比会降低；⑤ 反卷积信号的波形会出现振铃效应和失真；⑥ 如果方差足够小，信号细节会被过度放大，产生严重的伪迹。随着卷积核方差的减小，反卷积结果会变得越来越失真和不可靠。

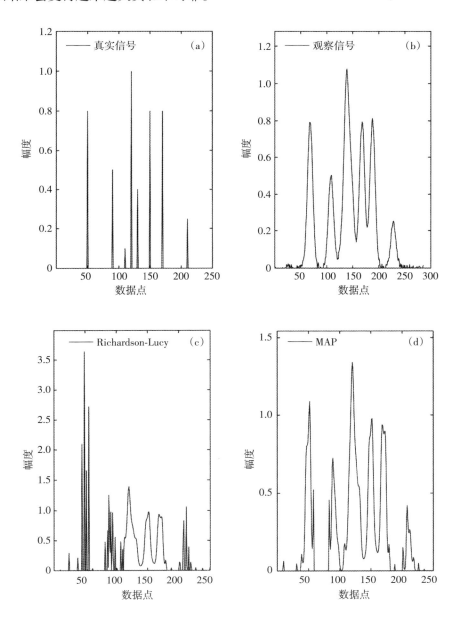

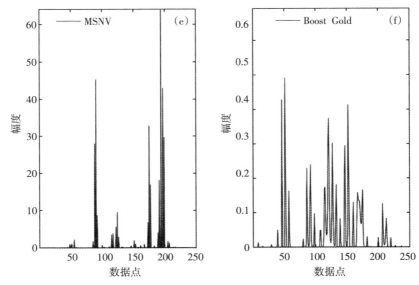

图5.12　基于高斯型 PSF（$\sigma = 3$）空域反卷积算法处理仿真数据

图5.13展示了各种空域反卷积算法采用大于真实方差（$\sigma = 10 > 5$）的高斯型卷积核后的结果。若在反卷积运算中，采用的高斯型卷积核的方差大于其真实值，会产生以下结果：① 反卷积后的信号分辨率会下降；② 反卷积信号的高频成分会被过滤掉，失去细节；③ 反卷积信号的峰值也会升高或降低，造成峰值误差；④ 由于滤除高频成分，信号的信噪比可能会提高；⑤ 反卷积

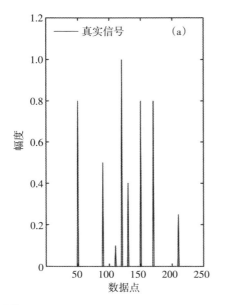

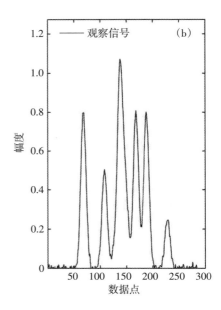

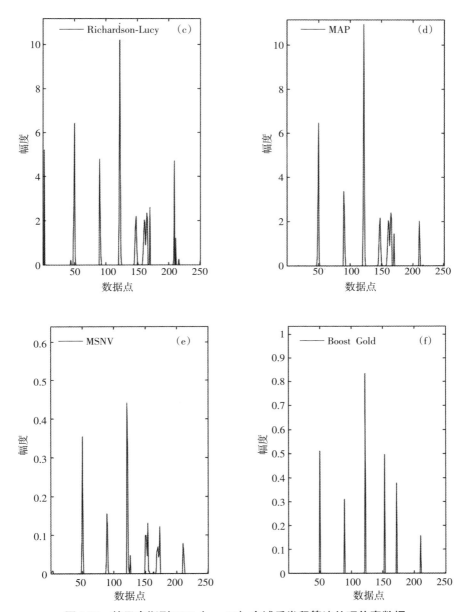

图 5.13　基于高斯型 PSF（$\sigma = 10$）空域反卷积算法处理仿真数据

信号的波形边缘会变得模糊；⑥ 反卷积结果对原始信号波形细节不能很好地反映。使用过大方差的卷积核会造成反卷积信号过度平滑，导致分辨率下降，无法准确恢复原始信号的特征。反卷积核直接决定反卷积的结果质量，因此，其必须尽可能反映实际的物理过程，以产生有意义和可靠的输出结果。

应用案例5.5：铁矿石（全铁含量）滴定光谱空域反卷积。本案例采用5种空域反卷积算法（方法）（Richardson-Lucy，MAP，MSNV，Gold，和Boost Gold）来处理铁矿石可见光谱的重叠峰，并分别尝试了2种PSF（高斯型和洛伦兹型卷积核），相应的处理结果分别展示在图5.14和图5.15中。Richardson-Lucy算法、MAP方法和Gold算法受卷积核函数的影响较小，其中，Richardson-Lucy算法和MAP方法在一定程度上提升了峰的分辨率，但是在信号末端产生了伪峰；Gold算法表现最差，经它反卷积后的信号在末端也出现了伪峰，且峰值严重降低。MSNV方法和Boost Gold算法受卷积核函数的类型影响较大。对于MSNV方法，无论采用哪种卷积核函数，均存在峰值减少的现象。Boost Gold算法结合高斯型卷积核的效果最佳，产生了很多窄峰，且避免了末端伪峰的产生。

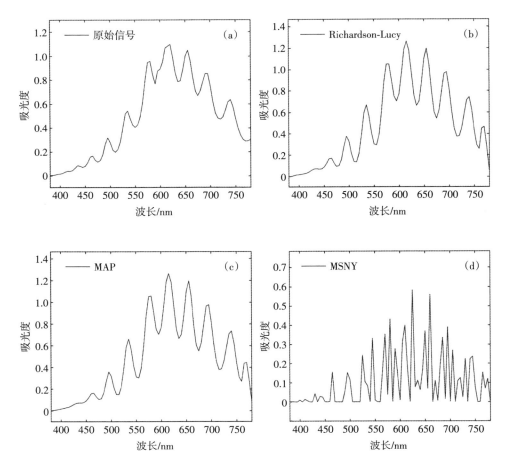

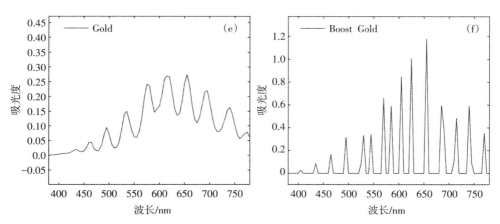

图 5.14　基于高斯型 PSF（$\sigma = 2$）空域反卷积算法处理铁矿石滴定光谱数据

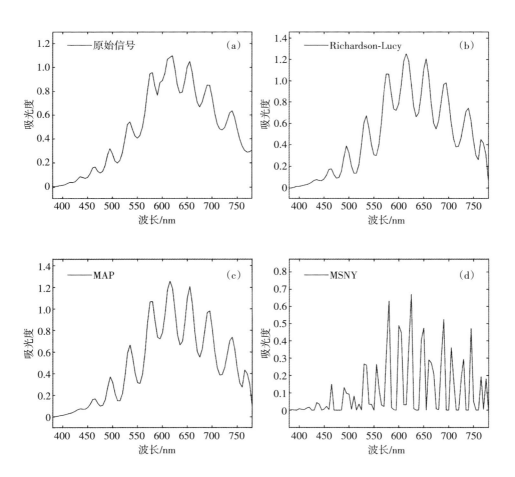

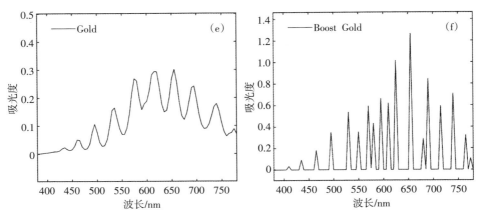

图5.15 基于洛伦兹型PSF（$\sigma = 2$）空域反卷积算法处理铁矿石滴定光谱数据

应用案例5.6：一级玉米油（酸价）滴定光谱空域反卷积。本案例中的5种反卷积算法配置了2种PSF来处理玉米油滴定光谱，结果展示在图5.16和图5.17中。对于两种PSF（卷积核），Richardson-Lucy算法和MAP方法均提高了分辨率，部分重叠峰得以分辨，但整体峰值有所升高。MSNV方法的结果受核函数影响显著，洛伦兹核效果较好，几乎所有重叠峰得到解析，但整体峰值信号下降严重。Gold算法结合任一PSD，其解析重叠峰的效果都很差，不仅尾部出现伪峰，而且反卷积后的整体信号削减严重。Boost Gold算法与两种PSF结合的效果都很好，尤其是高斯核。总体而言，Boost Gold算法与高斯核的组合效果最好，其余算法配置均存在不同程度解析困难（如信号尾部的伪峰）。

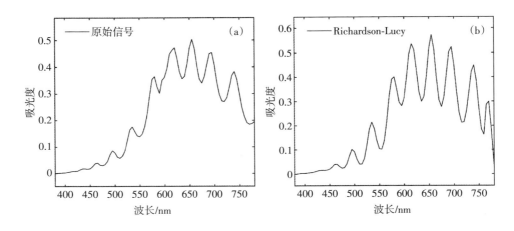

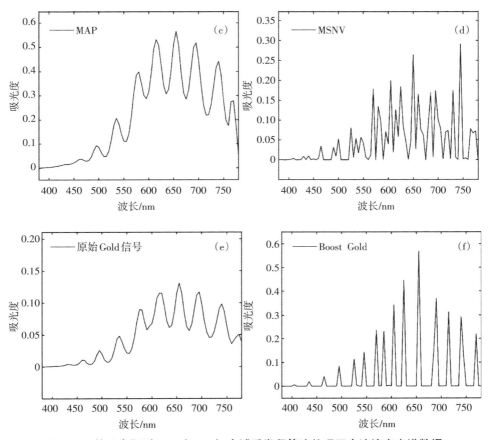

图5.16 基于高斯型PSF（σ=2）空域反卷积算法处理玉米油滴定光谱数据

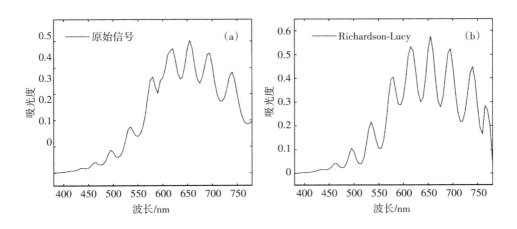

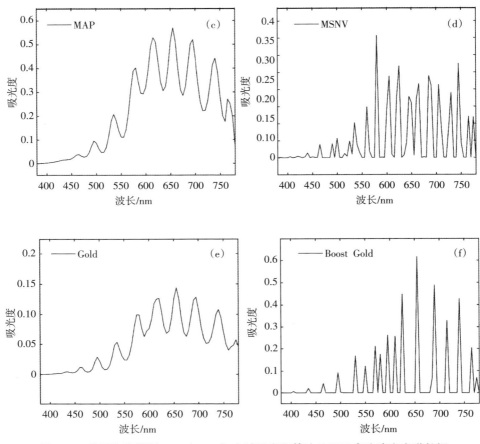

图5.17　基于洛伦兹型PSF（$\sigma = 2$）空域反卷积算法处理玉米油滴定光谱数据

5.1.1.4　盲目迭代反卷积

在实际光谱反卷积中，由于观测获得的光谱峰形受到仪器本身的影响而发生了卷积型的模糊变换，因此需要对模糊核（卷积核）进行合理估计，然后进行反卷积操作，以恢复原始光谱。对于模糊核估计，第一种方法是利用光谱中线宽最窄的峰来逼近模糊核。因为最窄峰受到的模糊影响最小，其形状最接近真实仪器核函数。进行高斯拟合可以得到模糊核的形状及参数。另一种思路是构建误差函数，通过参数优化算法估计出最优的高斯模糊核参数。这两种方法都依赖对核函数的准确估计，反卷积效果与之正相关。第二种方法是盲目迭代反卷积（iterative blind deconvolution，IBD）方法，不提前假设卷积核的函数形式，而是初始化任意卷积核函数，与测量光谱迭代计算，逐步逼近真实光谱和卷积核。每次迭代后，重新计算卷积核，使其适应调整后的光谱。经过有限次迭代后，光谱和核函数会同时收敛，实现对二者的联合优化估计。与预估核方法相比，盲目迭代反卷积对卷积核函数的形式没有先验限制，更加灵活；避免由卷积核函数估计偏差带来的错误；通过自适应调节，可实现对复杂未知卷积核的精确反演。但该方法需要设计细致的迭代优化策略，控制收敛速度和方向。相比之下，预估核方法实现简单，但依赖对核的准确认知。综合两种思路可以取得最优反卷积效果。综上，盲目迭代反卷积不依赖对卷积核的先验知识，通过自适应优化实现联合反演，是一种极为有用和实用的反卷积技术，克服了传统方法的局限性，大大拓宽了反卷积问题的适用范围。

1）原理

IBD通过迭代的方式逐步逼近未知的模糊操作，首先对模糊的光谱数据进行一次反卷积操作，得到一个初步的估计结果。然后，根据这个估计结果，计算出一个新的模糊核，用于下一次反卷积操作。重复这个过程直到估计结果收敛到一个稳定状态为止。这种算法的优点是可以在不知道具体模糊操作的情况下进行光谱恢复，还可以逐步逼近真实的模糊操作。然而，算法的准确性和收敛速度可能会受到噪声和初始估计的影响。具体步骤如下：

① 初始化。根据原始观测信号 y 初始化一个任意的卷积核 h_0（如高斯核），给峰宽参数 σ 设定一个较大的初始值，迭代次数 $n=0$。

② 反卷积。将当前卷积核 h_n 与观测信号 Y 进行反卷积，得到当前反演信号 x_n。这里可以采用5.1.1.3中提到的空域反卷积方法（如Richardson-Lucy算法、Boost Gold算法或MSNV方法）。

③ 卷积核更新。根据当前反演信号 x_n 与原始观测信号 y，计算一个改进后的卷积核 h_{n+1}，使得卷积结果尽可能接近观测信号 Y。以高斯型卷积核为例，这时只需要寻求最优的参数 σ 即可。更新后的最优核函数 h_{n+1} 应该使得误差函数 $\varepsilon = \|y - h_{n+1} * x_n\|^2$ 达到最小，运用一维搜索方法即可得到最优 h_{n+1}。

④ 判断收敛。计算当前反演信号 x_n 与上一轮反演信号 x_{n-1} 的误差，如果误差小于阈值，则停止迭代，输出最终的反演信号和卷积核。否则，$n=n+1$，返回第②步继续迭代。

⑤ 迭代终止。当满足误差收敛条件时，输出最终反演信号和卷积核。

通过上述步骤，不断优化卷积核和反演信号，迭代逼近原始信号，实现对卷积过程的"无参"盲目反演。

2）应用案例

应用案例5.7：仿真光谱数据迭代盲目反卷积。本案例中盲目迭代反卷积实验使用的是模拟光谱信号，利用MSNV方法和Boost Gold迭代盲目反卷积算法对图5.18所示的观察信号进行反卷积，其中真实的高斯核峰宽参数 σ 为5。在MSNV方法中，设置正则化参数为0.01，迭代次数为1000；在Boost Gold算法中，设置迭代次数为50，每次迭代中Gold算法调用次数为20，提升系数为1.3；此外，将高斯核峰宽参数 σ 初始化为20。MSNV方法经过8次迭代就达到了收敛条件，最终估计的高斯核峰宽参数 σ 也收敛到了真实值5；而Boost Gold算法需10次迭代后收敛，所估计的 σ 参数同样准确接近真实值5。如图5.19所示，在迭代过程中，可以观察到高斯核参数 σ 的估计值逐步接近真实参数5，而反演光谱的均方误差也在迭代早期快速下降，几步迭代后就基本稳定在一个较小的值附近。这表明，通过自适应调节核参数，算法实现了对卷积核的准确盲目估计。两种盲目反卷积算法都能在有限迭代步数后收敛，并给出满意的反演结果。这验证了即使完全不知晓卷积核的形式，通过迭代优化的思想也可以实现高质量的反卷积和光谱恢复。

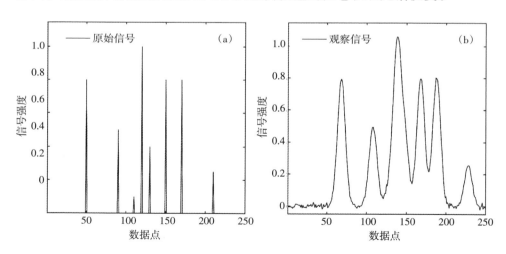

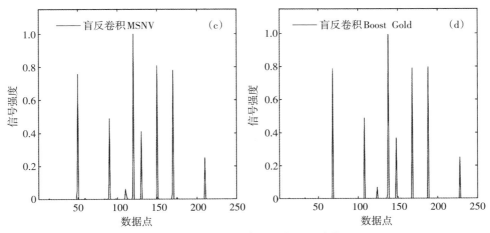

图 5.18 模拟谱图的盲目反卷积实验结果

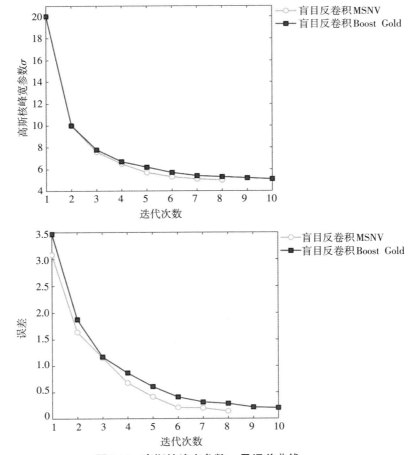

图 5.19 高斯核峰宽参数 σ 及误差曲线

应用案例5.8：滴定光谱迭代盲目反卷积。

本案例针对铁矿石、玉米油和花生油的实际滴定光谱数据，分别采用盲目迭代反卷MSNV方法和Boost Gold算法对它们进行反演处理，相应的实验结果分别展示在图5.20至图5.22中。盲目反卷积MSNV方法和Boost Gold算法的参数设置与案例5.4中的参数设置基本相同，唯一的区别在于高斯核峰宽参数σ被初始化为5。对于铁矿石、玉米油和花生油的滴定光谱数据，在5.1.1.3小节中采用了空域反卷积算法对它们进行反卷积，通过试错法搜索出最优高斯核峰宽参数σ为2。现在通过盲目反卷积策略，MSNV方法和Boost Gold算法经过24次迭代达到收敛，最终σ的估计值为2。同时，反演得到的光谱与采用最优搜索参数的空域反卷积结果基本一致。这再次验证了盲目迭代反卷积算法可以从任意初始核开始，通过自适应调节核参数，实现对卷积核的精确盲目估计。最终得到的反演光谱也能达到与已知卷积核情况下反卷积质量相当的效果。与预先准确估计卷积核参数然后反卷积的传统方法相比，盲目迭代反卷积对先验知识要求较少。

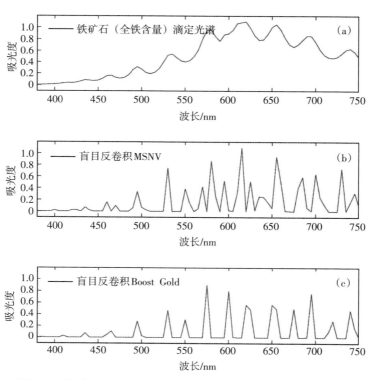

图5.20　铁矿石（全铁含量）滴定光谱迭代盲目反卷积实验结果

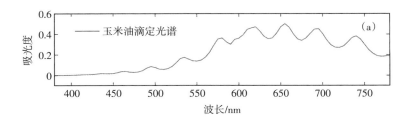

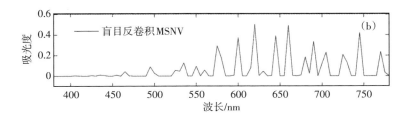

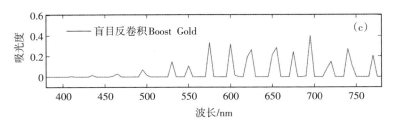

图 5.21　一级玉米油（酸价）滴定光谱迭代盲目反卷积实验结果

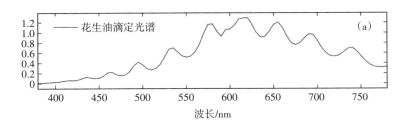

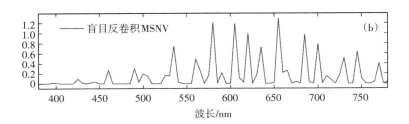

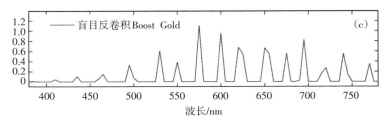

图5.22 花生油滴定光谱迭代盲目反卷积实验结果

然而，迭代盲目反卷积算法也存在一些不足：① 收敛速度慢，需要大量迭代才能达到满意效果，计算量大；② 容易产生伪影和假像，反演质量不稳定；③ 对参数敏感，不同参数设置的结果差异大；④ 噪声影响显著，噪声会被放大；⑤ 理论基础相对简单，对复杂情况建模能力有限。可以从以下几个方面进行改进：① 引入更优化收敛性的算法框架；② 加入更多先验知识进行正则化约束，减少伪影；③ 设计自适应参数调节策略，降低参数依赖性；⑤ 设计复杂度可变的核函数，增强表达能力。综合各类优化手段，可望获得更准确、高效、稳定的盲目迭代反卷积性能。

5.1.1.5　曲线拟合

1）最小二乘法简介

如果想得到一个通过大量实验或计算机程序获得的数据点的函数，实际是在寻找一个"最适合"数据的函数，而不是一个完全经过所有点的函数。可以采用各种策略来最小化各个数据点之间的误差和逼近函数。其中，最著名的是最小二乘法，它让用户能够自由选择在曲线拟合中使用的函数类型。这种方法也被称为具有两个或两个以上的自变量的线性回归或多元线性回归。

若函数 $f(x)$ 在某些点 x_i ($i=1$，2，$\cdots$，n) 处的函数值 y_i 是已知的，便可以根据内插原理构造一个内插多项式来近似 $f(x)$。由于经常会出现节点上的函数值不是很准确的情况，这些从试验和数据观测中获得的值不可避免地存在测量误差，若要得到的近似函数曲线必须在所有的点 (x_i, y_i) ($i=1$，2，$\cdots$，n) 都是准确的，则要保留所有的实验误差。因此，最好从给定的数据 (x_i, y_i) 中构建一个近似函数 $\varphi(x)$，以代表数据的基本趋势。

曲线的拟合函数 $\varphi(x)$ 不一定要严格地通过所有的数据点，即拟合函数 $\varphi(x)$ 在所有数据点 x_i ($i=1$，2，$\cdots$，n) 处的偏差（也叫残差）$\varepsilon_i = f(x_i) -$

y_i $(i=1，2，\cdots，n)$ 并不都是严格地等于 0，它是一个矛盾方程组（非均匀方程组）。为了使收敛曲线尽可能准确地反映某一特定数据点的趋势，有必要使按某一指数度量的偏差最小。后面的分析用到了范数的概念。总之，结论是要求误差的平方和最小，即要求下式具有最小值：

$$\sum_{i=1}^{n}\varepsilon_i^2 = \sum_{i=1}^{n}\left(f(x_i)-y_i\right)^2 \tag{5.30}$$

这种方法叫作曲线拟合的最小二乘法。归根结底是求式（5.30）的极小值。最小二乘法是一种数学上的优化方法。它通过最小化误差的平方之和找到函数与数据的最佳拟合。最小二乘法可以用于寻找未知数，并使数据和实际数据之间的误差平方之和最小化。也可以用最小二乘法来拟合曲线。其他优化问题也可以用最小化能量或最大化熵的方法来表达使用最小二乘法。

2）基于最小二乘法的曲线拟合

（1）二次函数的曲线拟合。为了了解曲线拟合，我们先从最简单的二次函数的曲线开始。

已知 n 个数据点 $(x_i，y_i)$ $(i=1，2，\cdots，n)$，假设拟合方程为二次曲线 $y=ax^2+bx+c$，则该近似拟合曲线的误差平方和可以表示为

$$L(a，b，c)=\arg\min\sum_{i=1}^{m}\left(ax_i^2+bx_i+c-y_i\right)^2 \tag{5.31}$$

式（5.31）的极小值问题可以归结为多元函数求极值。对于二次多项式的系数，只需要令它们各自的导数为 0，即 $\dfrac{\partial L(a，b，c)}{\partial a}=0，\dfrac{\partial L(a，b，c)}{\partial b}=0$，$\dfrac{\partial L(a，b，c)}{\partial c}=0$。求导过程如下：

$$\left.\begin{aligned}
\frac{\partial L(a，b，c)}{\partial a} &= 2\sum_{i=1}^{n}\left(ax_i^2+bx_i+c-y_i\right)x_i^2 = 2\sum_{i=1}^{n}\left(ax_i^4+bx_i^3+cx_i^2-y_ix_i^2\right)=0 \\
\frac{\partial L(a，b，c)}{\partial b} &= 2\sum_{i=1}^{n}\left(ax_i^2+bx_i+c-y_i\right)x_i = 2\sum_{i=1}^{n}\left(ax_i^3+bx_i^2+cx_i-y_ix_i\right)=0 \\
\frac{\partial L(a，b，c)}{\partial c} &= 2\sum_{i=1}^{n}\left(ax_i^2+bx_i+c-y_i\right)=0
\end{aligned}\right\} \tag{5.32}$$

公式（5.32）的简化形式如下：

$$a\sum_{i=1}^{n}x_i^4 + b\sum_{i=1}^{n}x_i^3 + c\sum_{i=1}^{n}x_i^2 = \sum_{i=1}^{n}y_i x_i^2$$

$$a\sum_{i=1}^{n}x_i^3 + b\sum_{i=1}^{n}x_i^2 + c\sum_{i=1}^{n}x_i = \sum_{i=1}^{n}y_i x_i \qquad (5.33)$$

$$a\sum_{i=1}^{n}x_i^2 + b\sum_{i=1}^{n}x_i + cn = \sum_{i=1}^{n}y_i$$

可将上述方程转换为矩阵方程，即

$$\begin{bmatrix} \sum_{i=1}^{n}x_i^2 & \sum_{i=1}^{n}x_i & n \\ \sum_{i=1}^{n}x_i^3 & \sum_{i=1}^{n}x_i^2 & \sum_{i=1}^{n}x_i \\ \sum_{i=1}^{n}x_i^4 & \sum_{i=1}^{n}x_i^3 & \sum_{i=1}^{n}x_i^2 \end{bmatrix} \begin{bmatrix} a \\ b \\ c \end{bmatrix} = \begin{bmatrix} \sum_{i=1}^{n}y_i \\ \sum_{i=1}^{n}y_i x_i \\ \sum_{i=1}^{n}y_i x_i^2 \end{bmatrix} \qquad (5.34)$$

其中，系数行列式为

$$D = \begin{vmatrix} \sum_{i=1}^{n}x_i^2 & \sum_{i=1}^{n}x_i & n \\ \sum_{i=1}^{n}x_i^3 & \sum_{i=1}^{n}x_i^2 & \sum_{i=1}^{n}x_i \\ \sum_{i=1}^{n}x_i^4 & \sum_{i=1}^{n}x_i^3 & \sum_{i=1}^{n}x_i^2 \end{vmatrix} \qquad (5.35)$$

若其值不为0，则方程组有解。此外，行列式 D_a，D_b 和 D_c 定义如下：

$$D_a = \begin{vmatrix} \sum_{i=1}^{n}y_i & \sum_{i=1}^{n}x_i & n \\ \sum_{i=1}^{n}y_i x_i & \sum_{i=1}^{n}x_i^2 & \sum_{i=1}^{n}x_i \\ \sum_{i=1}^{n}y_i x_i^2 & \sum_{i=1}^{n}x_i^3 & \sum_{i=1}^{n}x_i^2 \end{vmatrix} \qquad (5.36)$$

$$D_b = \begin{vmatrix} \sum_{i=1}^{n}x_i^2 & \sum_{i=1}^{n}y_i & n \\ \sum_{i=1}^{n}x_i^3 & \sum_{i=1}^{n}y_i x_i & \sum_{i=1}^{n}x_i \\ \sum_{i=1}^{n}x_i^4 & \sum_{i=1}^{n}y_i x_i^2 & \sum_{i=1}^{n}x_i^2 \end{vmatrix} \qquad (5.37)$$

$$D_c = \begin{vmatrix} \sum\limits_{i=1}^{n} x_i^2 & \sum\limits_{i=1}^{n} x_i & \sum\limits_{i=1}^{n} y_i \\ \sum\limits_{i=1}^{n} x_i^3 & \sum\limits_{i=1}^{n} x_i^2 & \sum\limits_{i=1}^{n} y_i x_i \\ \sum\limits_{i=1}^{n} x_i^4 & \sum\limits_{i=1}^{n} x_i^3 & \sum\limits_{i=1}^{n} y_i x_i^2 \end{vmatrix} \tag{5.38}$$

由此可解得二次曲线的各系数：

$$a = \frac{D_a}{D}, \quad b = \frac{D_b}{D}, \quad c = \frac{D_c}{D} \tag{5.39}$$

（2）多元函数的曲线拟合。给定数据集 $T = \big[(x_1,\ y_1),\ (x_2,\ y_2),\ \cdots,\ (x_n,\ y_n)\big]$，其中 $x_i \in R\ (i=1,\ 2,\ \cdots,\ n)$ 是输入变量 x 的观测值，$y_i \in R\ (i=1,\ 2,\ \cdots,\ n)$ 是相应的输出变量 y 的观测值。设该数据集的曲线拟合函数为 m 次多项式 $f_m(x_i,\ w_0,\ w_1,\ w_2,\ \cdots,\ w_m) = w_0 + w_1 x_i + w_2 x_i^2 + w_3 x_i^3 + \cdots + w_m x_i^m = \sum\limits_{j=1}^{m} w_j x_i^j$，其中，$x_i\ (i=1,\ 2,\ \cdots,\ n)$ 是单输入变量，$w_0,\ w_1,\ w_2,\ \cdots,\ w_m$ 是 m 阶多项式的 $m+1$ 个参数。

用平方损失作为损失函数（最小二乘法），系数 1/2 是为了方便计算，将 m 阶多项式拟合函数与数据集代入损失函数，有

$$L(w_0,\ w_1,\ w_2,\ \cdots,\ w_m) = \frac{1}{2} \sum\limits_{i=1}^{n} \sum\limits_{j=1}^{m} \big(w_j x_i^j - y_i\big)^2 \tag{5.40}$$

对 $w_j\ (j=1,\ 2,\ \cdots,\ m)$ 求偏导，并令其为 0：

$$\frac{\partial L(w_0,\ w_1,\ w_2,\ \cdots,\ w_m)}{\partial \omega_k} = 0 \Rightarrow \sum\limits_{i=1}^{n} \sum\limits_{j=1}^{m} \big(w_j x_i^j - y_i\big)^2 \sum\limits_{i=1}^{n} \left(\sum\limits_{j=0}^{m} w_j x_i^j - y_i\right) \times x_i^k = 0$$

$$\Rightarrow \sum\limits_{i=1}^{n} \left(\sum\limits_{j=0}^{m} w_j x_i^{j+k}\right) = \sum\limits_{i=1}^{n} x_i^k y_i (k=0,\ 1,\ 2,\ \cdots,\ m) \tag{5.41}$$

要拟合多项式系数 $w_0,\ w_1,\ w_2,\ \cdots,\ w_m$，需要解下面的线性方程组：

$$\begin{bmatrix} n & \sum\limits_{i=1}^{n} x_i & \sum\limits_{i=1}^{n} x_i^2 & & \sum\limits_{i=1}^{n} x_i^m \\ \sum\limits_{i=1}^{n} x_i & \sum\limits_{i=1}^{n} x_i^2 & \sum\limits_{i=1}^{n} x_i^3 & \cdots & \sum\limits_{i=1}^{n} x_i^{m+1} \\ \sum\limits_{i=1}^{n} x_i^2 & \sum\limits_{i=1}^{n} x_i^3 & \sum\limits_{i=1}^{n} x_i^4 & \cdots & \sum\limits_{i=1}^{n} x_i^{m+2} \\ \vdots & \vdots & \vdots & & \vdots \\ \sum\limits_{i=1}^{n} x_i^m & \sum\limits_{i=1}^{n} x_i^{m+1} & \sum\limits_{i=1}^{n} x_i^{m+2} & \cdots & \sum\limits_{i=1}^{n} x_i^{2m} \end{bmatrix} \begin{bmatrix} w_0 \\ w_1 \\ w_2 \\ \vdots \\ w_m \end{bmatrix} = \begin{bmatrix} \sum\limits_{i=1}^{n} y_i \\ \sum\limits_{i=1}^{n} x_i y_i \\ \sum\limits_{i=1}^{n} x_i^2 y_i \\ \vdots \\ \sum\limits_{i=1}^{n} x_i^m y_i \end{bmatrix} \qquad (5.42)$$

只需计算 $\sum\limits_{i=1}^{n} x_i^j$ $(j=1,2,\cdots,2m)$ 和 $\sum\limits_{i=1}^{n} x_i^j y_i$ $(j=1,2,\cdots,m)$，然后将这些值代入上述线性方程求解即可。

（3）高斯函数的曲线拟合。高斯函数的曲线拟合是指根据最小二乘原理，将原始谱图解析为多个单峰之和，并且使多个单个子峰加起来拟合的谱图与实测谱图之间误差平方和达到最小。决定谱线形状的四个重要物理量分别是谱线中心频率、谱线强度、谱线线型（PSF 类型）和谱线线宽。其中，PSF 包含另外三个物理量的信息。选定合适的 PSF 后，就可以用一些谱带参数来表示谱峰。下面以高斯函数为例来介绍最小二乘分峰算法，这时谱峰是对称的，且由三个待定参数（高斯强度分量 α，峰的能量位置 ν_0，半高半宽 σ）决定。

假设光谱曲线含有 m 个实验观察值，光谱共有 p 个子峰。由于每个高斯子峰含有 3 个参数，故 p 个子峰共有 $n=3p$ 个待定参数。光谱拟合函数可以表示为

$$G(\nu,\beta_1,\cdots,\beta_n) = \sum_{k=1}^{p} G_k(\nu,\alpha_k,\sigma_k,\nu_{0,k}) = \sum_{k=1}^{p} \alpha_k \exp\left(-\frac{(\nu-\nu_{0,k})^2}{\sigma_k^2/\ln(2)}\right)$$

其中，$\beta_1,\cdots,\beta_n$ 表示 n 个待定参数。

真实谱带与拟合谱带之间的残差平方和 E 可表达为

$$E = \sum_{i=1}^{m} \left[y_i - G(\nu_i,\beta_1,\cdots,\beta_n)\right]^2 \qquad (5.43)$$

其中，y_i，ν_i 分别是第 i 点的强度与频率的观察值。

为了拟合出真实谱带，需要最小化公式（5.43）定义的目标函数 E，求取 n 个待定参数 β_j $(j=1,2,\cdots,n)$，即考虑迭代最小二乘问题：

$$\arg\min E = \sum_{i=1}^{m} \left[y_i - G(\nu_i,\ \beta_1,\ \cdots,\ \beta_n) \right]^2 = \left\| y - G(\nu,\ \beta) \right\|^2 \qquad (5.44)$$

在求解公式（5.44）优化问题的最优值时，常用的是非线性最小二乘法，比如列文伯格–马夸尔特（Levenberg-Marquardt，LM）优化算法。

首先给出 β_j 的初始值，记为 $\beta_j^{(0)}$，若设初始值与真实值之差为 δ_j，则它们满足关系 $\beta_j = \beta_j^{(0)} + \delta_j\,(j = 1,\ 2,\ \cdots,\ n)$。为了确定 δ，将函数 $G(\nu_i,\ \beta)$ 在初始值 $\beta^{(0)} = \left(\beta_1^{(0)},\ \beta_2^{(0)},\ \cdots,\ \beta_n^{(0)} \right)$ 处进行一阶泰勒展开：

$$G(\nu_i,\ \beta) \approx G(\nu_i,\ \beta^{(0)}) + \frac{\partial G(\nu_i,\ \beta^{(0)})}{\partial \beta_1}\delta_1 + \cdots + \frac{\partial G(\nu_i,\ \beta^{(0)})}{\partial \beta_n}\delta_n \qquad (5.45)$$

将 $G(\nu_i,\ \beta)$ 的一阶逼近代入式（5.44），并记 $G_{i0} = G(\nu_i,\ \beta^{(0)})$，同时令 $\frac{\partial E}{\partial \beta_j} = 0$，得到

$$\frac{\partial E}{\partial \beta_j} = \frac{\partial E}{\partial \delta_j} = 2\sum_{i=1}^{m} \left[y_i - \left(G_{i0} + \frac{\partial G_{i0}}{\partial \beta_1}\delta_1 + \cdots + \frac{\partial G_{i0}}{\partial \beta_n}\delta_n \right) \right]\left(-\frac{\partial G_{i0}}{\partial \beta_j} \right) = 0 \ (j = 1,\ 2,\ \cdots,\ n)$$

将其展开，得到关于 $\delta = (\delta_1,\ \delta_2,\ \cdots,\ \delta_n)^{\mathrm{T}}$ 的线性方程组

$$\boldsymbol{A}^{\mathrm{T}}\boldsymbol{A}\delta = \boldsymbol{A}^{\mathrm{T}}\bar{y} \qquad (5.46)$$

其中，

$$\boldsymbol{A} = (a_{ij}),\quad a_{ij} = \frac{\partial G_{i0}}{\partial \beta_j} \ (i = 1,\ 2,\ \cdots,\ m,\ j = 1,\ 2,\ \cdots,\ n)$$

$$\bar{y} = y - G(\nu,\ \beta^{(0)}) = \left(y_1 - G(\nu_1,\ \beta^{(0)}),\ \cdots,\ y_m - G(\nu_m,\ \beta^{(0)}) \right)^{\mathrm{T}}$$

LM 在方程（5.46）中引入了正则化参数 λ，得到

$$(\boldsymbol{A}^{\mathrm{T}}\boldsymbol{A} + \lambda \boldsymbol{I})\delta = \boldsymbol{A}^{\mathrm{T}}\bar{y} \qquad (5.47)$$

其中，$\boldsymbol{I}$ 为单位阵。将公式（5.47）中的单位阵 $\boldsymbol{I}$ 替换成海塞矩阵 $\boldsymbol{A}^{\mathrm{T}}\boldsymbol{A}$ 的对角线元素组成的对角阵，得到新的公式如下：

$$\left(\boldsymbol{A}^{\mathrm{T}}\boldsymbol{A} + \lambda\,\mathrm{diag}(\boldsymbol{A}^{\mathrm{T}}\boldsymbol{A}) \right)\delta = \boldsymbol{A}^{\mathrm{T}}\bar{y} \qquad (5.48)$$

每次迭代时都需要根据残差来调整非负正则化参数 λ。当残差 E 下降很快时，应该更新参数且减小 λ，如 $\lambda' = \lambda/5$，这时算法接近 Gauss-Newton 算法；如果残差 E 增大，参数保持为前一次迭代时的值，不用更新，仅需增大正则化参数 λ，如 $\lambda' = 5\lambda$，这时算法接近最速下降法。

运用LM算法求出 δ 后，根据关系式 $\beta_j = \beta_j^{(0)} + \delta_j$ $(j = 1, 2, \cdots, n)$，可以得到逼近值 $\beta^{(1)}$。再将 $\beta^{(1)}$ 的值赋给 $\beta^{(0)}$ 进一步迭代，直至收敛到满意精度为止。

待定参数的初始值选择在最小二乘算法中起着关键作用，合适的初始值会得到较快的收敛速度。下面介绍初始值的选择方法。

可以利用二阶或高阶导数谱来逼近谱峰的中心频率 ν_0。在谱峰处：

$$B^{(5)}(\nu) = 0, \quad B^{(4)}(\nu) > 0, \quad B''(\nu) < 0$$

p 个子峰的初始中心位置确定后，利用线性插值方法，估计 $B(\nu)$ 在 ν_0 处的值作为峰的强度 α 的初始估计：

$$\alpha_m = B(\nu_{0m}) \quad (m = 1, 2, \cdots, p)$$

为了确定半峰半宽 σ，从谱峰 ν_0 开始向两侧寻找吸收谱 $B(\nu)$ 强度值下降到与 $\alpha/2$ 最近的点 ν_1，ν_2，并分别计算这两点与 ν_0 的距离，取其小者作为 σ 的初始估计值。

（4）洛伦兹函数的曲线拟合。洛伦兹函数的曲线拟合原理是利用洛伦兹函数来逼近光谱中的单个峰形，然后叠加多个洛伦兹函数来拟合整个重叠峰形状。与高斯函数一样，洛伦兹函数的谱峰也是对称的，同样包含三个待定参数（洛伦兹强度分量 α，峰的能量位置 ν_0，半高半宽 σ）。通过调节洛伦兹函数 $L(\nu) = \alpha \left[\dfrac{\sigma}{(\nu - v_0)^2 + \sigma^2} \right]$ 中的三个参数，可以控制洛伦兹函数的位置、强度和宽度，使其逼近光谱峰的形状。基于洛伦兹函数的曲线拟合原理跟基于高斯函数的曲线拟合原理相同。首先通过将多个洛伦兹函数线性叠加，构建成能够拟合整个复杂重叠峰区域的拟合曲线，然后基于最小二乘原则，通过Levenberg-Marquardt优化算法，调整各分量参数，使拟合曲线与实际光谱吻合度最大，即得到最佳拟合解。通过这种思路，可以系统地用洛伦兹函数来拟合光谱曲线，提取光谱特征，实现对重叠峰的有效解析。

洛伦兹函数拟合与高斯函数拟合在对光谱重叠峰进行解析时，存在以下几点主要差异：① 拟合效果差异。洛伦兹函数边缘更陡峭，能更准确地逼近独立且形态较尖的谱峰。高斯函数拟合效果较差，无法很好地表示尖峰特征。② 适用范围差异。洛伦兹函数拟合适用于线宽较窄、峰形较尖的光谱，能反映光谱细节。高斯函数拟合则更适合峰形较广、线宽较宽的光谱。③ 计算复杂度差异。洛伦兹函数可以使用一个函数拟合一个峰，计算简单。高斯函数需多函数切片才能拟合全峰，计算复杂度高。④ 结果差异。洛伦兹函数可以提供较准确的峰参数，如峰位置、峰高、半高宽等。高斯函数拟合的结果准确度略差。⑤ 噪声稳定性差异。由于边缘陡峭，洛伦兹函数拟合对光谱噪声更敏感。高斯函数拟合对噪声更具鲁棒性。⑥ 谱线重叠程度差异。洛伦兹函数拟合需要相对独立的峰形，全重叠区域无法解析。高斯函数拟合可应用于全重叠区域。⑦ 光谱特征差异。洛伦兹函数可保留更多光谱细节特征，高斯函数会滤除些许特征。

综上，洛伦兹函数拟合与高斯拟合各有优势。前者更适合尖峰光谱，优点是计算简便、准确度高，缺点是对噪声敏感；后者适用范围更广，缺点是计算复杂，准确度略差。需根据具体光谱情况选择最优方法或结合使用，以提高峰拟合和分峰的效果。

（5）总结。对光谱重叠峰通过曲线拟合方法来分峰，需要注意以下几个方面。

① PSF 的选择。在过去的研究中，简单地采用洛伦兹函数、高斯函数或两者之和作为拟合函数比较常见。但这种选择没有考虑光谱峰形成的物理机制，因此拟合效果不佳。为提高拟合准确度，应选用 Voigt 函数作为 PSF。Voigt 函数综合反映了洛伦兹自然线宽和高斯多普勒线宽，能更准确地描述峰形状。采用 Voigt 函数拟合可以充分利用光谱峰的物理信息，有助于获得更准确的分峰结果。

② 背景校正。背景信号会对峰形产生显著影响，必须与峰一起进行拟合，而不是简单预先做背景减除。同时，拟合背景和峰形可以获得更准确的结果。

③ 提前确定峰参数。需要充分利用先验知识和客观方法合理判断峰的数量、位置和宽度，而非主观猜测。可采用导数、傅里叶变换等技术识别峰数和位置信息，以确定初始拟合参数。

④ 避免过度拟合。数学最优解不一定对应最佳物理模型。在拟合过程中应该尽量减少使用过多峰函数，可能引发过拟合。

⑤ 初始值选择。由于存在多组局部最小值，不同初始值可能导致曲线拟合算法收敛于不同结果。应该多次运行，以避免陷入局部最优。

⑥ 评价拟合优度。不仅看拟合程度，还要检查结果是否符合物理意义。评判标准不可单一。

⑦ 保证稳定性。小扰动不应导致大变化。通过正则化和其他方法增强鲁棒性。

综上，曲线拟合需要注重拟合函数的物理意义，利用先验信息设定初始值，采用多元评判指标，并保证结果稳定可靠，方能获得最佳的光谱分析结果。

3）应用案例

应用案例5.9：模拟可见光光谱分峰实验。为验证曲线拟合算法在光谱分峰中的应用，本案例设计了一组可见光波段的模拟光谱分峰实验。光谱区间为380~780 nm，共有7个高斯峰，峰位分别设定为419，424，629，639，729，734和739 nm，对应峰高为1，0.5，1，0.5，0.3，0.4和0.7，峰宽 σ 为10，10，20，20，30，30和30 nm。由于7个高斯峰之间重叠严重，在图5.23中只能看到3个显著的峰形，峰高分别为1.44，1.44和198，对应峰位分别为421，632和734 nm。当曲线拟合时，首先利用导数的方法确定有7个峰，并可以确定初始峰的位置为414，429，634，644，724，729和734。为了检验曲线拟合分峰算法，实验中设置初始峰宽均为15 nm。给定初始参数，曲线拟合得到的结果如图5.23所示。在LM算法中选择初始值 $\lambda = 10$，高斯曲线拟合和洛伦兹曲线拟合分别经过14和21次迭代，算法收敛，拟合误差分别为 1.4683×10^{-4} 和1.5789。由于真实峰为高斯峰，高斯曲线拟合误差小于洛伦兹曲线拟合误差这一结果合理可靠。各个峰的真实值、初始值与拟合值见表5.2。

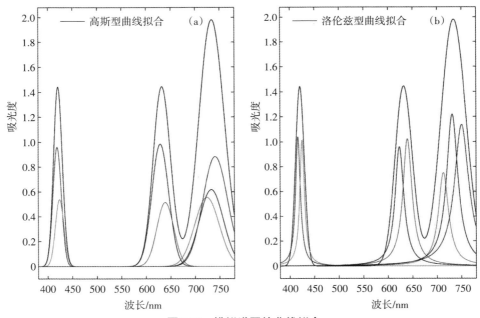

图5.23　模拟谱图的曲线拟合

表5.2 曲线拟合分峰结果与真实值比较

曲线	峰位/nm			峰高			峰宽 σ /nm		
	真实值	初始值	拟合值	真实值	初始值	拟合值	真实值	初始值	拟合值
高斯曲线	419	414	418.8969	1.0	1.0909	0.9612	10	15	9.9875
	424	429	423.7899	0.5	0.9204	0.5391	10	15	10.0248
	629	634	628.9292	1.0	1.4374	0.9853	20	15	19.9925
	639	644	638.8433	0.5	1.1603	0.5146	20	15	20.0219
	729	724	723.9318	0.3	1.8368	0.5550	30	15	29.2225
	734	729	733.0234	0.4	1.9439	0.6170	30	15	28.6561
	739	734	740.9196	0.7	1.9809	0.8843	30	15	29.5066
洛伦兹曲线	419	414	416.4894	1.0	1.0909	1.0455	10	15	5.7498
	424	429	424.8874	0.5	0.9204	1.0155	10	15	5.6408
	629	634	623.3989	1.0	1.4374	0.9614	20	15	10.707
	639	644	639.6516	0.5	1.1603	1.0240	20	15	11.2860
	729	724	712.918	0.3	1.8368	0.7509	30	15	12.388
	734	729	730.9991	0.4	1.9439	1.2201	30	15	14.1513
	739	734	750.2857	0.7	1.9809	1.1371	30	15	18.0982

应用案例5.10：铁矿石（全铁含量）滴定光谱曲线拟合。本案例以铁矿石（全铁含量）滴定光谱为例，考察了高斯拟合和洛伦兹拟合在实际光谱分峰中的效果。首先根据光谱的二阶导数以及初始峰位的约束，确定高斯拟合和洛伦兹拟合中峰的个数分别为9和7，估计出初始峰位，并根据峰位计算出初始峰高。此外，峰宽参数初始化为15。在迭代优化过程中，LM算法中的正则化参数 λ 设置为100，高斯拟合需99次迭代达到收敛条件，最终拟合误差为0.2371；洛伦兹拟合仅需39次迭代即可收敛，拟合误差显著下降至0.0677。结果表明，在铁矿石（全铁含量）滴定光谱分峰问题中，洛伦兹拟合功能明显优于高斯拟合。当重叠峰形较窄时，洛伦兹函数可以产生更好的拟合效果。同时，洛伦兹拟合收敛速度也快于高斯拟合。曲线拟合得到的结果如图5.24所示。解析的各个子峰的初始值与拟合值见表5.3。

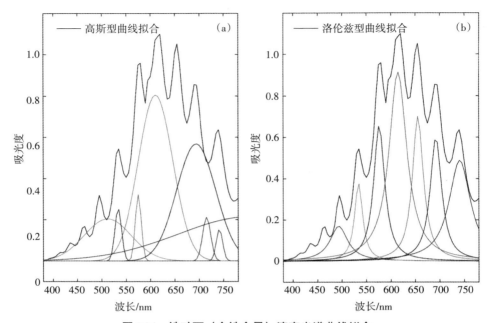

图5.24 铁矿石（全铁含量）滴定光谱曲线拟合

表5.3 铁矿石（全铁含量）滴定光谱曲线拟合分峰结果

曲张	峰位/nm		峰高		峰宽 σ /nm	
	初始值	拟合值	初始值	拟合值	初始值	拟合值
高斯曲线	425	495.2191	0.0458	0.2538	15	2.3591
	460	442.2714	0.1589	0.0746	15	5.5647
	495	464.2937	0.3179	0.1116	15	1.62013
	530	531.671	0.5202	0.3288	15	2.1242
	575	575.2164	0.9484	0.3054	15	1.3605
	620	620.2177	1.0981	0.9965	15	11.7027
	655	697.6839	1.0511	0.4318	15	5.2809
	695	775.9429	0.8525	0.2899	15	5.4762
	740	740.0817	0.6363	0.4230	15	2.4681
洛伦兹曲线	495	493.3879	0.3179	0.1694	15	4.4341
	530	534.016	0.5202	0.3789	15	1.9784
	575	576.0892	0.9484	0.6580	15	2.6976
	620	614.5919	1.0981	0.9137	15	4.4421

表5.3（续）

曲张	峰位/nm		峰高		峰宽 σ /nm	
	初始值	拟合值	初始值	拟合值	初始值	拟合值
	655	655.3972	1.0511	0.7018	15	2.6944
	695	692.143	0.8525	0.5996	15	2.8261
	740	740.8477	0.6363	0.4889	15	5.3387

应用案例5.11：一级玉米油（酸价）滴定光谱曲线拟合。本案例为一级玉米油滴定光谱曲线拟合实验，比较了高斯拟合和洛伦兹拟合在实际光谱分峰应用中的效果。首先，根据光谱二阶导数特征以及初始峰位约束条件，确定高斯拟合峰数为9，洛伦兹拟合峰数为7；其次，分别估计各自的初始峰位，并由此计算初始峰高参数。为考察算法的鲁棒性，两种拟合峰宽参数均统一初始化为15。结果显示，在正则化参数 λ 设置为100的情况下，高斯拟合需15次迭代收敛，误差为0.1019；洛伦兹拟合仅需14次迭代即可满足收敛条件，拟合误差下降至0.0348。两种曲线拟合的结果展示在图5.25中，所解析的各个子峰的初始值与拟合值列于表5.4。洛伦兹拟合函数更占优势，可以获得更准确可靠的分峰结果。

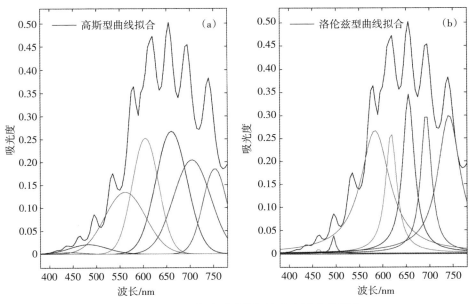

图5.25　一级玉米油（酸价）滴定光谱曲线拟合

表5.4　一级玉米油（酸价）滴定光谱分峰结果

	峰位/nm		峰高		峰宽 σ /nm	
	曲线	拟合值	初始值	拟合值	初始值	拟合值
高斯曲线	425	378.7694	0.0097	0.0014	15	0.3965
	460	439.7942	0.0373	0.0132	15	5.1316
	495	463.0099	0.0861	0.0179	15	1.2584
	530	494.0976	0.1638	0.0333	15	1.4900
	575	560.0963	0.3533	0.1428	15	10.531
	620	605.4405	0.4722	0.2520	15	6.5698
	655	660.6446	0.5024	0.2632	15	7.7176
	695	705.6898	0.4539	0.2144	15	9.3218
	740	753.3782	0.3827	0.1798	15	5.7905
洛伦兹曲线	495	465.1269	0.0861	0.0158	15	0.0284
	530	494.7947	0.1638	0.0392	15	1.0813
	575	582.3116	0.3533	0.2612	15	7.0238
	620	617.8715	0.4722	0.2779	15	2.9572
	655	655.2655	0.5024	0.3501	15	2.9737
	695	692.4872	0.4539	0.3065	15	2.6503
	740	741.5176	0.3827	0.3016	15	5.7841

5.1.2　小波变换原理

傅里叶变换会丢失时域信息，不能用于实时分析。会把各个时段的频谱混合起来。小波变换（wavelet transform，WT）来源于傅里叶变换，它突破了傅里叶变换方法在表示信号时只能清晰描述信号的频率特征而无法反映信号在时间域上的局部信息的局限性，能够同时在高频处进行时间细分和在低频处进行频率细分，能够根据不同情况满足时频信号的分析，精确提取所需对象的细节信息。因此，小波变换是一种时域、频域的局部化分析方法。与傅里叶变换相比，小波变换更加适合对非平稳信号的处理。因此，在信号与图像压缩、信号分析和工程技术等方面都发挥着重要的作用。

5.1.2.1　连续小波变换

在给出小波变换公式前，先引入小波母函数。假设在平方可积空间 $L^2(R)$ 中存在函数 $\psi(t)$ 且其傅里叶变换为 $\Psi(\omega)$，若 $\psi(t)$ 满足下面四个条件约束，则将 $\psi(t)$ 称为小波母函数。

（1）紧支撑性。$\exists a > 0$，$\forall |t| > a$，$\psi(t) = 0$，即 $\psi(t)$ 仅在一小部分定义域里不为 0，剩下部分均为 0。

（2）波动性。$\int_{-\infty}^{+\infty} \psi(t) \mathrm{d}t = 0$，即在所有定义域内积分值为 0，这说明小波母函数是一个波。

（3）容许条件。$C_\psi = \int_0^\infty \dfrac{\left| \Psi(\omega) \right|^2}{|\omega|} \mathrm{d}\omega < \infty$，这个条件使小波变换可逆。

（4）正交性。这个条件也是为了使小波变换可逆。

将小波母函数进行伸缩平移，可得到一系列子小波（函数族）：

$$\psi_{a, b}(t) = \frac{1}{\sqrt{a}} \psi\left(\frac{t - b}{a} \right) \ (a > 0) \tag{5.49}$$

式中，a——伸缩因子参数，代表对小波母函数进行尺度缩放的程度；

b——平移因子，代表对小波母函数进行位置平移的程度。

若将信号标记为 $f(t) \in L^2(R)$，将信号在公式（5.49）中定义的小波基函数下展开，称这种展开为函数 $f(t)$ 的连续小波变换（continuous wavelet transform，CWT），其表达式为

$$W_f(a, \ b) = \left\langle f(t), \ \psi_{a, b}(t) \right\rangle = a^{-1/2} \int_{-\infty}^{+\infty} f(t) \psi_{a,b}^*(t) \mathrm{d}t \tag{5.50}$$

其中，$\psi_{a, b}^*(t)$ 为小波函数的共轭。连续小波变换属于一种积分变换，它将 $f(t)$ 映射到二维的时-频空间中，形成新的函数 $W_f(a, \ b)$。$W_f(a, \ b)$ 称作小波系数，它表示信号 $f(t)$ 在 b 时刻，频率为 $1/a$ 时的分量信息。在连续小波变换中，伸缩因子 a 和平移因子 b 分别决定小波函数中心和时域宽度，$\Delta t \cdot \Delta \omega$ 为窗口函数的窗口面积，则由

$$\Delta t_{a, \ b} \cdot \Delta \omega_{a, \ b} = (a \Delta t) \cdot \left(\frac{\Delta \omega}{a} \right) \tag{5.51}$$

可知，一旦连续小波基函数选定，窗口面积就固定不变，但窗口形状与伸缩因子 a 有关。伸缩因子 a 增大，小波变窄，频窗宽度随之缩小，可以度量信号细

节；相反，伸缩因子 a 减小，小波变宽，频窗宽度随之扩大，可以度量信号的粗糙程度细节。窗口形状具有自适应性，在研究高频信号时，时间窗口的宽度自动变窄，提高了时间分辨率；在研究低频信号时，时间窗口宽度自动变宽，提高了频率分辨率。因此，小波变换能够精确提取和分辨信号的细节信息。

5.1.2.2　离散小波变换

在实际应用中，由于连续小波变换中 a 和 b 是连续量，数据冗余量较大，不利于使用计算机快速处理，因此需要针对 a 和 b 进行离散化，使连续小波变换转化为离散小波变换（discrete wavelet transform，DWT）。

令 $a=c^{j}$，$b=c^{j}k$（$c\geqslant 0$，j，$k\in\mathbf{Z}$），则离散小波基函数可以表示为

$$\psi_{jk}(t)=c^{-\frac{j}{2}}\psi(c^{j}-k) \tag{5.52}$$

由离散小波基函数可以得到离散小波变化的表达式：

$$W_{f}(j,\ k)=\left\langle f(t),\ \psi_{j,\ k}(t)\right\rangle=c^{-\frac{j}{2}}\int_{-\infty}^{+\infty}f(t)\psi^{*}(c^{j}-k)\mathrm{d}t \tag{5.53}$$

在实现小波基函数离散化的同时，也要确保离散化后的 $\psi_{jk}(t)=c^{-\frac{j}{2}}\psi(c^{j}-k)$ 能够对信号实现稳定重构，即对于任意函数 $f(t)$，$f(t)=\sum\limits_{j,\ k\in\mathbf{Z}}d_{jk}\psi_{jk}(t)$ 可以表示为小波函数 $\psi_{jk}(t)$ 的加权和。

若小波基函数 $\psi_{jk}(t)=c^{-\frac{j}{2}}\psi(c^{j}-k)$ 具有如下性质：

$$A\|f\|^{2}\leqslant\sum_{j}\sum_{k}\left|\left\langle f,\ \psi_{j,k}\right\rangle\right|^{2}\leqslant A\|f\|^{2}\quad(0<A<B<\infty) \tag{5.54}$$

则称 $\left\{\psi_{jk}(t)\right\}_{j,\ k\in\mathbf{Z}}$ 构成了一个框架。上式成为小波框架条件。其频域表达式为

$$\alpha\leqslant\sum_{j\in\mathbf{Z}}\left|\Psi(2^{j}\omega)\right|^{2}\leqslant\beta\quad(0<\alpha<\beta<\infty) \tag{5.55}$$

当离散小波 $\left\{\psi_{jk}(t)\right\}_{j,\ k\in\mathbf{Z}}$ 满足上述框架条件时，就可以保证完全、稳定地拟合成原信号。相对于连续小波变换的 $W_{f}(a,\ b)$，离散化后 $W_{f}(j,\ k)$ 数据量显著减少。离散小波降低了连续小波变换系数的冗余度，提升了信息的压缩率，更适用于实际问题的数值计算，使小波变换的快速算法和硬件操作的实现成为可能。

5.1.2.3　多分辨率分析和 Mallat 算法

多分辨率（多尺度）分析是由 Mallat 和 Meyer 于 1986 年提出的，其核心思想是将信号分解到不同尺度上，通过在大尺度和小尺度空间分别观察信号的概貌和细节，从而实现对信号由粗到精的解析。从空间的角度来看，小波多分辨率分析就是要构造一组函数空间，所有的函数都构成该空间的规范正交基，而所有函数空间的闭包中的函数则构成平方可积空间 $L^2(R)$ 的规范正交基，那么，如果对信号在这类空间上进行分解，就可以得到相互正交的时频特性，而且由于空间数目是无限的，因此可以很方便地分析信号的某些特征。

1）定义和分析

平方可积空间 $L^2(R)$ 中的多分辨率分析是指将该空间划分成一个具有如下性质的子空间序列 $\{V_j\}_{j \in \mathbf{Z}}$：

（1）嵌套性。$\forall j \in \mathbf{Z}$，有 $V_j \subset V_{j+1}$。

（2）逼近性。$\bigcap_{j \in \mathbf{Z}} V_j = \{0\}$，$\bigcup_{j \in \mathbf{Z}} V_j = L^2(R)$。

（3）伸缩完全性。$f(t) \in V_j \Leftrightarrow f(2t) \in V_{j+1}$。

（4）平移不变性。$\forall k \in \mathbf{Z}$，$\varphi_j\left(2^{-\frac{j}{2}}t\right) \in V_j \Rightarrow \varphi_j\left(2^{-\frac{j}{2}}t - k\right) \in V_j$。

（5）Resize 基存在性。存在 $\varphi(t) \in V_0$，使得函数簇 $\left\{\varphi_{j,k}(t) = 2^{-\frac{j}{2}}\varphi\left(2^{-\frac{j}{2}}t - k\right);\right.$ $\left. k \in \mathbf{Z}\right\}$ 构成 $\{V_j\}_{j \in \mathbf{Z}}$ 的一个标准正交基（Resize 基）。j 越大，$\varphi_{j,k}(t)$ 在时域上越细越窄，越适宜表征信号变化剧烈或者细节的部分，张成的子空间越大；相反，j 越小，$\varphi_{j,k}(t)$ 在时域上越宽，只能表征信号变化缓慢或粗略的部分，张成的子空间越小，即 $V_0 \subset V_{10} \subset V_2 \cdots \subset L^2(R)$。

满足上述条件的空间序列 $\{V_j\}_{j \in \mathbf{Z}}$ 和相应的函数 $\varphi(t)$ 成为依尺度函数 $\varphi(t)$ 的多分辨率分析。通过尺度函数 $\varphi(t)$ 的伸缩可以改变分辨率，形成不同分辨率的尺度函数 $\varphi_{j,k}(t)$。

不同分辨率的尺度函数构成不同的尺度空间，如 $\varphi_{j,k}\left(2^{-\frac{j}{2}}t - k\right)$ 张成了 j 分辨率下的子空间。与尺度函数不同，小波函数张成的是两个相邻分辨率下的子空间的差异部分，称作小波空间。尺度函数 $\varphi_{j,k}(t)$ 和小波函数 $\psi_{j,k}(t)$ 分别构

成尺度空间 V_j 和小波空间 W_j 的规范正交基。W_j 代表 V_j 和 V_{j+1} 的差异部分，即 $V_{j+1} = V_j \oplus W_j$。

对于多分辨率而言，尺度函数与小波函数共同构造了信号的分解。根据尺度空间和小波空间之间的关系，多分辨率分析可以表示为

$$V_{n+1} = V_n \oplus W_n = V_{n-1} \oplus W_{n-1} \oplus W_n = \cdots = V_0 \oplus W_0 \oplus \cdots \oplus W_n \qquad (5.56)$$

2）双尺度方程

双尺度方程可用于衡量不同分辨率空间的投影之间的关系，衡量不同尺度空间的基函数之间的关系。在尺度空间中，低分辨率子空间的标准正交基可以由高分辨率子空间的标准正交基线性表示。由 $\varphi(t) \in V_j \subset V_{j+1}$，可得到

$$
\begin{aligned}
\varphi(t) &= \sum_k h(k)\varphi_{j+1,\,k}(t) \\
&= \sum_k h(k) 2^{-\frac{(j+1)}{2}} \varphi\left(2^{-\frac{(j+1)}{2}} t - k\right) \\
&= \sqrt{2} \sum_k h(k)\varphi(2t - k)
\end{aligned}
\qquad (5.57)
$$

其中，$g(k)$ 称作尺度函数系数，组成的向量称作尺度向量。

同理，由于 $\psi(t) \in W_j \subset V_{j+1}$，与公式（5.57）类似，因此有

$$\psi(t) = \sum_k g(k)\varphi_{j+1,\,k}(t) = \sqrt{2} \sum_k g(k)\varphi(2t - k) \qquad (5.58)$$

其中，$g(k)$ 称作小波函数系数，组成的向量称作小波向量。

从公式（5.56）和公式（5.57）可以看出，小波函数 $\psi(t)$ 可由尺度函数 $\varphi(t)$ 经平移和伸缩后的线性组合构成，其构造过程实际上就是低通滤波器 $H(\omega)$ 和带通滤波器 $G(\omega)$ 的设计过程，它们分别为 $h(k)$ 和 $g(k)$ 的频域表示形式。这样的滤波器组构成信号分解的框架。

3）Mallat 算法

Mallat 算法也称为快速小波变换（fast wavelet transform，FWT），是基于多尺度、多分辨率分析提出的一种塔式多分辨率离线小波分解与重构的快速算法。该算法的特点是不需要尺度函数和小波函数的具体结果，只需要根据小波系数就能完成信号的快速分解与重构。

若有信号 $f(t) \in V_{j+1}$，则 $f(t)$ 可表示为

$$f(t) = \sum_k c_j(k)\varphi_{j,\,k}(t) + \sum_k d_j(k)\psi_{j,\,k}(t) \qquad (5.59)$$

其中，$c_j(k) = \langle f(t),\, \varphi_{j,\,k}(t) \rangle$，$d_j(k) = \langle f(t),\, \psi_{j,\,k}(t) \rangle$。

根据尺度函数的双尺度方程（5.57）可得

$$\varphi_{j,k}(t) = \sum_k h(n-2k)\varphi_{j+1,n}(t) \tag{5.60}$$

则有

$$
\begin{aligned}
c_j(k) &= \left\langle f(t),\ \varphi_{j,k}(t) \right\rangle \\
&= \sum_k h(n-2k)\left\langle f(t),\ \varphi_{j+1,k}(t) \right\rangle \\
&= \sum_k h(n-2k)c_{j+1}(k)
\end{aligned} \tag{5.61}
$$

同理，根据小波函数的双尺度方程（5.58）可得

$$d_j(k) = \sum_k g(n-2k)d_{j+1}(k) \tag{5.62}$$

$$d_j(k) = \sum_k g(n-2k)d_{j+1}(k) \tag{5.63}$$

V_{j+1} 可分解为尺度函数和小波函数分别张成的空间 V_j 和 W_j，即 $V_{j+1} = V_j \oplus W_j$，分解过程如图 5.26（a）所示。其中，↓ 2 表示二抽取，即 $c_j(k)$ 和 $d_j(k)$ 的数据长度减半，使总的输出序列与输入序列长度相等。由此，可将通过小波函数和尺度函数求解 $c_j(k)$ 和 $d_j(k)$ 的过程转化为通过小波函数系数和尺度函数系数这种滤波器组的方式来求解。还可将 $c_j(k)$ 进一步分解为 $c_{j-1}(k)$ 和 $d_{j-1}(k)$。

小波的重构是小波分解的逆过程，重构框图如图 5.26（b）所示。其中，↑ 2 表示二插值，即在各相邻数据之间补一个 0，使数据长度与二抽取前的序列长度相等。同样，二层重构与一层重构的实现原理完全相同，在此不再赘述。

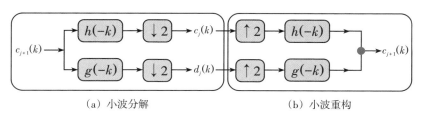

（a）小波分解　　　　　　　　　　（b）小波重构

图 5.26　离散小波一层分解和重构算法框图

5.1.2.4　小波变换去噪

一个含有噪声的一维信号模型可以简单地表示为

$$f(t) = x(t) + n(t) \qquad (5.64)$$

式中，$f(t)$——含有噪声的信号；

$x(t)$——理想的无噪信号；

$n(t)$——掺杂的噪声信号，一般假设为高斯白噪声型号。

信号去噪的目的就是利用信号和噪声的不同特点，将噪声 $n(t)$ 从含噪信号 $f(t)$ 估计出来，从而尽可能地还原出信号 $x(t)$。

一般在实际问题中，原始信号通常表现为低频或平稳信号，而噪声表现为高频或非平稳信号。含噪信号经小波变换后的能量主要集中在少数小波系数上，噪声经过变换后仍然是白噪声，系数存在不相关性，而且系数分布在整个小波域上，幅度基本保持不变。对一个含有噪声的原始信号进行小波变换，得到小波系数和噪声系数。通常来说，信号变换后系数随着分解层数的增加而增大或不变，噪声引起的系数随着分解层数的增加而减小，因此可以通过小波变换来除噪。小波变换在信号消噪中的思想类似于傅里叶变换滤波思想，只不过傅里叶变换的数字滤波是等步长频谱滤波，而小波变换消噪则是二等分频谱滤波，只有进行小波包分解才能实现等步长频谱滤波。它具有多分辨特性，能够更好地刻画信号的非平稳性，如突变和断点等，可在不同分辨率下根据信号和噪声的分布来去除噪声；它的基函数选择灵活，采用变换的基波不一样，经典的滤波效果和小波消噪的效果不一样，更加满足降噪要求；它可对信号去相关，在小波域比在时域更有利于消噪，总之它在各个方面都优于传统的滤波算法，是最合适对信号进行滤波处理的方法。

下面简单介绍用小波变换进行信号消噪的原理。

设 $\{V_j\}_{j \in R}$ 是 $L^2(R)$ 的一个多分辨率分析，小波空间 $\{W_j\}_{j \in R}$ 满足 $V_j + W_j = V_{j+1}$，且 $V_j \perp W_j$。令 P_j 和 Q_j 分别是 $L^2(R)$ 到 V_j 和 W_j 上的正交投影。设有信号 $f(t) \in L^2(R)$，经测量仪器测得的受噪声干扰的信号为 $P_j f(t) \in V_j$，则有

$$P_j f(t) = P_{j-n} f(t) + \sum_{j=j-n}^{j-1} Q_j f(t) \qquad (5.65)$$

用小波变换对信号进行分解的过程，就是依次把信号中的各种频率成分由高到低逐步分离为不同子频带的过程。由于噪声大多位于具有较高频率的细节［$Q_j f(t)$ 频带内］中，在对信号进行重构时只需将 $Q_j f(t)$ 设为 0，或采用其他（如门限阈值等）形式处理分解得到的小波系数。根据实际情况要

求，还可以对 $Q_j f(t)$ 进行更进一步的分解，即小波包分解。最终达到对信号消噪的目的。

1）基于离散二进正交小波变换的消噪算法

在连续小波变换中，令参数 $a = 2^j$ $(j \in \mathbf{Z})$，而参数 b 仍取连续值，则可得到二进小波：

$$\psi_{2^j, b}(t) = 2^{-\frac{j}{t}} \psi\left(2^{-j}(t-b)\right) \ (j, k \in \mathbf{Z}) \tag{5.66}$$

这时，$f(t) \in L^2(R)$ 的二进小波变换定义为

$$WT_f\left(2^j, b\right) = 2^{-j} \int_R f(t) \psi^*\left[2^{-j}(t-b)\right] \mathrm{d}t \tag{5.67}$$

二进小波介于连续小波和离散小波之间，它只对尺度参数进行离散化，而在时间域上的平移量仍保持着连续变化，因此二进小波变换具有连续小波变换的时移不变性，这是离散小波所不具有的。

在二进小波理论的基础上，若 $\psi(t) \in L^2(R)$ 且 $\sum_{k \in \mathbf{Z}} |\psi(\omega)|^2 = 1$，那么便成为二进正交小波，其中，$\psi(\omega)$ 为 $\psi(t)$ 的傅里叶变换，则得出二进正交小波为

$$\psi_{j, k}(t) = 2^{-j} \psi(2^{-j} t - k) \tag{5.68}$$

该小波去噪方法主要包括模极大值法、相关法和阈值法三种。

（1）模极大值法。设 $0 \leqslant \gamma \leqslant 1$，函数 $f(t)$ 在 $[a, b]$ 上有一致 Lipschitz 指数 γ 的重要条件，当且仅当存在常数 $k > 0$，使得 $\forall t \in [a, b]$，函数在 2^j 尺度下小波变换满足

$$\mathrm{lb}\left|W_{2^j} f(t)\right| \leqslant \mathrm{lb} \, k + \gamma j \tag{5.69}$$

Lipschitz 指数 γ 用来衡量函数上某点的奇异性的大小。γ 越大，该点奇异性越大（光滑性好）；反之，则奇异性越大（变化剧烈）。小波变换模极大值的滤波原理是基于信号和噪声的 Lipschitz 指数不同而处理的，与信号噪声的频带分布无关：当 $\gamma > 0$ 时，模值随着尺度 j 增大而增大；当 $\gamma < 0$ 时，模值随着尺度 j 增大而减小；当 $\gamma = 0$ 时，模值随着尺度 j 增大，在尺度范围幅度基本保持不变。信号的 Lipschitz 指数小波变换后信号系数和噪声系数分别是增大和减小，具有不同的特性。根据这一性质，对原始信号进行多尺度小波分解，通过综合分析各个尺度上模极大值的大小和位置，便可对模极大值进行判断并将其分为噪声和信号模极大值。丢弃幅度随着尺度增大而减小的点，保留随尺度增

大而增大的点，然后将剩余的模极大值点用交替投影法进行重建，从而实现信号与噪声的分离。模极大值去噪法适合对拐点较多和低信噪比的信号去噪，但计算量比较大，结构复杂。

（2）相关系数法。一般来说，有用信号具有优良的局部性，在小波变换中，信号的能量在各尺度上均有一定的分布，小波系数在各尺度上有很强的相关性；而噪声的局部振荡严重，在小波变换中能量主要集中于小尺度（高分辨率）上，各尺度间系数弱相关或不相关。

根据公式（5.56），含噪信号 $f(t)$ 的自相关运算为

$$R(t) = \int_{-\infty}^{+\infty} f(\tau) f(t+\tau) \mathrm{d}\tau$$

$$= \int_{-\infty}^{+\infty} [x(\tau) + n(\tau)][x(t+\tau) + n(t+\tau)] \qquad (5.70)$$

$$= R_{xx}(t) + R_{xn}(t) + R_{nx}(t) + R_{nn}(t)$$

因为真实信号 $x(t)$ 和噪声 $n(t)$ 之间无相关性，所以 R_{xn} 和 R_{nx} 都约为0。噪声的自相关 R_{nn} 也比较小，含噪信号自相关运算后主要由 R_{xx} 决定。基于该特点，首先与邻近尺度的小波系数相乘得到相关系数，并将其进一步规范化，随后通过比较相关系数幅值与小波系数幅值的大小来实现对信息突变点的逐步提取，最后对小波系数重构完成去噪。相关系数法需要估算噪声的方差，计算量大，并且该方法主要适用于刻画信号边缘信息。

（3）阈值法。在小波变换中，有用信号的能量主要集中在某几个小波系数中，系数幅值较大，而噪声能量遍布整个小波域，分散在各个小波系数中，系数幅值小。因此，幅值小的小波系数极有可能是由噪声引起的，可根据一定规则设立合理的阈值，低于该值的小波系数将会被置0，重构小波系数后实现信噪分离。小波阈值法滤波具有算法简单、计算量小、滤波效果好等特点，对于信噪比低的信号的处理也比较适用。

阈值去噪通常有三步：① 选取小波基和分解层数，对信号进行正交小波变换得到小波系数。② 选取合适的阈值规则和阈值函数，进行小波系数处理。事先设定一个阈值，然后将比设定阈值低的小波系数去掉，保留比设定阈值高的小波系数，从而去除噪声，保留有用信号的信息。③ 用处理后的小波系数进行信号重构，得到比较纯净的信号，从而达到去噪的效果。去噪效果在于降噪策略的选择，由小波基函数、分解层数、阈值选取准则等组成。

① 小波基函数。主要有 Haar 小波基、db 系列小波基、Biorthogonal（biorNr.Nd）小波系、Coiflet（coifN）小波系、SymletsA（symN）小波系、Molet（morl）小波、Mexican Hat（mexh）小波和 Meyer 小波。

② 分解层数选择。根据多分辨率分析理论，高层分解的小波系数对应的是低频部分，低频部分主要由信号构成。因此，分解层次越高，去掉的低频成分越多，去噪效果越明显，但失真度也相应增大。为保守起见，分解层次不宜太高，最大不超过5层。

③ 阈值选择函数。主要包含软阈值函数和硬阈值函数，它们的定义如下：

$$\eta\left(W_{jk},\ \delta_j\right) = \begin{cases} W_j + \delta_j, & W_j \leqslant -\delta_j \\ 0, & |W_j| \leqslant \delta_j \\ W_j - \delta_j, & W \geqslant \delta_j \end{cases} \quad (j = 1,\ 2,\ \cdots,\ 5;\ k = 1,\ 2,\ \cdots,\ N_j) \quad (5.71)$$

$$\eta\left(W_{jk},\ \delta_j\right) = \begin{cases} W_{jk}, & |W_{jk}| \geqslant \delta_j \\ 0, & |W_{jk}| < \delta_j \end{cases} \quad (j = 1,\ 2,\ \cdots,\ 5;\ k = 1,\ 2,\ \cdots,\ N_j) \quad (5.72)$$

公式（5.71）和公式（5.72）分别为软阈值函数和硬阈值函数的数学表达式；此外，δ_j 为第 j 层中所选用的阈值函数中的小波阈值，N_j 为第 j 层小波系数的个数。

④ 阈值选取准则。下面给出四种常用的阈值选取准则，即无偏风险估计准则、固定阈值准则、混合准则和极小极大准则。

a. 无偏风险估计（rigrsure）准则。它是一种基于 Stein 的无偏似然估计原理的自适应阈值选择方法。对每个阈值求出对应的风险值，风险最小的即所选，其具体算法为：将某一层小波系数的平方按由小到大排列，得到一个向量 $\boldsymbol{v} = [v_1,\ v_2,\ \cdots,\ v_n]$（$v_1 \leqslant v_2 \leqslant \cdots \leqslant v_n$），$n$ 为小波系数的个数。由此计算风险向量 $\boldsymbol{r} = [r_1,\ r_2,\ \cdots,\ r_n]$，$r_k = \dfrac{n - 2*k + \sum\limits_{i=1}^{k} v_i + (n-k)*v_k}{n}$，然后求出风险向量 $\boldsymbol{r}$ 的最小点所对应的下标 k 值，从而得到阈值 δ 为

$$\delta = \sigma \sqrt{v_k} \quad (5.73)$$

其中，σ 为待分析小波系数中噪声的标准差，它的计算公式为

$$\sigma = \frac{\mathrm{Median}\left(|d_k|\right)}{0.6745} \quad (k = 1,\ 2,\ \cdots,\ n) \quad (5.74)$$

b. 固定阈值（sgtwolog）准则。

$$\delta = \sigma \sqrt{2 \, \mathrm{lb} \, n} \tag{5.75}$$

c. 混合（heursure）准则。它是 rigrsure 准则和 sqtwolog 准则的混合，当信噪比很低时，rigrsure 准则估计有很大噪声，这时采用固定阈值。其阈值计算方法为：首先判断两个变量 ξ 和 ζ 的大小，它们的表达式分别为

$$\left. \begin{array}{l} \xi = \dfrac{\left(\displaystyle\sum_{j=1}^{n} w_i \right)}{n} \\[4mm] \zeta = \sqrt{\dfrac{1}{n} \left(\dfrac{\mathrm{lb} \, n}{\mathrm{lb} \, 2} \right)^3} \end{array} \right\} \tag{5.76}$$

若 $\xi < \zeta$，则选取固定阈值，否则选取 rigrsure 准则和 sqtwolog 准则的较小者作为本准则阈值。

d. 极小极大准则。

$$\delta = \sigma \begin{cases} 0, & n \leqslant 32 \\ 0.3936 + 0.1829 \dfrac{\mathrm{lb} \, n}{\mathrm{lb} \, 2}, & n > 32 \end{cases} \tag{5.77}$$

2）基于平稳小波变换的消噪算法

离散平稳小波变换，来源于正交小波变换，但克服了离散正交小波变换无法具备平移不变性的劣势，因此又被称为平移不变小波变换。在对信号分解时取消下抽样处理，通过分别对低通和高通两滤波器系数进行零插值达到滤波器系数延展的目的。与小波多尺度分解不同，该变换后的小波系数（逼近信号）和尺度系数（细节信号）长度都与原信号长度相同，因而属于冗余性的非正交小波变换。使用具有冗余的非正交小波基对信号分解，相当于在一系列冗余离散小波基上求投影的平均值，所以能更好地逼近真实信号，同时平移不变性又避免了在信号重构时产生的 Gibbs 振荡现象，一举两得，因此离散平稳小波变换比离散正交小波变换在信号消噪方面更具有优势。

平稳小波变换的分解公式如下：

$$\left. \begin{array}{l} a_j(k) = \displaystyle\sum_{n} h^{\uparrow 2^j}(m - 2k) a_{j-1}(n) \\[3mm] d_j(k) = \displaystyle\sum_{m} g^{\uparrow 2^j}(m - 2k) d_{j-1}(m) \end{array} \right\} \tag{5.78}$$

式中，$a_j(k)$，$d_j(k)$ 分别为第 j 层经离散平稳小波变换后的近似部分系数和逼近部分系数；$h(k)$，$g(k)$ 分别为低通和高通滤波器系数，而 $h^{\uparrow 2^j}(m)$，$g^{\uparrow 2^j}(m)$

则代表分别对它们进行 2^j-1 次插零。

平稳小波变换的重构公式如下：

$$a_{j-1}(k) = \frac{1}{2}\sum_k \big[H(m-2k) + H(m-2k-1)a_j(k)\big] + \frac{1}{2}\sum_k \big[G(m-2k) + G(m-2k-1)d_j(k)\big] \tag{5.79}$$

式中，$H(k)$，$G(k)$ 分别为与 $h(k)$，$g(k)$ 对应的重构低通和高通滤波器，即它们的对偶基。

3）基于正交小波包变换的消噪算法

在正交小波多尺度分解过程中，一般先将信号分解为一个近似系数向量和一个细节系数向量，然后近似系数向量进一步分解为近似系数和细节系数向量两个部分，而细节系数向量不再分解，如此继续下去。在两个连续的近似系数中丢失的信息可以在细节系数中得到。而在小波包分解中，每一个细节系数向量也使用与近似系数向量分解相同的分法分为两部分。在一维情况下，它产生一个完整的二叉树；在二维情况下，它产生一个完整的四叉树。因此，它能够为信号提供更加精细的分析方法。对含有大量中、高频噪声的信号能更好地进行消噪处理。

采用小波包分析对 CIELAB 色空间信号消噪主要包括四个步骤。首先选择小波基对信号进行三层分解，其次计算最佳树（确定最佳小波包基），再次对小波包的分解系数进行阈值量化，最后进行小波包重构，便可消除 CIELAB 色空间信号中的中、高低频噪声。在这四个步骤中，最关键的是如何选取阈值和如何进行阈值的量化。从某种程度上说，它直接关系到信号消噪的质量。通常存在两种方法：一是硬阈值法，它可以保留信号的特征，但会产生附加振荡，光滑性差；二是软阈值法，它得到的小波系数整体连续性好，去噪信号相对平滑，不会产生附加振荡。因此，采用软阈值去噪。

由尺度函数 $\phi(t)$、小波函数 $\psi(t)$ 以及一对共轭滤波器组 $h(k)$，$g(k)$ 可以很快得到小波多分辨分析的二尺度方程：

$$\left.\begin{array}{l} \phi(t) = \sqrt{2}\sum_{k\in Z} h(k)\phi(2t-k) \\[2mm] \psi(t) = \sqrt{2}\sum_{k\in Z} g(k)\psi(2t-k) \end{array}\right\} \tag{5.80}$$

对小波空间进行分解并对二尺度方程进行推广，便可得到小波包的定义。

小波若定义如下：

$$
\left.\begin{array}{l}
u_{2n}(t) = \sqrt{2} \sum_{k \in \mathbf{Z}} h(k) u_n(2t-k) \\
u_{2n+1}(t) = \sqrt{2} \sum_{k \in \mathbf{Z}} g(k) u_n(2t-k)
\end{array}\right\} \tag{5.81}
$$

则称函数集合 $\left\{u_n(t)\right\}_{n=0}^{\infty}$ 为由 $u_0 = \phi(t)$ 所确定的小波包，即正交小波包。

5.1.2.5　应用案例

应用案例5.12：花生油化学滴定过程中CIELAB色空间信号去噪。

采用化学全光谱滴定分析方法测定花生油20.05 g酸价（百里香酚酞，含量为0.35%～0.37%）滴定体系的CIELAB色空间的明度值、红-绿色品指数值或黄-蓝色品指数值的信号（见图5.27），信号的不规则波动或随机的振荡现象反映了噪声比较显著。本案例采用四种小波去噪策略（二进制离散小波硬阈值法、全局软阈值法、平稳小波法和正交小波包法）进行降噪处理。四种小波去噪算法均采用sym8小波（见图5.28）对含有噪声的原始信号进行五层分解。二进制离散小波硬阈值法采用固定式阈值（sqtwolog），且阈值处理根据每一层小波分解的噪声水平估计进行调整；全局软阈值法采用默认阈值去噪处理，对每层的小波系数采用相同阈值处理；平稳小波法对原始信号进行平稳小波变换的过程中不采用下抽样处理，每次平稳小波变换的逼近信号和细节信号长度仍与原信号长度相同，并从小波系数中构造近似和细节；正交小波包法采用软阈值方法，采用SURE熵准则指导小波包分解，并对小波包系数进行阈值处理。图5.29至图5.31中的左侧子图为采用不同小波算法对原始 L^*，a^* 和 b^* 信号进行消噪处理后的效果图，右侧子图则给出了去除噪声污染后的信号与原信号相比的残差分布图，便于我们全面掌握分析算法的消噪效果。

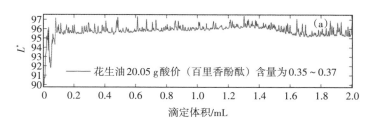

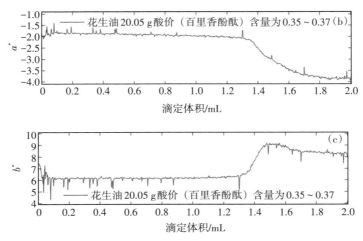

图5.27　花生油滴定过程中CIELAB色空间原始信号

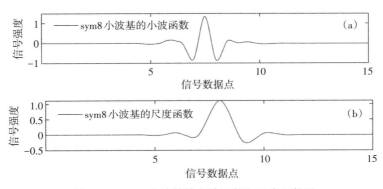

图5.28　sym8小波基的小波函数和尺度函数图

图5.29至图5.31中的（a）和（b）、（c）和（d）分别为采用二进制离散小波硬阈值法和全局软阈值法对原始CIELAB色空间信号进行消噪处理后的效果图。可以发现，硬阈值法去噪效果要明显优于全局软阈值法。这一现象可以通过以下几个方面来解释。首先，硬阈值法在去除噪声的同时能够保留信号的边缘信息。由于硬阈值法将小于阈值的系数置0，对于信号中的边缘信息，其小波系数通常具有较大的幅值，因此不易被置0。这样一来，在降噪的过程中，硬阈值法能够更好地保留信号的边缘信息，使得降噪后的信号更加清晰。其次，硬阈值法在去除噪声的同时能够保持信号的细节信息。由于硬阈值法对小于阈值的系数进行置0操作，因此对于信号中的细节信息，其小波系数通常具有较小的幅值，因此易被置0。这样一来，在降噪的过程中，硬阈值法能够更好地去除信号中的细节噪声，使得降噪后的信号更加干净。最后，全局软阈值

法与硬阈值法相比可能存在一些不足之处。全局软阈值法在去除噪声的同时可能会对信号中的细节信息造成一定程度的模糊。由于全局软阈值法对小于阈值的系数进行缩放操作，因此对于信号中的细节信息，其小波系数通常会发生一定程度的变化。这样一来，在降噪的过程中，全局软阈值法可能会导致信号中的细节信息模糊化，使得降噪后的信号不够清晰。

图5.29至图5.31中的（e）和（f）为采用平稳小波算法对原始CIELAB色空间信号进行消噪处理后的效果图。观察图发现，信号前端残差较大，这说明该算法将前端信号部分当作噪声处理了，这对CIELAB色空间信号是有影响的。因此，采用连续小波变换算法对中心区域反映缺陷信息的信号部分消噪效果显著，使得渐变特征突出。从图5.30中的（g）和（h）中可以看到，经过小波包阈值去噪后，信号变得整体都很光滑，缺陷信息得到增强。与连续小波变换消噪效果相比，小波包几乎在整个频带上都对含噪信号进行了更加精细的分解，使得易于与真正CIELAB色空间信号混在一起的中频干扰噪声也被抑制，消噪更加彻底，因此从消噪的残差图形上可以清楚地看到几乎处处都存在较大波动。平稳小波法和正交小波包法是两种更为复杂的信号处理方法。这两种方法都充分考虑了信号的局部特征，并且能够进行多层的分解和重构。这样一来，它们能够更好地保留信号中的有用信息，并且在去除噪声时也能够最大限度地减少信号质量的损失。正交小波包法相对于平稳小波法来说更加复杂。在分解和重构的过程中，它采用了更多的滤波器和基函数，因此能够更好地适应信号的复杂性和变化性。

综上，平稳小波法和正交小波包法与前两种方法相比，它们能够更好地保留信号本身的特征，在一定程度上可以减少对信号的影响。在这两种方法中，由于正交小波包法可以更好地适应信号的局部特征，并且在去除噪声的同时能够保留信号的重要特征，因此正交小波包法相对于平稳小波法具有更好的去噪效果。

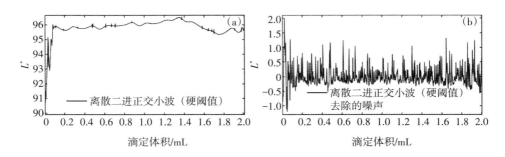

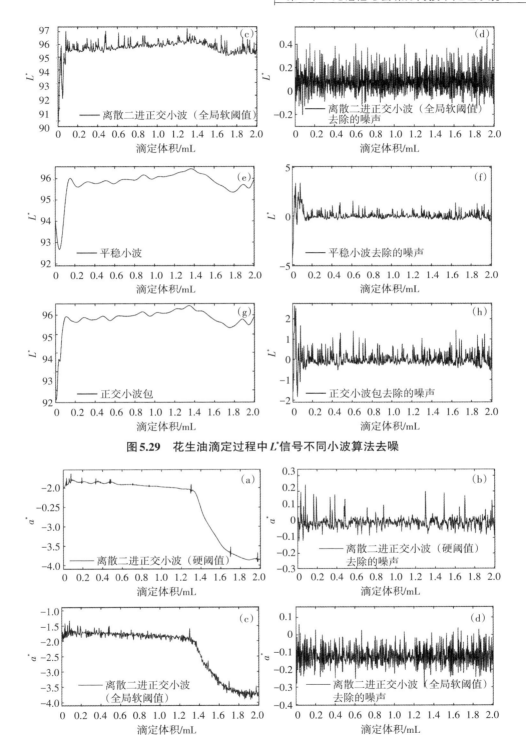

图5.29　花生油滴定过程中 L^* 信号不同小波算法去噪

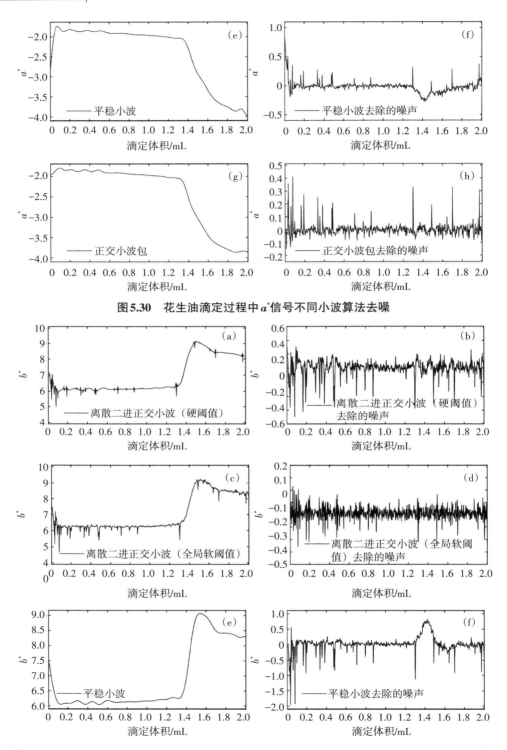

图5.30 花生油滴定过程中 a^* 信号不同小波算法去噪

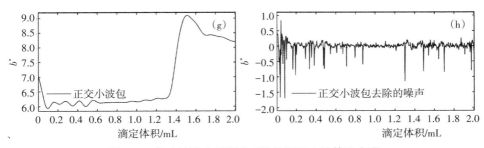

图 5.31　花生油滴定过程中 b^* 信号不同小波算法去噪

应用案例 5.13：化学滴定过程中石蕊指示剂的 CIELAB 色空间信号去噪。在化学滴定过程中，石蕊指示剂是一种常用的指示剂，能够指示滴定终点的到来。然而，在采集石蕊指示剂 CIELAB 色空间信号时，由于各种干扰因素的存在，往往会产生噪声（见图 5.32），影响信号的准确性和可靠性。本案例采用二进制离散小波硬阈值法、全局软阈值法、平稳小波法和正交小波包法来消除化学滴定过程中石蕊指示剂 CIELAB 色空间信号中的噪声。四种算法的参数设置与案例 5.12 中的参数设置完全相同。

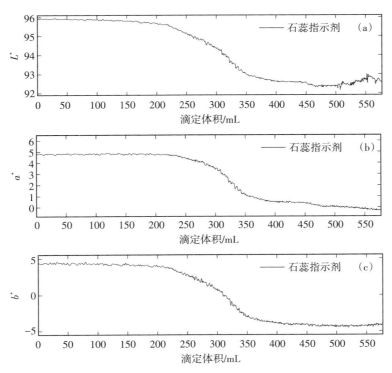

图 5.32　化学滴定过程中石蕊指示剂 CIELAB 色空间原始信号

　　二进制离散小波硬阈值法在小波分解的基础上，通过硬阈值将小于一定阈值的小波系数置0，从而达到去噪的效果。图5.33至图5.35的（a）和（b）的结果表明，在选择合适的小波基函数和阈值参数的情况下，该方法能够有效地去除石蕊指示剂CIELAB色空间信号中的噪声，提高信号的准确性和可靠性。全局软阈值法是另一种常用的去噪方法，其基本思想是在小波分解的基础上，对小波系数进行软阈值处理，将小于一定阈值的小波系数按照一定比例进行缩减，从而达到去噪的效果。然而由于全局软阈值法对所有小波系数都采用相同的阈值进行处理，因此在处理具有不同频率特征的信号时可能会存在一定的局限性。因此，如图5.33至图5.35的（c）和（d）所展示的那样，全局软阈值法对噪声的去除不彻底，去噪效果比硬阈值法差。

　　平稳小波法是一种基于平稳小波变换的去噪方法，它通过对平稳小波系数进行阈值处理来实现信号去噪。如图5.33至图5.35的（e）和（f）显示，该方法能够有效地抑制噪声，并能够更好地保留信号的细节信息。与前两种方法相比，平稳小波法能够更准确地捕捉信号的瞬态特征。但是平稳小波法存在一个缺点，即去噪的边缘效应显著，经常将两端信号部分当作噪声处理，导致误差较大。

　　正交小波包法是一种基于正交小波包变换的去噪方法，它通过对正交小波包系数进行阈值处理以实现信号去噪。如图5.33至图5.35的（g）和（h）显示，该方法能够有效地抑制噪声，并能够更好地保留信号的细节信息，其去噪效果明显高于其他三种方法。正交小波包法能够更好地适应信号的频率特征，并且在去噪过程中可以灵活调整阈值参数。然而，由于正交小波包变换计算复杂度较高，因此在实际应用中需要权衡计算效率和实时性等因素。

　　综合以上实验结果和分析可以发现，针对化学滴定过程中石蕊指示剂CIELAB色空间信号中存在噪声的问题，采用小波变换进行噪声消除是一种有效的方法。四种小波方法各有优劣，硬阈值法优于全局软阈值法，平稳小波法和正交小波包法又优于硬阈值法和软阈值法。正交小波包法是最有效的噪声消除方法，能够在提高信号的平滑性的同时保留细节。因此，根据实际需求和信号特点，选择合适的小波方法进行去噪操作是非常重要的。同时，也需要针对不同方法的缺陷进行优化和改进，从而进一步提高噪声去除的效果和信号的准确性。

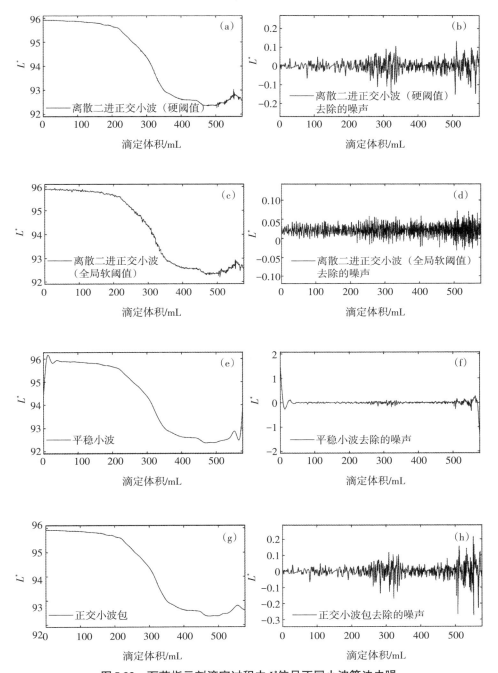

图 5.33　石蕊指示剂滴定过程中 L^* 信号不同小波算法去噪

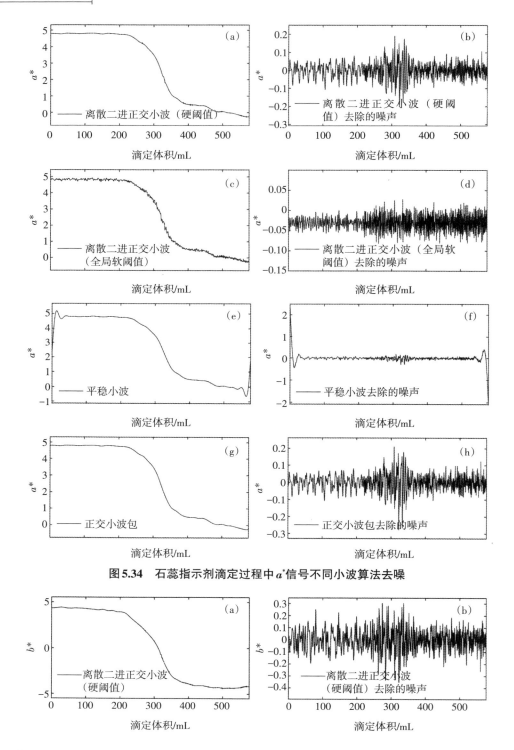

图5.34 石蕊指示剂滴定过程中a^*信号不同小波算法去噪

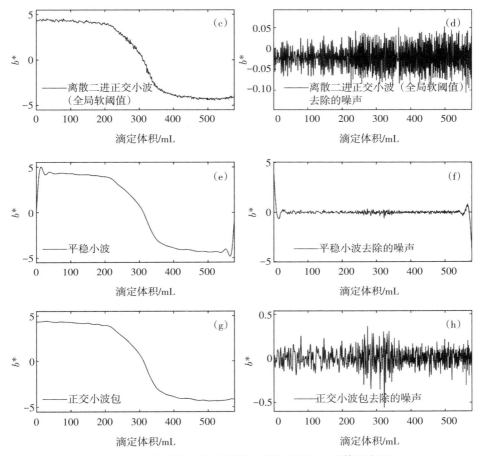

图5.35　石蕊指示剂滴定过程中b^*信号不同小波算法去噪

5.1.3　卡尔曼滤波（Kalman filter，KF）

卡尔曼滤波作为一种线性滤波器，根据LMMSE原则，通过融合过去的测量值和状态估计值，更新对系统状态的估计，获取比上一时刻可信度更高的状态估计值。因此，卡尔曼滤波可以实现对系统状态（一般为随机过程）进行估计，用于预测系统的状态、平滑系统的输出序列等。卡尔曼滤波是很多系统设计中不可或缺的一部分。例如，在导航、控制、机器人以及信号处理等领域，卡尔曼滤波算法都有广泛的应用。卡尔曼滤波适用的系统需要满足以下三个假设条件：

① 系统过程模型和测量模型都必须为线性。

② 系统状态模型比较准确，符合实际系统的行为。

③ 系统状态模型中的系统噪声和测量模型中的观测噪声都属于均值且方差已知的白噪声。

卡尔曼滤波的对象是随机信号。卡尔曼滤波用于估计出所有被处理的信号（包括有用和干扰信号）；系统的白噪声激励和测量噪声并不是需要滤除的对象，它们的统计特性是估计过程中需要利用的信息。卡尔曼滤波一般具备以下三个特点：

① 算法是递推或迭代的，估计过程中只需要考虑系统噪声和测量噪声及当前时刻系统状态的统计特性，无须保存所有历史的测量值，所需计算机计算资源少，适用于多维随机过程。

② 采用状态空间模型，包括系统状态方程模型和测量方程模型，可以利用系统状态变化规律来提高估计精度。

③ 在系统状态方程已知的情况下，状态信号的统计学信息是可以实时确定的，因此平稳和非平稳信号都可以处理。

5.1.3.1 状态空间模型

状态空间模型（state space model）（图 5.36）包括两个方程模型：一是系统状态方程模型，反映动态系统在输入变量作用下在某时刻所转移到的状态；二是测量方程模型，它将系统在某时刻的输出和系统的状态及输入变量联系起来。

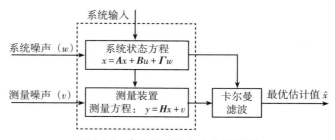

图 5.36　卡尔曼滤波状态空间模型

卡尔曼滤波的状态方程，利用线性随机差分方程，用上一个系统状态估计当前系统状态。该方程为

$$\boldsymbol{x}_k = A x_{k-1} + B u_{k-1} + \boldsymbol{\Gamma} w_{k-1} \tag{5.82}$$

式中，$k-1$，k ——上一时刻和当前时刻；

$x_k \in \mathbf{R}^{n \times 1}$——要估计的系统（全光谱滴定仪）的状态；

$A_k \in \mathbf{R}^{n \times n}$——上一状态到当前状态的转换矩阵；

$B_k \in \mathbf{R}^{n \times 1}$——系统参数，表示系统控制输入 $k-1$ 时刻到 k 时刻，系统
　　　　　　　输入转化为状态的转换矩阵；

$u_{k-1} \in \mathbf{R}^{1 \times 1}$——系统的控制输入；

$\boldsymbol{\Gamma}_k \in \mathbf{R}^{n \times n}$——噪声驱动矩阵；

$w_k \in \mathbf{R}^{n \times 1}$——系统白噪声。

使用时一般忽略 u_{k-1} 控制输入，得到

$$x_k = A_k x_{k-1} + \boldsymbol{\Gamma}_k w_{k-1} \tag{5.83}$$

当前状态的测量方程表示如下：

$$y_k = H_k x_k + v_k \tag{5.84}$$

式中，　y_k——系统测量方程的输出量（观测量），即全光谱滴定仪实际测量的
　　　　　信号；

$H_k \in \mathbf{R}^{m \times n}$——当前状态到测量的转换矩阵，表示将状态和观测连接起来的关
　　　　　　　系，是滤波的前提条件之一；

$v_k \in \mathbf{R}^{m \times 1}$——测量噪声，主要是任何测量仪器都会有一定的误差。

此外，系统白噪声 w_{k-1} 和测量白噪声 v_k 满足以下关系：

$$\begin{cases} E[w_k] = 0, & \mathrm{Cov}[w_k,\ w_j] = Q_k \delta_{kj} \\ E[v_k] = 0, & \mathrm{Cov}[v_k,\ v_j] = R_k \delta_{kj} \\ \mathrm{Cov}[w_k,\ v_j] = 0 \end{cases} \tag{5.85}$$

其中，Q_k 和 R_k 分别为 k 时刻的过程噪声和测量噪声的协方差矩阵，它们均为
非负定矩阵。该公式表明不同时刻的系统噪声、测量噪声不同分量之间以及它
们之间各分量间均是互不相关的（白噪声的性质）。

5.1.3.2　离散卡尔曼滤波推导

离散卡尔曼滤波采用递推滤波的形式，k 时刻状态的最佳估计计算如式
（5.86）所示：

$$\hat{x}_k^+ = \hat{x}_k^- + K_k(y_k - \hat{y}_k) \tag{5.86}$$

式中，　$\hat{x}_k^-$——在 k 时刻，根据状态方程（5.83）推算出来的 x_k 的估计值

$$\hat{x}_k^- = A_k \hat{x}_{k-1} + \boldsymbol{\Gamma}_k w_{k-1}；$$

$\hat{\boldsymbol{x}}_k^+$ —— k 时刻经过 $\boldsymbol{y}_k$ 修正过的 $\boldsymbol{x}_k$ 的估计值；

$\boldsymbol{K}_k$ —— k 时刻的待求解的卡尔曼增益矩阵；

$\hat{\boldsymbol{y}}_k = \boldsymbol{H}_k \hat{\boldsymbol{x}}_k^-$ —— 实际测量值减去无噪声测量值，即预测的测量值和实际测量值的残差。

根据 $\hat{\boldsymbol{x}}_k^-$ 和 $\hat{\boldsymbol{x}}_k^+$ 定义，k 时刻状态变量的先验和后验估计误差如下：

$$\left.\begin{array}{l} \boldsymbol{e}_k^- = \boldsymbol{x}_k - \hat{\boldsymbol{x}}_k^- \\ \boldsymbol{e}_k^+ = \boldsymbol{x}_k - \hat{\boldsymbol{x}}_k^+ \end{array}\right\} \tag{5.87}$$

对应的误差协方差矩阵为

$$\left.\begin{array}{l} \boldsymbol{P}_k^- = E\left[\boldsymbol{e}_k^-\left(\boldsymbol{e}_k^-\right)^{\mathrm{T}}\right] \\ \boldsymbol{P}_k^+ = E\left[\boldsymbol{e}_k^+\left(\boldsymbol{e}_k^+\right)^{\mathrm{T}}\right] \end{array}\right\} \tag{5.88}$$

k 时刻未经测量值修正的先验估计误差 $\boldsymbol{e}_k^-$ 的期望和协方差可以表示为

$$\left.\begin{array}{l} E\left[\boldsymbol{e}_k^-\right] = E\left[\boldsymbol{x}_k - \hat{\boldsymbol{x}}_k^-\right] = \boldsymbol{A}_k E\left[\hat{\boldsymbol{x}}_{k-1}^+\right] - \boldsymbol{\Gamma}_k E\left[\boldsymbol{w}_{k-1}\right] = \boldsymbol{A}_k E\left[\hat{\boldsymbol{x}}_{k-1}^+\right] \\ \boldsymbol{P}_k^- = \boldsymbol{A}_{k-1} \boldsymbol{P}_{k-1}^+ \boldsymbol{A}_{k-1}^{\mathrm{T}} + \boldsymbol{\Gamma}_{k-1} \boldsymbol{Q}_{k-1} \boldsymbol{\Gamma}_{k-1}^{\mathrm{T}} \end{array}\right\} \tag{5.89}$$

如果能够保证上一时刻 $k-1$ 经过公式（5.86）修正后的估计是无偏的，即 $E\left[\hat{\boldsymbol{x}}_{k-1}^+\right]$，那么 $E\left[\boldsymbol{e}_k^-\right] = 0$。

同样，k 时刻经过测量值修正的后验估计误差 $\boldsymbol{e}_k^-$ 的期望和协方差可以表示为

$$\left.\begin{array}{l} E\left[\boldsymbol{e}_k^+\right] = E\left[\boldsymbol{x}_k - \hat{\boldsymbol{x}}_k^+\right] = E\left[\boldsymbol{x}_k - \hat{\boldsymbol{x}}_k^- - \boldsymbol{K}_k\left(\boldsymbol{y}_k - \boldsymbol{H}_k \hat{\boldsymbol{x}}_k^-\right)\right] \\ \qquad = E\left[\boldsymbol{x}_k - \hat{\boldsymbol{x}}_k^- - \boldsymbol{K}_k\left(\boldsymbol{H}_k \boldsymbol{x}_k + \boldsymbol{v}_k - \boldsymbol{H}_k \hat{\boldsymbol{x}}_k^-\right)\right] \\ \qquad = E\left[\left(\boldsymbol{x}_k - \hat{\boldsymbol{x}}_k^-\right) - \boldsymbol{K}_k \boldsymbol{H}_k\left(\boldsymbol{x}_k - \hat{\boldsymbol{x}}_k^-\right) - \boldsymbol{K}_k \boldsymbol{v}_k\right] \\ \qquad = \left(\boldsymbol{I} - \boldsymbol{K}_k \boldsymbol{H}_k\right) E\left[\boldsymbol{e}_k^{-1}\right] - E\boldsymbol{K}_k\left[\boldsymbol{v}_k\right] = 0 \\ \boldsymbol{P}_k^+ = E\left[\boldsymbol{e}_k^+\left(\boldsymbol{e}_k^+\right)^{\mathrm{T}}\right] = E\left\{\left[\left(\boldsymbol{I} - \boldsymbol{K}_k \boldsymbol{H}_k\right)\boldsymbol{e}_k^{-1} - \boldsymbol{K}_k \boldsymbol{v}_k\right]\left[\left(\boldsymbol{I} - \boldsymbol{K}_k \boldsymbol{H}_k\right)\boldsymbol{e}_k^{-1} - \boldsymbol{K}_k \boldsymbol{v}_k\right]^{\mathrm{T}}\right\} \\ \qquad = E\left\{\left[\left(\boldsymbol{I} - \boldsymbol{K}_k \boldsymbol{H}_k\right)\boldsymbol{e}_k^{-1} - \boldsymbol{K}_k \boldsymbol{v}_k\right]\left[\left(\boldsymbol{I} - \boldsymbol{K}_k \boldsymbol{H}_k\right)\boldsymbol{e}_k^{-1} - \boldsymbol{K}_k \boldsymbol{v}_k\right]^{\mathrm{T}}\right\} \\ \qquad = \left(\boldsymbol{I} - \boldsymbol{K}_k \boldsymbol{H}_k\right) E\left[\boldsymbol{e}_k^-\left(\boldsymbol{e}_k^-\right)^{\mathrm{T}}\right]\left(\boldsymbol{I} - \boldsymbol{K}_k \boldsymbol{H}_k\right)^{\mathrm{T}} + \boldsymbol{K}_k E\left(\boldsymbol{v}_k \boldsymbol{v}_k^{\mathrm{T}}\right) \boldsymbol{K}_k^{\mathrm{T}} \\ \qquad = \left(\boldsymbol{I} - \boldsymbol{K}_k \boldsymbol{H}_k\right) \boldsymbol{P}_k^-\left(\boldsymbol{I} - \boldsymbol{K}_k \boldsymbol{H}_k\right)^{\mathrm{T}} + \boldsymbol{K}_k \boldsymbol{R}_k \boldsymbol{K}_k^{\mathrm{T}} \end{array}\right\} \tag{5.90}$$

其中，$\boldsymbol{I}$ 是单位矩阵。定义 k 时刻状态估计的方差和为 $\boldsymbol{P}_k^+$ 的对角线元素之和

（因为对角线是各状态分量的方差），即 $\boldsymbol{J}_k = \mathrm{tr}(\boldsymbol{P}_k^+)$。通过使后验状态估计最优来找到 $\boldsymbol{K}_k$，那么目标就是最小化后验状态估计的误差协方差矩阵值的迹。

将 $\boldsymbol{J}_k$ 对 $\boldsymbol{K}_k$ 求偏导并令其等于 0，有

$$-2(\boldsymbol{I} - \boldsymbol{K}_k \boldsymbol{H}_k)\boldsymbol{P}_k^- \boldsymbol{H}_k^{\mathrm{T}} + 2\boldsymbol{K}_k \boldsymbol{R}_k = 0 \tag{5.91}$$

则可以得到 $\boldsymbol{K}_k$ 的表达式：

$$\boldsymbol{K}_k = \boldsymbol{P}_k^- \boldsymbol{H}_k^{\mathrm{T}} (\boldsymbol{R}_k + \boldsymbol{H}_k \boldsymbol{P}_k^- \boldsymbol{H}_k^{\mathrm{T}})^{-1} \tag{5.92}$$

将方程（5.92）得到的卡尔曼增益矩阵 $\boldsymbol{K}_k$ 代入方程（5.90），得到协方差矩阵的更新公式为：

$$\boldsymbol{P}_k^+ = (\boldsymbol{I} - \boldsymbol{K}_k \boldsymbol{H}_k)\boldsymbol{P}_k^- \tag{5.93}$$

5.1.3.3　离散卡尔曼滤波方程总结

卡尔曼滤波主要有两个更新过程——时间更新和观测更新。其中，时间更新主要包括状态预测和协方差预测，主要是对系统状态的预测，而观测更新主要包括计算卡尔曼增益、状态更新和协方差更新。因此，整个递归滤波过程包括下面五个方面的计算。

（1）状态预测：$\hat{\boldsymbol{x}}_k^- = \boldsymbol{A}_k \hat{\boldsymbol{x}}_{k-1} + \boldsymbol{\Gamma}_k \boldsymbol{w}_{k-1}$。

（2）协方差预测：$\boldsymbol{P}_k^- = \boldsymbol{A}_{k-1} \boldsymbol{P}_{k-1}^+ \boldsymbol{A}_{k-1}^{\mathrm{T}} + \boldsymbol{\Gamma}_{k-1} \boldsymbol{Q}_{k-1} \boldsymbol{\Gamma}_{k-1}^{\mathrm{T}}$。

（3）卡尔曼增益更新：$\boldsymbol{K}_k = \boldsymbol{P}_k^- \boldsymbol{H}_k^{\mathrm{T}} (\boldsymbol{R}_k + \boldsymbol{H}_k \boldsymbol{P}_k^- \boldsymbol{H}_k^{\mathrm{T}})^{-1}$。

（4）状态更新：$\hat{\boldsymbol{x}}_k^+ = \hat{\boldsymbol{x}}_k^- + \boldsymbol{K}_k (\boldsymbol{y}_k - \boldsymbol{H}_k \hat{\boldsymbol{x}}_k^-)$。

（5）协方差更新：$\boldsymbol{P}_k^+ = (\boldsymbol{I} - \boldsymbol{K}_k \boldsymbol{H}_k)\boldsymbol{P}_k^-$。

对于全光谱滴定分析仪，测量信号 y 和系统状态变量 x 都是一维的，此时卡尔曼滤波器中的矩阵 $\boldsymbol{H}$ 和 $\boldsymbol{I}$ 可以看作 1。

5.1.3.4　卡尔曼滤波在光谱学中的应用案例

应用案例 5.14：花生油（百里香酚酞）滴定实验。本案例为花生油 20.05 g 酸价（百里香酚酞，含量为 0.35% ~ 0.37%）滴定实验，采用卡尔曼滤波对其滴定过程中的 CIELAB 色空间信号进行滤波处理。实验结果如图 5.37 所示，图中实线表示原始信号的观测值，虚线表示经过卡尔曼滤波处理后的数值。

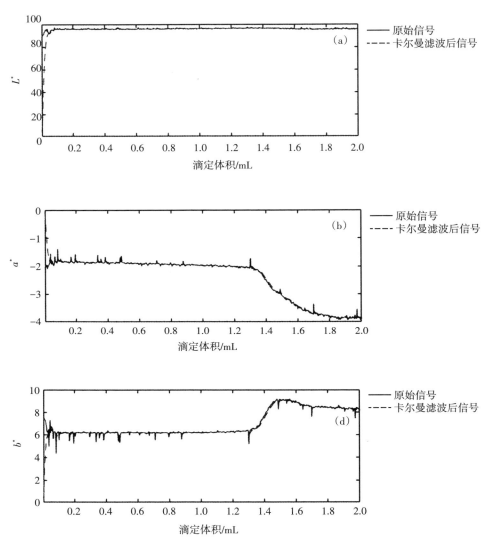

图5.37 花生油20.05 g酸价（百里香酚酞，含量为0.35～0.37）滴定过程CIELAB色空间信号卡尔曼滤波

应用案例5.15：磷酸样品400 mg添加5 mL滴定实验。本案例为磷酸样品400 mg添加5 mL滴定实验，采用卡尔曼滤波对其滴定过程中的CIELAB色空间信号进行滤波处理。实验结果如图5.38所示，图中实线表示原始信号的观测值，虚线表示经过卡尔曼滤波处理后的数值。

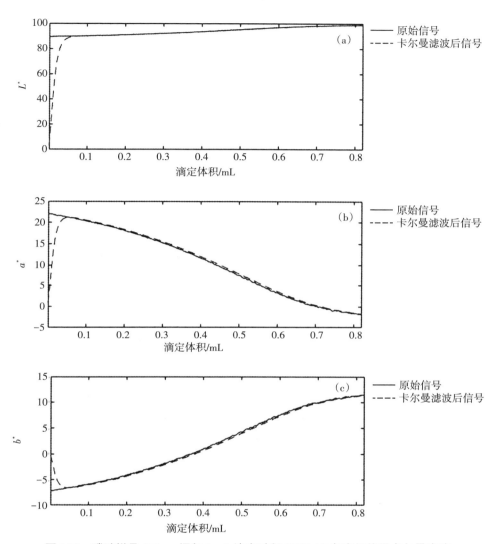

图5.38　磷酸样品400 mg添加5 mL滴定过程CIELAB色空间信号卡尔曼滤波

应用案例5.16：玉米原油2.55 g酚酞滴定实验。本案例为玉米原油2.55 g酚酞滴定滴定实验，采用卡尔曼滤波对其滴定过程中的CIELAB色空间信号进行滤波处理。实验结果如图5.39所示，图中实线表示原始信号的观测值，虚线表示经过卡尔曼滤波处理后的数值。

卡尔曼滤波算法的核心思想是利用系统的动力学模型和测量方程对信号进行估计和修正。对于本实验而言，我们可以将上面四个滴定实验中！空间三种信号（L^*，a^*或b^*）的变化看作一个动态过程，滴定实验中的每次观测值相当于测量过程。卡尔曼滤波通过不断地结合上一时刻的估计值和最新的观测值，来获得对当前信号的更准确的估计。这种动态的估计和修正过程使得滤波后的信号更能反映真实的信号。

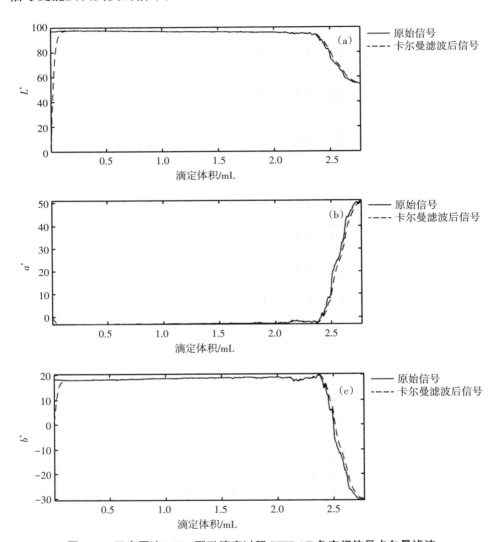

图5.39　玉米原油2.55 g酚酞滴定过程CIELAB色空间信号卡尔曼滤波

　　卡尔曼滤波算法的优势在于，它不仅能够削弱测量噪声对信号的影响，还能够通过模型预测对信号进行补偿。在传统的滤波算法中，如移动平均滤波等，只能通过对一段时间内的观测值进行平均来降低噪声的影响，但无法对信号进行预测和补偿。而卡尔曼滤波则能够利用系统的动力学模型对信号进行预测，从而更好地减小噪声的影响。在4个案例中，卡尔曼滤波对原始观测值进行了处理，使得滤波后的信号更加平滑和准确。总之，本实验采用卡尔曼滤波算法对滴定过程中信号的观测值进行滤波处理，通过动态的估计和修正过程，提高了测量结果的准确性和稳定性。

5.1.4　Whittaker平滑器及基线校正

5.1.4.1　Whittaker smoother算法原理

Whittaker smoother（WS）算法是一种基于平滑技术的数据处理方法，早在1923年就被提出，但直到2003年Eilers重新对其详细介绍后，它的许多优点才重新被认识。首先，它能够对数据进行平滑处理，去除数据中的噪声和异常值，从而提高数据的可靠性和精度。该算法采用了一种基于惩罚最小二乘的平滑技术，能在保持数据趋势的同时去除噪声。其次，它具有较高的灵活性和适应性，适用于多种类型的数据。最后，它采用了迭代求解策略，具有较高的计算效率和稳定性，能在保证平滑效果的同时降低计算复杂度，且有效地避免过拟合和欠拟合等问题。

1）WS目标函数

WS算法的优化目标函数主要由保真度和粗糙度两项构成，其中粗糙度采用简单有效的微分来表示。下面详细介绍其优化目标函数。

对于两个序列，长度为m，等间距的噪声序列为y，通过WS得到的平滑序列为z。对于这两个序列，有以下要求：① 对原始数据的保真度，即数据的不匹配度，通常用函数$S = \sum_i (y_i - z_i)^2$表示。② 序列z的粗糙度，可以用不同的方式来表示，这里用z的一阶微分来表示$\Delta z_i = z_i - z_{i-1}$，$z$的粗糙度，记为$R = \sum_i (\Delta z_i)^2$。③ 平衡两个相互冲突的目标，最终目标函数记为正则化参数。惩罚最小二乘的思想是找出使Q最小的一个z序列。为了避免大量烦琐的代数运算，这里引入矩阵和向量，目标函数表示为$Q = |y - z|^2 + \lambda |D_d z|^2$，其中$y$和$z$为列向量，$D_d$为$m-1 \times m$的1阶微分矩阵（用户也可以选其他整数阶阶次）。

对目标函数求导，令其等于0，可得序列z的表达式：

$$z = \left(E + \lambda D_d^{\top} D_d \right)^{-1} y \tag{5.94}$$

其中，E为单位阵。

2）WS算法交叉验证

交叉验证的基本思想是：在给定的建模样本中，拿出大部分样本进行建模型，留小部分样本用刚建立的模型进行预测，并求这小部分样本的预测误差，记录它们的平方加和。WS算法的一个优点就是可以快速进行留一交叉验证。

令 $S_\lambda = \left(E + \lambda D_d^{\mathrm{T}} D_d\right)^{-1}$，则 $z = \left(E + \lambda D_d^{\mathrm{T}} D_d\right)^{-1} y = S_\lambda y$，此外 S_λ 满足 $S_\lambda I = I$（I 是 n 维的单位列向量）。

定义 $\hat{f}_\lambda^{-i}(x_i)$ 为缺少第 i 个点时的预测值，在定义 $\hat{f}_\lambda^{-i}(x_i)$ 时，通过把第 i 个观测值的权重置为 0，增加其他点的权重并使它们之和为 1，实现 $\hat{f}_\lambda^{-i}(x_i)$ 的计算。定义 $\hat{f}_\lambda^{-i}(x_i)$ 的操作可以用一个简单的式子来实现：

$$\hat{f}_\lambda^{-i}(x_i) = \sum_{j=1,\, j \neq i}^{n} \frac{S_{ij}(\lambda)}{1 - S_{ii}(\lambda)} y_j \tag{5.95}$$

可以将式（5.95）进行简单的变形（将分母这一常数提出来），可得

$$\hat{f}_\lambda^{-i}(x_i) = \sum_{j=1,\, j \neq i}^{n} S_{ij}(\lambda) y_j + S_{ii}(\lambda) \hat{f}_\lambda^{-i}(x_i) \tag{5.96}$$

其中，y_i 和 z_i 分别为序列 y 和 z 的第 i 个点，$S_{ii}(\lambda)$ 为平滑矩阵（对应惩罚系数为 λ 的平滑矩阵）第 i 行第 i 列对应的元素。

公式（5.95）说明添加的新点 $\left(x_i, \hat{f}_\lambda^{-i}(x_i)\right)$ 并不会影响平滑结果，即平滑矩阵并不会发生改变。同时，还可以利用式（5.96）构造与交叉验证误差相关的式子。可以进行简单的改造，在式（5.96）的右边加一项 $S_{ii} y_i$，同时再减去它，过程如下：

$$\left(1 - S_{ii}(\lambda)\right) \hat{f}_\lambda^{-i}(x_i) = \hat{f}_\lambda^{-i}(x_i) - S_{ii}(\lambda) y_i \tag{5.97}$$

再将式（5.97）两边加 y_i，进行整理，可得到一个运算极为方便的表达式：

$$y_i - \hat{f}_\lambda^{-i}(x_i) = \frac{y_i - \hat{f}_\lambda(x_i)}{1 - S_{ii}(\lambda)} \tag{5.98}$$

由公式（5.98），留一交叉验证误差 S_{cv}，可表示为

$$S_{cv} = \sqrt{\frac{1}{n}\left(\sum_{i=1}^{n}\left(\frac{y_i - \hat{f}_\lambda(x_i)}{1 - S_{ii}(\lambda)}\right)^2\right)}$$

S_{cv} 也可表示为

$$S_{cv} = \sqrt{\frac{1}{n}\left(\frac{\boldsymbol{y} - \hat{\boldsymbol{y}}}{1 - \boldsymbol{g}}\right)^{\mathrm{T}}\left(\frac{\boldsymbol{y} - \hat{\boldsymbol{y}}}{1 - \boldsymbol{g}}\right)} \tag{5.99}$$

式中，g 为平滑矩阵 S_λ 对角线上元素构成的对角矩阵。

3）应用案例

应用案例5.17：铁矿石（全铁含量）全光谱滴定实验。

在铁矿石（全铁含量）滴定过程中，L^*、a^*、b^*、C_{ab}^*、h_{ab} 和 ΔE 的原始信号均含有噪声（见图5.40和图5.41的第一行子图），这为后续数据分析和处理带来了很大的困难。为了解决这一问题，我们采用了 1～4 阶 Whittaker 平滑器对这些信号进行去噪。不同阶数的 Whittaker 平滑器对信号的平滑效果有所差异。1阶 Whittaker 平滑器可以有效地去除高频噪声，但对信号的变化较为敏感，可能会导致信号的过度平滑。2阶 Whittaker 平滑器在一阶的基础上进一步增加了平滑程度，可以更好地去除高频噪声，并保留信号的整体趋势。3阶和4阶 Whittaker 平滑器容易产生过度拟合，不仅模拟了信号本身，也模拟了噪声，从而无法有效消除高频噪声。通过上面不同阶数 Whittaker 平滑器的去噪效果分析，可以发现低阶数会过度平滑，高阶数平滑效果较小，需要选择合适的阶数。对于铁矿石滴定实验，2阶效果较好。

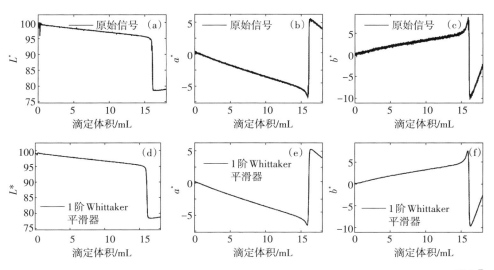

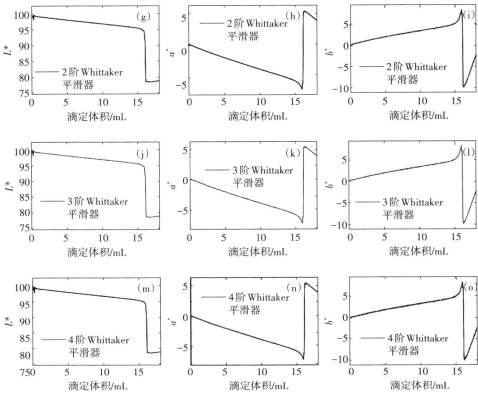

图5.40 铁矿石（全铁含量）滴定过程中L^*，a^*和b^*信号经过

1～4阶Whittaker平滑器滤波效果图

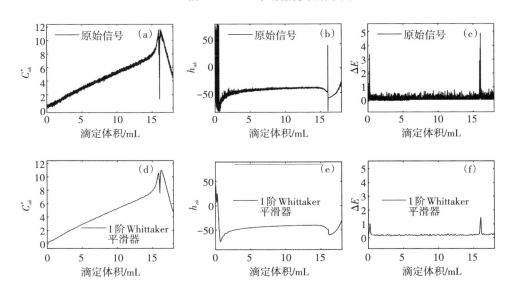

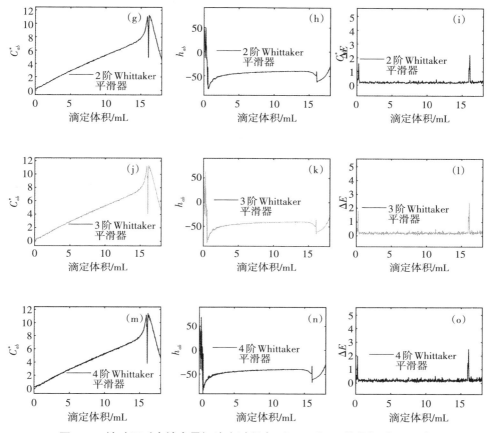

图 5.41　铁矿石（全铁含量）滴定过程中 C_{ab}^*，h_{ab} 和 ΔE 信号经过 1～4 阶 Whittaker 平滑器滤波效果图

应用案例 5.18：一级玉米油（酸价）全光谱滴定实验。

在一级玉米油（酸价）滴定过程中，我们发现在对 L^*，a^*，b^*，C_{ab}^*，h_{ab} 和 ΔE 六个信号进行滤波处理时，它们的噪声特点大致相同，它们的噪声主要表现为高频噪声，即信号中存在高频振荡的现象。基于此，我们发现 2 阶 Whittaker 平滑器滤波效果最好。经过滤波处理后，六个信号的噪声得到了有效的去除，信号变得更加平滑和稳定。同时，实验结果也得到了更加准确的反映（见图 5.42、图 5.43）。

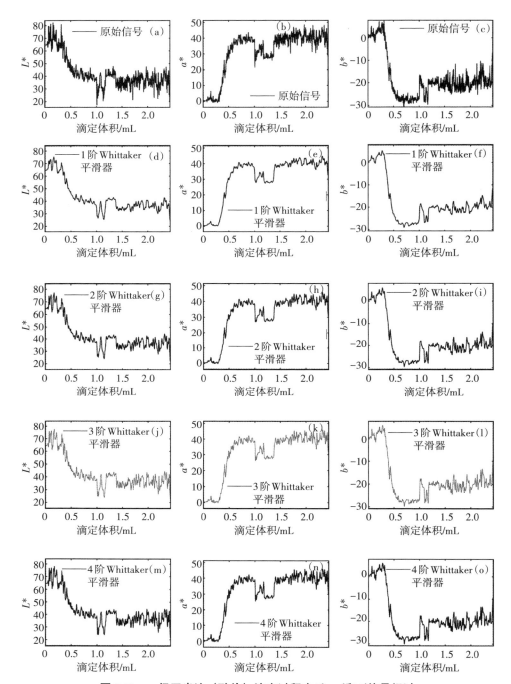

图 5.42　一级玉米油（酸价）滴定过程中 L^*，a^* 和 b^* 信号经过

$1\sim4$ 阶 Whittaker 平滑器滤波效果图

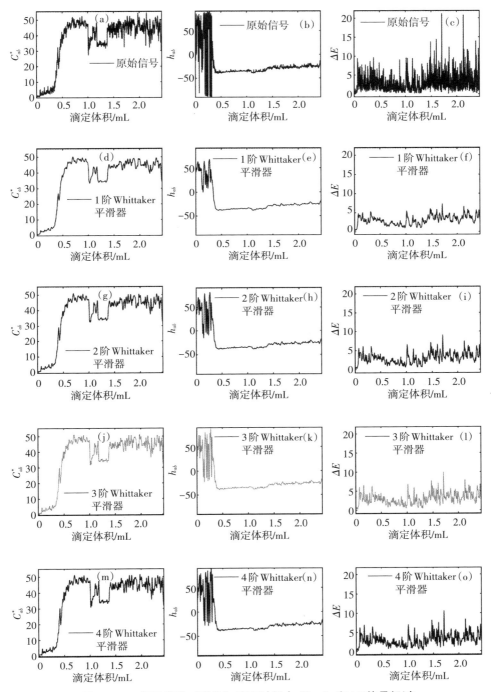

图 5.43 一级玉米油（酸价）滴定过程中 C_{ab}^*，h_{ab} 和 ΔE 信号经过

1 ~ 4 阶 Whittaker 平滑器滤波效果图

应用案例5.19：压榨花生油全光谱滴定实验。

压榨花生油滴定过程中六种不同信号的滤波结果显示在图5.44和图5.45中。经过对比分析我们发现，采用不同阶数的Whittaker平滑器滤波方法对于不同的信号具有不同的效果。对于L^*的去噪处理，采用1阶Whittaker平滑器滤波方法可以有效地去除噪声，同时保留了信号的主要特征；而对于a^*，b^*，C_{ab}^*，h_{ab}和ΔE信号的去噪处理，则需要采用2阶Whittaker平滑器滤波方法，才能在去除噪声的同时保留信号的细节信息。

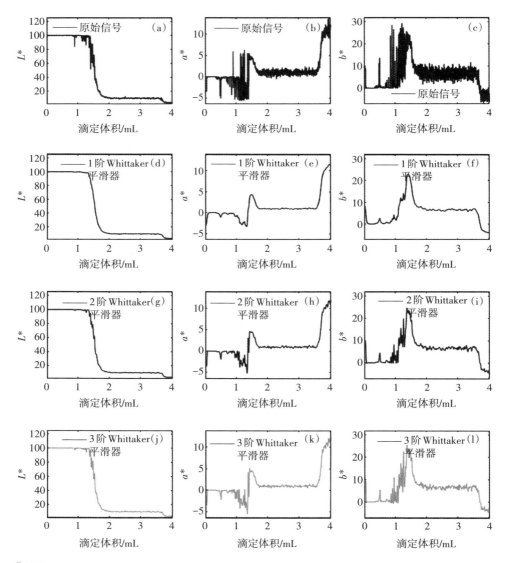

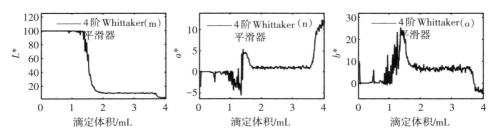

图 5.44　压榨花生油滴定过程中 L^*，a^* 和 b^* 信号经过 1～4 阶 Whittaker 平滑器滤波效果图

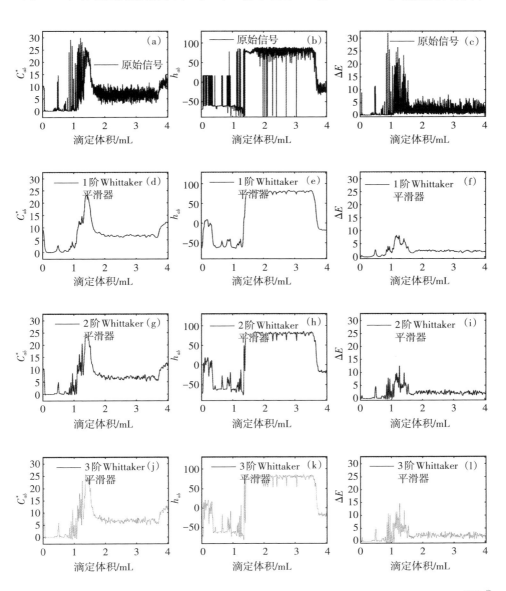

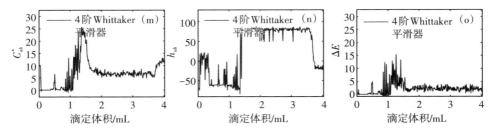

图 5.45 压榨花生油滴定过程中 C_{ab}^*，h_{ab} 和 ΔE 信号经过 $1 \sim 4$ 阶 **Whittaker** 平滑器滤波效果图

5.1.4.2 基线校正算法

测得的化学信号（光谱）大多存在基线漂移，不利于信号分析和后续处理。因此，需要进行基线校正，即处理存在基线的信号。基线校正的理论假设是当没有有效信号时，检测器获取的信号值应为 0，但实际上仪器硬件运行会带来检测器响应，如电子漂移、暗电流和读出噪声，这些会导致实际获取的光谱与理论光谱产生差异。现有流行的基线校正算法多数基于 WS 平滑算法，但其整数阶微分对拟合基线的约束能力有限。针对这一问题，提出了一种基于分数阶微分的基线校正算法，实现对整数阶基线校正的扩展。这些基线校正方法都可以看作一种平滑（去噪）手段，利用平滑手段得到一个信号的大体趋势。

1）非对称最小二乘基线校正算法

下面主要介绍非对称最小二乘（asymmetric least squares，AsLS）算法原理。AsLS 和 WS 都可以看作惩罚最小二乘（penalized least squares）的扩展，通过优化目标函数获得平滑拟合曲线。与 WS 算法不同，AsLS 通过构造一个非对称损失函数来处理数据中的正向偏差，其目标函数是最小化残差平方和加上非对称惩罚项。

$$Q = \boldsymbol{W}S + \lambda R = \boldsymbol{W}\left|\boldsymbol{y} - \boldsymbol{z}\right|^2 + \lambda\left|\boldsymbol{D}_d \boldsymbol{z}\right|^2 = \sum_i w_i\left(y_i - z_i\right)^2 + \lambda\sum_i\left(\Delta^2 z_i\right)^2 \tag{5.100}$$

求偏导，令其等于零，可得目标函数 Q 最小时的最优序列 z，即

$$z = \left(\boldsymbol{W} + \lambda \boldsymbol{D}_d^{\mathrm{T}} \boldsymbol{D}_d\right)^{-1} \boldsymbol{W} \boldsymbol{y} \tag{5.101}$$

其中，$\boldsymbol{W}$ 为非对称权重对角矩阵。

$$W_i = \begin{cases} p & (y_i > z_i) \\ 1 - p & (y_i \leqslant z_i) \end{cases} \tag{5.102}$$

式中，权重系数 W_i 根据非对称的方式选择，初始权重都为 1。一般 p 取值范围为 $0.001 \sim 0.1$。λ 取值范围为 $10^2 \sim 10^9$，固定迭代次数，W 一般迭代 10 次。由于使用固定的非对称惩罚参数，不会根据数据的特性进行动态调整。

AsLS 也可以看作平滑算法，通过对含有峰的光谱信号进行平滑，得到一条光滑的不含有峰的曲线作为基线，这种基线校正方法不需要任何先验信息，只需要通过调节反对称权重和正则化系数就能得到一条适合的基线。

2）其他基于非对称最小二乘的基线校正算法

自适应迭代重加权惩罚最小二乘法（adaptive iterative reweighted penalized least squares，airPLS）使用重加权惩罚项来平衡数据中的噪声和信号，通过给误差较大的样本赋予较小的权重，迭代地估计参数和权重，同时减少正向和负向偏差的影响。

airPLS 需要设置惩罚参数和权重参数，其权重系数 W_i 的选择方式为

$$w_i^t = \begin{cases} 0 & (x_i \geq z_i^{t-1}) \\ e^{\frac{t(x_i - z_i^{t-1})}{|d^t|}} & (x_i < z_i^{t-1}) \end{cases} \tag{5.103}$$

其中，t 为迭代次数，d^t 为第 t 次迭代中 y 与 z 残差为负值所组成的元素，设定阈值确定迭代次数。由于需要迭代优化权重，计算复杂度较高。

非对称加权惩罚最小二乘平法（asymmetrically reweighted penalized least squares smoothing，arPLS）的核心思想是通过将平滑性参数与基线的非平滑行为的惩罚相结合，对基线进行校正。具体而言，该方法使用最小二乘平滑技术对基线进行平滑处理，并引入非对称加权惩罚项来约束基线的非平滑行为。这样可以在保持基线平滑性的同时，更好地适应基线中的非平滑特征。

arPLS 通过迭代估计噪声水平并相应调整权重，其权重系数 W_i 的选择方式为基于广义逻辑函数：

$$w_i = \begin{cases} \dfrac{1}{1 + e^{2(d_i - (-m + 2s))/s}} & (y_i > z_i) \\ 1 & (y_i \leq z_i) \end{cases} \tag{5.104}$$

其中，m 为数据长度，$d = y - z$；s 为负残差的标准偏差。在基线校正和峰高度估计方面，arPLS 方法要优于 airPLS。

姜安等通过引入拟合残差的一阶导数作为新的惩罚项，设计了一种改进的非对称最小二乘法（improved asymmetric least squares，IASLS）。该方法使用直方图估计背景设定阈值，加快迭代速度。由于加入了真实光谱和拟合基线残差的一阶微分作为新的惩罚项，他们认为拟合出的基线不仅与原始数据之间的误差很小，而且还要求它们的一阶导数很接近。这使得对拟合基线的约束性更强，适应不同的光谱。

$$Q = W|y - z|^2 + \lambda|D_d z|^2 + \lambda_1|D_1(y - z)|^2 \tag{5.105}$$

重加权惩罚最小二乘法（doubly reweighted penalized least squares，drPLS）采用重加权，使各点的约束力度不同，实现更好的平滑，其目标函数如下：

$$Q = W|y - z|^2 + \lambda(I_N - \eta W)|D_2 z|^2 + |D_1 z|^2 \tag{5.106}$$

其中，$\eta \in [0，1]$，用户可调，W 可采用不同的策略赋值。

3）其他基线校正算法

除了基于非对称最小二乘的基线校正算法外，自动阈值迭代多项式拟合也是一种应用广泛的基线校正方法。该方法认为，原始谱图可以被分解为真实信号、基线漂移和随机噪声三部分。基线漂移主要是低频部分，可以用低阶多项式逼近。首先使用低阶多项式对原始谱进行初步拟合，得到基线轮廓。其次，从原始谱中减去上一步的基线轮廓，得到初步残差谱。对残差谱进行阈值处理，将绝对值大于预设阈值的点置为 NaN。最后，在滤波后的残差谱上，再次用低阶多项式进行拟合，得到新的基线轮廓。重复上述步骤，每次迭代时调整阈值大小，直到满足收敛条件。随着迭代的进行，基线漂移的影响被逐步滤除，残差谱中真实信号的比例逐渐增加。最终得到的多项式拟合就是校正后的基线，有效消除基线漂移的影响，保留原始谱图中的有用信息。

作为一种经典的数据拟合方法，多项式拟合构建目标函数来表示拟合多项式与数据之间的误差。常见的目标函数是最小二乘法中的残差平方和，寻找多项式系数使得目标函数最小化，得到最小化目标函数对应的多项式作为对真实关系的最佳逼近。

对一系列变量 x_1，x_2，x_3，$\cdots$，x_m 的 n 阶多项式拟合的矩阵形式如下：

$$y = Xa$$

$$
\begin{bmatrix}
y(x_2) \\
y(x_1) \\
\vdots \\
y(x_m)
\end{bmatrix}
=
\begin{bmatrix}
1 & x_1 & \cdots & x_1^n \\
1 & x_2 & \cdots & x_2^n \\
\vdots & \vdots & \vdots & \vdots \\
1 & x_m & \cdots & x_m^n
\end{bmatrix}
\begin{bmatrix}
a_0 \\
a_1 \\
\vdots \\
a_n
\end{bmatrix}
\tag{5.107}
$$

根据最小二乘准则，系数向量 $a = [a_0,\ a_1,\ a_2,\ \cdots,\ a_n]^{\mathrm{T}}$ 为 $a = (X^{\mathrm{T}}X)^{-1}X^{\mathrm{T}}y$；相应的拟合信号 $\hat{y}$ 表示为 $\hat{y} = X(X^{\mathrm{T}}X)^{-1}X^{\mathrm{T}}y$。

为了达到削峰的目的，将第一次拟合基线与原始数据比较，若 $y_{k-1}(i) > \hat{y}_k(i)$，则 $y_{k-1}(i) = \hat{y}_k(i)$（其中，$i$ 代表整个序列里的第 i 个点，k 代表迭代次数）。将所得的新的序列 y_k 再进行多项式拟合，直到满足条件 $\rho = \dfrac{\| y_{kk} - y_{k-1} \|}{y_{k-1}} < 0.001$，停止循环。由于数据基线的类型是多种多样的，多项式拟合需要预先设定基线类型（多项式的最高次幂）。

4）应用案例

应用案例5.20：酚酞慢速和快速滴定对比实验。本案例展示酚酞慢速和快速滴定过程中（每次添加 5 mL 的酚酞滴定液）CIELAB 色空间中的 L^*，a^*，b^* 和 h_{ab} 信号曲线变化。通过图5.46可以发现，L^*，a^* 和 b^* 在不同滴定速度下，信号曲线有明显的差异。此外，在快速滴定实验中，L^*，a^* 和 b^* 曲线中含有的噪声更加显著。在图5.47中，h_{ab} 曲线在不同滴定速度下的差异更加显著，尤其是在快速滴定条件下，在突变峰（~5000 mL）之前，产生了很多的振荡干扰信号。这一现象主要可以归因于以下两点：①化学滴定过程中的化学反应速度是固定的，化学反应速度滞后于滴定速度。②滴定速度过快会导致全光谱滴定仪产生的机械振动使穿过光路的光束形状和入射角发生变化，导致背景读数变化。

为了消除这些基线，尝试使用五种经典的基线校正方法（AsLS，airPLS，arPLS，jasls 和 drPLS）对快速滴定实验中的 h_{ab} 原始信号进行处理，得到的结果图分别展示在图5.48的（b）至（f）中。通过对比实验结果，可以发现 drPLS 的效果较好，它不仅能保留真实的突变峰（~5000 mL），还可以消除之前很多伪峰，但是仍然存在一些残留的振荡。可以将基线校正和其他滤波方法结合来进一步提取真实信号。

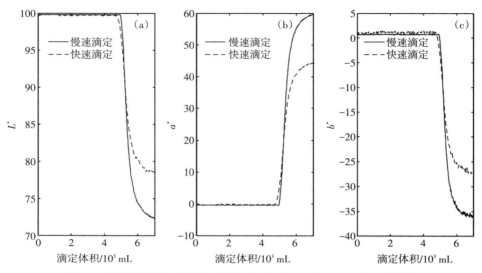

图 5.46　酚酞慢速和快速滴定过程中 L^*，a^*和 b^*信号曲线变化对比图

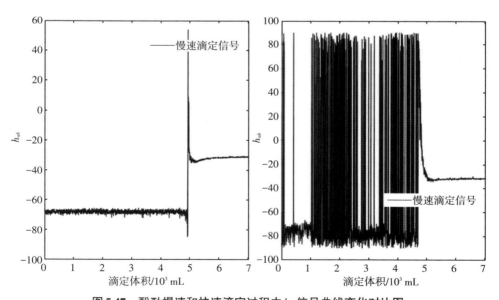

图 5.47　酚酞慢速和快速滴定过程中 h_{ab}信号曲线变化对比图

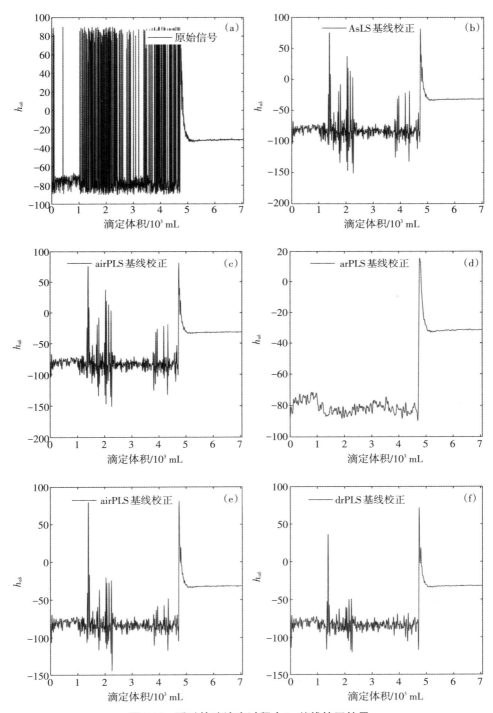

图5.48　酚酞快速滴定过程中h_{ab}基线校正结果

5.1.4.3 分数阶微分Whittaker平滑器及基线校正

1）分数阶微分相关理论

分数阶微分是介于整数阶导数之间的微分运算，可以看作非整数阶导数。分数阶微积分狭义上主要包括分数阶微分与分数阶积分，广义上同时包括分数阶差分与分数阶和商。分数阶微分有多种定义方式，常用的有黎曼–刘维尔（Riemann-Liouville，RL）分数阶微分、格林瓦德–列特尼科夫（Grünwald-Letnikov，GL）分数阶微分和卡普托（Caputo）分数阶微分等，本节主要用到前两种定义。

（1）GL分数阶微分。GL分数阶微分定义是通过高阶微分推广得到的。可微函数的n阶微分定义如下：

$$f^{(n)} = \lim_{h \to 0} \frac{1}{h^n} \sum_{m=0}^{\infty} (-1)^m \binom{n}{m} f(t - mh) \ (n \in N) \tag{5.108}$$

上式是任意整数阶n的微分表达式，将其推广到任意阶（包含分数阶），则有

$$^{GL}D^\alpha f(t) = \lim_{h \to 0} \frac{1}{h^\alpha} \sum_{m=0}^{\infty} (-1)^m \binom{n}{m} f(t - mh) \ (\alpha > 0) \tag{5.109}$$

代入伽马函数 $\Gamma(z) = \int_0^\infty e^{-u} u^{z-1} du = (z-1)!$ 得

$$^{GL}D^\alpha f(t) = \lim_{h \to 0} \frac{1}{h^\alpha} \sum_{m=0}^{\frac{t-a}{h}} (-1)^m \frac{\Gamma(\alpha + 1)}{\Gamma(m+1)\Gamma(\alpha - m + 1)} f(t - mh) \ (\alpha > 0) \tag{5.110}$$

可简化为

$$^{GL}D^\alpha f(t) = \lim_{h \to 0} \frac{1}{h^\alpha} \sum_{m=0}^{t-a} (-1)^m \frac{\Gamma(\alpha + 1)}{m!\,\Gamma(\alpha - m + 1)} f(t - mh) \ (\alpha > 0) \tag{5.111}$$

式中，α——阶数；

h——微分步长；

t，a——微分上、下限。

设一元函数$f(x)$的定义域为$x \in [a, t]$，$h = 1$，$f(x)$分数阶微分表达式如下：

$$^{GL}D^\alpha f(x) \approx (-1)^0 f(x) + (-1)^1 \frac{\Gamma(\alpha + 1)}{1!\,\Gamma(\alpha - 1 + 1)} f(x - 1) + \cdots +$$
$$(-1)^n \frac{\Gamma(\alpha + 1)}{n!\,\Gamma(\alpha - n + 1)} f(x - n) \tag{5.112}$$

将式（5.112）进一步简化为

$$^{GL}D^{\alpha}f(x) \approx f(x) + (-\alpha)f(x-1) + \cdots + \frac{\Gamma(-\alpha+n+1)}{n!\Gamma(-\alpha+1)}f(x-n) \quad (5.113)$$

$\Gamma(\alpha+1)$ 可以分解为

$$\begin{aligned} \Gamma(\alpha+1) &= \alpha(\alpha-1)\cdots(\alpha-n+1)\Gamma(\alpha-n+1) \\ &= (-\alpha)(-\alpha+1)\cdots(-\alpha+n-1)\Gamma(\alpha-n+1) \end{aligned} \quad (5.114)$$

因此，公式（5.112）中的各项系数（除去第一项）可表示为

$$d_{n+1} = \frac{\Gamma(-\alpha+n+1)}{n!\Gamma(-\alpha+1)} = \frac{(-\alpha)(-\alpha+1)\cdots(-\alpha+n-1)}{n!} = \frac{\sum_{i=0}^{n-1}(-\alpha+i)}{n!} \quad (5.115)$$

当前点记为 x，x 的系数为 $n=0$，即 d_1；x 前一个点即 $x-1$ 的系数为 $n=1$，即 d_2；同理，$f(x-n)$ 为当前点向前 n 个点所对应的函数值，其系数为 d_{n+1}。换一种说法，记当前点为 x，记为第一个数，前一个点记为第二个数，前 n 个点记为第 $n+1$ 个数。该点系数为该点对应的个数。同样，将微分差值运算构造成矩阵的形式，记为 $\boldsymbol{D}_{\alpha}$。

$$\boldsymbol{D}_{\alpha} = \begin{bmatrix} d_1 & 0 & \cdots & 0 & \cdots & \cdots & 0 \\ d_2 & d_1 & 0 & \cdots & \cdots & \cdots & 0 \\ d_3 & \cdots & \cdots & \cdots & \cdots & \cdots & \cdots \\ \vdots & \cdots & d_2 & d_1 & 0 & 0 & 0 \\ d_k & & & & & & \\ \vdots & \cdots & \cdots & \cdots & d_2 & d_1 & 0 \\ d_{n+1} & \cdots & d_k & \cdots & d_3 & d_2 & d_1 \end{bmatrix} \quad (5.116)$$

当 n 较大时，d_n 基本可以忽略不计，同时，为了加快计算速度，节省存储空间，设置一个长度 k（可理解为记忆长度），将 k 以后的 d_n 全部置为 0。矩阵结构如下：

$$\boldsymbol{D}_{\alpha} = \begin{bmatrix} d_1 & 0 & \cdots & 0 & \cdots & \cdots & 0 \\ d_2 & d_1 & 0 & \cdots & \cdots & \cdots & \cdots \\ \cdots & \cdots & \cdots & \cdots & \cdots & \cdots & \cdots \\ d_k & \cdots & d_2 & d_1 & 0 & \cdots & 0 \\ 0 & \cdots & \cdots & \cdots & \cdots & \cdots & \cdots \\ \cdots & \cdots & d_k & \cdots & d_2 & d_1 & 0 \\ 0 & \cdots & 0 & d_k & \cdots & d_2 & d_1 \end{bmatrix} \quad (5.117)$$

（2）RL 分数阶微分。根据 Kilicman 给出根据 Riemann-Liouvile 定义的积分

运算矩阵，有

$$\left(I^{\alpha}f\right)(t) = \frac{1}{\Gamma(\alpha)}\int_0^t (t-t_1)^{\alpha-1}f(t_1)\mathrm{d}t_1 = \frac{1}{\Gamma(\alpha)}t^{\alpha-1}*f(t) \quad (0 \leqslant t < b) \tag{5.118}$$

其中，$\Gamma(\alpha)$ 为伽马函数。

可将连续函数 $f(t)$ 在方块脉冲函数下分解：

$$f(t) \simeq \xi^{\mathrm{T}}\Phi_m(t) \tag{5.119}$$

其中，$\xi^{\mathrm{T}} = [f_1, \ f_2, \ \cdots, \ f_m]$，$\Phi_m(t) = [\Psi_1(t), \ \Psi_2(t), \ \cdots, \ \Psi_m(t)]$。

$$\Psi_i(t) = \begin{cases} 1, & \dfrac{i-1}{m}b \leqslant t < \dfrac{i}{m}b \quad (i = 1, \ 2, \ \cdots, \ m) \\ 0, & \text{elsewhere} \end{cases}$$

根据式（5.119），式（5.118）可改写为

$$\left(I^{\alpha}f\right)(t) = \frac{1}{\Gamma(a)}t^{\alpha-1}*f(t) \simeq \xi^{\mathrm{T}}\frac{1}{\Gamma(a)}\{t^{\alpha-1}*\Phi_m(t)\} \simeq \xi^{\mathrm{T}}F_{\alpha}\Phi_m(t) \tag{5.120}$$

其中，F_{α} 为 α 阶积分矩阵，表示式为

$$F_{\alpha} = \left(\frac{b}{m}\right)^{\alpha}\frac{1}{\Gamma(\alpha+2)}\begin{bmatrix} 1 & \xi_2 & \xi_3 & \cdots & \xi_m \\ 0 & 1 & \xi_2 & \cdots & \xi_{m-1} \\ 0 & 0 & 1 & \cdots & \xi_{m-2} \\ 0 & 0 & 0 & \cdots & \vdots \\ 0 & 0 & 0 & 0 & 1 \end{bmatrix} \tag{5.121}$$

F_{α} 中的 $\xi_1 = 1$，$\xi_p = p^{\alpha+1} - 2(p-1)^{\alpha+1} + (p-2)^{\alpha+1}$，$p = 2, \ 3, \ \cdots, \ m-i+1$。

Riemann-Liouvile 定义的 α 阶分数阶微分矩阵 $D_{\alpha}(D_{\alpha} = F_{\alpha}^{-1})$ 为

$$D_{\alpha} = \left(\frac{m}{b}\right)^{\alpha}\Gamma(\alpha+2)\begin{bmatrix} 1 & \xi_2 & \xi_3 & \cdots & \xi_m \\ 0 & 1 & \xi_2 & \cdots & \xi_{m-1} \\ 0 & 0 & 1 & \cdots & \xi_{m-2} \\ 0 & 0 & 0 & \cdots & \vdots \\ 0 & 0 & 0 & 0 & 1 \end{bmatrix} = \left(\frac{m}{b}\right)^{\alpha}\Gamma(\alpha+2)\begin{bmatrix} d_1 & d_2 & d_1 & \cdots & d_m \\ 0 & d_1 & d_2 & \cdots & d_{m-1} \\ 0 & 0 & d_1 & \cdots & d_{m-2} \\ 0 & 0 & 0 & \cdots & \vdots \\ 0 & 0 & 0 & 0 & d_1 \end{bmatrix} \tag{5.122}$$

其中，$d_1 = 1$，$d_2 = -\xi_2 d_1$，$\cdots$，$d_m = -\sum_{i=2}^{m}\xi_i d_{m-i+1}$。

函数 $f(x)$ 的 0 阶微分为其本身，可将常数项 $\left(\dfrac{m}{b}\right)^{\alpha}\Gamma(\alpha+2)$ 并入 λ 中，即忽略该常数项。用 $\boldsymbol{D}_{\alpha}^{\mathrm{T}}$（$\boldsymbol{D}_{\alpha}$ 的转置）替换 $\boldsymbol{D}_d$ 即可实现分数阶基线校正。该种定义分数阶微分只在 $[0,1]$ 内有效，其余阶次需要结合整数微分来实现。如进行 1.5 阶微分，可以先整数阶 1 阶，再分数阶 0.5 阶。反之，同样适用。

2）分数阶微分 Whittaker 平滑器

WS 算法的关键在于使用整数阶微分来表示粗糙度，但是基于整数阶微分的粗糙度表示能力过于单一，不够灵活，无法真实刻画信号的粗糙度。相反，分数阶微分表示能力强，可以在更广的范围内准确地捕获真实信号的粗糙度。因此，本节提出采用分数阶微分来增加对信号粗糙度的表示能力，进而改进 WS 算法，使它更加灵活有效。此外，鉴于分数阶微分在形成的过程中产生了多种定义，本节选择了较为普遍的两种定义：RL 和 GL。采用 RL 和 GL 两种不同的分数阶微分计算方法来实现分数阶 WS 算法。此外，对 RL 和 GL 计算方法进行了简单的数学推导，将它们扩展至任意阶，从而实现分数阶 WS 算法的自动选参。

（1）铁矿石（全铁含量）全光谱滴定实验案例。针对铁矿石滴定过程中六种（L^*，a^*，b^*，C_{ab}^*，h_{ab}，ΔE）信号去噪，我们采用 0.5 ~ 2.5 阶的 Whittaker 平滑器进行滤波处理（见图 5.49 至图 5.50）。与整数阶 Whittaker 平滑器相比，分数阶 Whittaker 平滑器展现出了以下几点优势：首先，分数阶 Whittaker 平滑器可以更加柔和及精细地处理信号，避免整数阶带来的阶跃现象。它通过分数阶导数描述信号的微细变化，从而提供更加平滑自然的滤波效果。其次，我们发现分数阶 Whittaker 平滑器可以更大程度地减少信号中的噪声。通过优化选择分数阶导数的参数，可以在降噪的同时最大限度地保留信号本身的特征信息。最后，分数阶 Whittaker 平滑器对参数变化的鲁棒性也更强，不会出现整数阶下明显的过拟合或欠拟合的问题，增强了平滑过程的可控性。总的来说，分数阶 Whittaker 平滑器相比整数阶具有更强的适应性和鲁棒性，可以为复杂信号提供更优质的去噪效果。这为后续的铁矿石滴定终点分析奠定了基础。当然，其计算复杂度也较高，需要权衡。

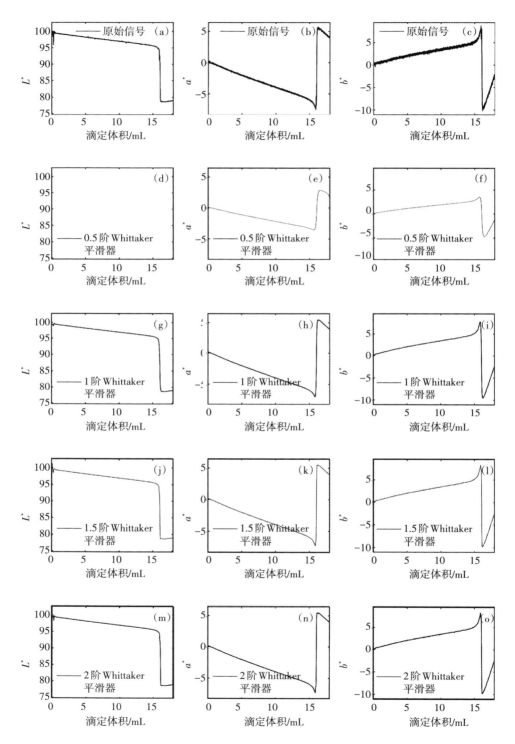

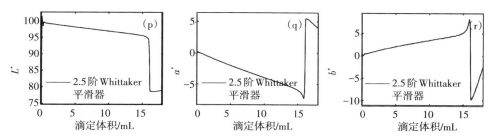

图 5.49　铁矿石（全铁含量）滴定过程中 L^*，a^* 和 b^* 信号经过分数阶 Whittaker 平滑器

（阶数从 0.5 到 2.5，间隔 0.5）滤波效果图

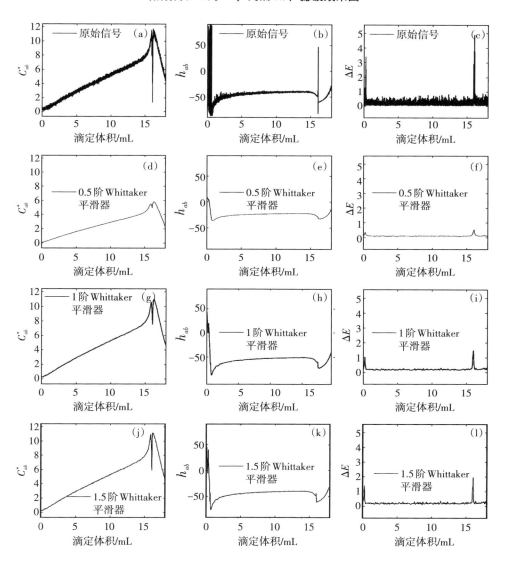

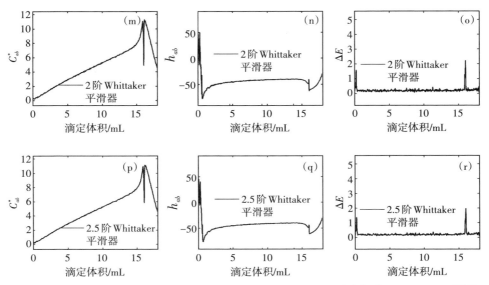

图5.50 铁矿石（全铁含量）滴定过程中 C_{ab}^*，h_{ab} 和 ΔE 信号经过分数阶 **Whittaker** 平滑器（阶数从 **0.5** 到 **2.5**，间隔 **0.5**）滤波效果图

（2）一级玉米油（酸价）全光谱滴定实验案例。对一级玉米油滴定过程中的不同信号进行 Whittaker 平滑滤波后，比较了整数阶和分数阶平滑器的效果（见图5.51和图5.52）。结果表明，与整数阶相比，分数阶能够提供更柔和、参数鲁棒性更强的滤波效果。它可以更好地保持信号的细节特征，避免过度简化。

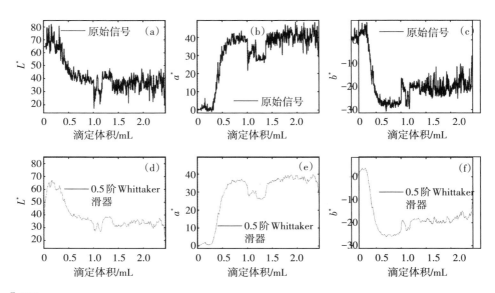

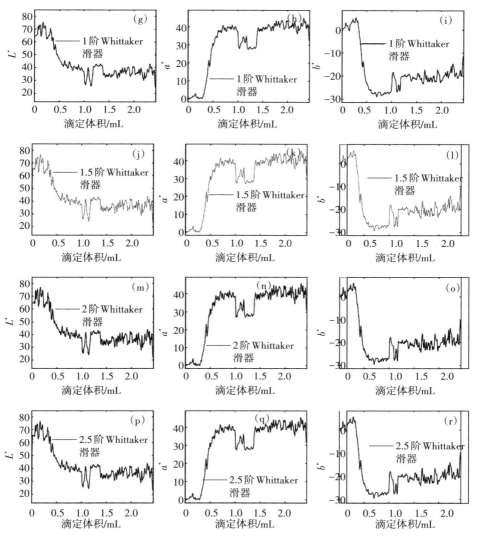

图5.51　一级玉米油（酸价）滴定过程中 L^*，a^* 和 b^* 信号经过分数阶 Whittaker 平滑器

（阶数从0.5到2.5，间隔0.5）滤波效果图

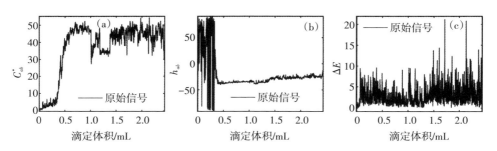

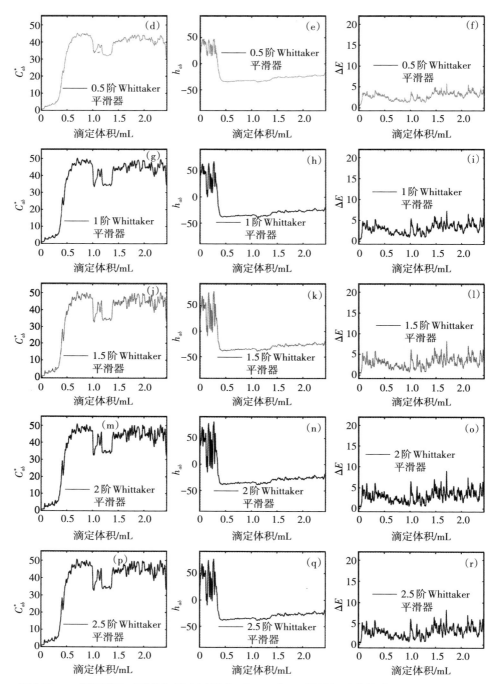

图5.52 一级玉米油（酸价）滴定过程中 C_{ab}^{*}，h_{ab}和ΔE信号经过分数阶Whittaker平滑器
（阶数从0.5到2.5，间隔0.5）滤波效果图

（3）压榨花生油全光谱滴定实验案例。压榨花生油滴定过程中6种不同信号的滤波结果显示在图5.53和图5.54中。经过对比分析，我们再次发现，分数阶Whittaker平滑器去噪效果优于整数阶。

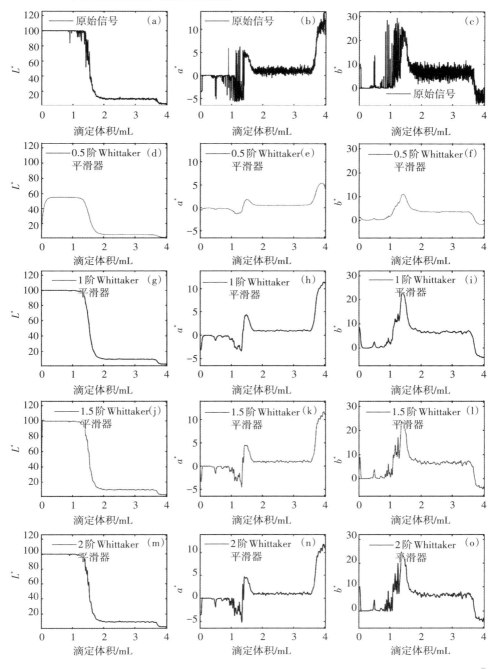

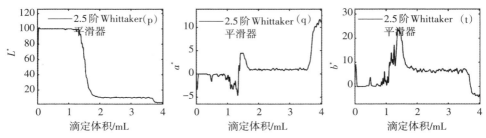

图 5.53　压榨花生油滴定过程中 L^*，a^* 和 b^* 信号经过分数阶 Whittaker 平滑器
（阶数从 0.5 到 2.5，间隔 0.5）滤波效果图

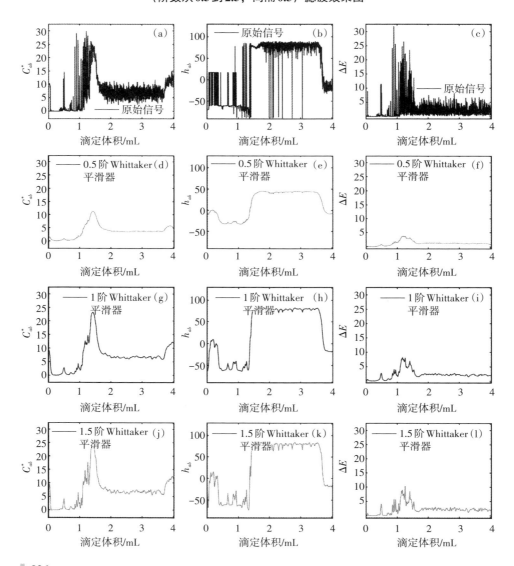

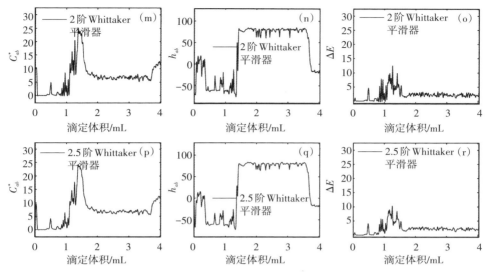

图 5.54　压榨花生油滴定过程中 C_{ab}^{*}，h_{ab} 和 ΔE 信号经过分数阶 **Whittaker** 平滑器

（阶数从 **0.5** 到 **2.5**，间隔 **0.5**）滤波效果图

（4）整数阶和分数阶 Whittaker 平滑器的优势及局限性。整数阶 Whittaker 平滑器是一种经典的平滑方法，其优点在于简单易实现，并且对于信号中的高频噪声具有较好的抑制效果。然而，整数阶 Whittaker 平滑器在处理非平稳信号时可能会出现过度平滑的问题，导致信号的细节信息丢失。

相比之下，分数阶 Whittaker 平滑器是一种较新的平滑方法，其基本原理是通过引入分数阶导数来更好地适应非平稳信号的特点。分数阶 Whittaker 平滑器通过调整分数阶导数的参数来控制平滑效果，从而在保留信号细节的同时减小噪声的影响。分数阶 Whittaker 平滑器的优点在于能够更好地适应不同类型的信号，并且可以根据实际需求进行参数调整。然而，分数阶 Whittaker 平滑器的计算复杂度较高，需要更多的计算资源和时间。

在全光谱滴定不同应用场景中，需要根据信号的特点和需求来选择合适的平滑方法。如果信号较为平稳且噪声较小，整数阶 Whittaker 平滑器可能是一个简单有效的选择。而如果信号较为非平稳且噪声较大，分数阶 Whittaker 平滑器可能更适合。此外，还可以根据实际情况进行参数调整，以获得更好的平滑效果。

总之，整数阶和分数阶 Whittaker 平滑器都是常用的去噪方法，它们各自具有一定的优劣势。在选择使用哪种方法时，需要考虑信号的特点、噪声程度以及计算资源等因素，并进行综合评估。通过合理选择和调整平滑方法的参数，可以有效地去除噪声，提取出信号中的有效信息。

3）分数阶基线校正

前面提及的基于WS平滑的基线校正算法多是以改变权重或自动迭代权重的方式进行改进，但对于基线的约束都采取相同策略：选择阶次较低的整数阶微分；通过引入新的惩罚项来改进算法性能。上述提及的各种改进算法都未曾涉及对粗糙度描述方法进行改进，都沿用整数阶微分或直接固定阶次，使得对基线的约束不够灵活。低阶整数阶微分通常只取1，2，3阶，可选择性极差；同时，考虑整数阶微分不能很好地描述基线的特点，且在实际信号中整数阶阶次的信号很少见，故引入分数阶微分的概念，提高算法灵活性，扩展对粗糙度的描述，从而进一步研究微分阶次对基线校正效果的影响。本章提出的分数阶基线校正算法涵盖了原来的整数阶算法，理论上可以预见分数阶基线校正效果不会差于整数阶基线校正效果；这一推断在全光谱滴定实验的信号分析中进行了仔细的检验。

（1）分数阶AsLS基线校正算法。AsLS算法中的D_d微分算子只适用于整数阶，在D_d的基础上扩展到分数阶，较为简便地实现分数阶基线校正。用分数阶微分矩阵替换掉公式（5.101）中的$\boldsymbol{D_d}$即可实现分数阶基线校正（fractional differential asymmetric least squares，FdAsLS）。为了更好地包含原有整数阶，本算法选用GL分数阶微分定义。对于公式（5.117），实验结果表明，当k较小时，基线校正效果较差，一般取20以上的值。计算速度会随k的增大而变慢。当取整数阶时，比原来的整数阶微分矩阵多了几项，这对于一些信号的校正是不利的，因为起始部分点的微分变化较大，容易造成基线突变，但对于原始信号起始部分基本为零的光谱信号，并不会产生影响。在取分数阶时，该现象尤为明显，因为前k行的微分表达式都是不相同的，这从矩阵的前k行，可以明显地观察到。GL定义下的整数阶矩阵与原来整数阶矩阵相比略有不同。

（2）酚酞快速滴定案例。酚酞快速滴定实验中的色调角信号存在非常严重的基线漂移现象，直接影响色调角信号的取值，使分析结果产生较大偏差误差，无法反映真实的化学反应过程。为了获取真实的色调角信号，我们采用0.5～2.5阶的AsLS基线校正算法对信号进行去基线处理。不同阶数AsLS算法的去基线结果展示在图5.55中。可以看出，当AsLS算法的阶数为1.5时，去基线效果最佳。1.5阶AsLS算法可以更好地区分信号本身和基线成分，提供更加精细和准确的基线拟合结果。相比之下，过低的阶数（0.5）将导致基线拟合不够准确，过高的阶数（2.5）又可能产生过度拟合的问题。1.5阶AsLS算法对信号的局部特征也具有很好的保真能力。因此，1.5阶AsLS算法为酚酞快速滴定色调角信号提供了最优的基线消除效果。该算法的应用为后续实验分析奠定了基础，有效提高了分析的准确性。

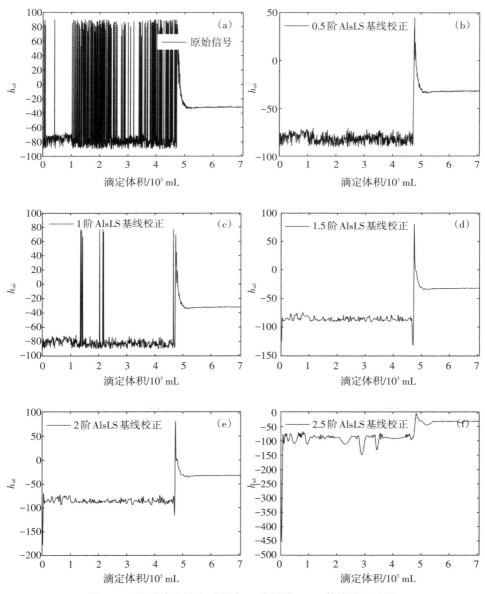

图5.55　酚酞快速滴定过程中h_{ab}分数阶AsLS基线校正结果

（3）整数阶和分数阶基线校正方法的优势及局限性。整数阶基线校正方法是一种常用的去基线处理方法。它通过拟合实验数据中的基线部分，并将其从原始数据中减去，从而得到去除基线的信号。这种方法简单直观，易于实施。然而，整数阶基线校正方法在处理非线性信号时存在一定的局限性。由于实验数据中的基线部分可能具有复杂的非线性特征，整数阶基线校正方法可能无法完全准确地拟合基线部分，导致去基线后的信号仍然存在一定的误差。相比之下，分数阶基线校正方法具有更高的灵活性和适应性。分数阶基线校正方法可以通过引入分数阶导数的概念，更好地拟合实验数据中的非线性基线部分。这种方法可以更准确地去除基线，得到更精确的信号。此外，分数阶基线校正方法还可以根据实际情况调整分数阶导数的值，以适应不同实验数据的特点。

然而，分数阶基线校正方法也存在一些局限性。首先，分数阶导数的概念较为复杂，且在操作上相对较为烦琐。其次，分数阶基线校正方法需要引入更多的参数，因此在参数选择上需要一定的经验和技巧。最后，在处理噪声较大的实验数据时，分数阶基线校正方法可能会受到噪声的干扰，导致去基线后的信号精度下降。

综上所述，整数阶和分数阶基线校正方法各有优劣。整数阶 AsLS 基线校正方法简单易行，适用于处理线性信号。而分数阶基线校正方法更适用于处理非线性信号，可以更准确地去除基线。在实际应用中，需要根据实验数据的特点和要求选择合适的基线校正方法，并在操作中注意参数选择和噪声干扰的问题，以确保去除基线后得到准确可靠的信号结果。

5.2　降噪处理对测量结果的影响考察

5.2.1　处理方式对结果的影响

为考察数据处理对测量分析的影响，选用相同溶液进行连续 4641 次测量，采用不降噪和降噪方式，对实验数据进行处理后。数据汇总见表5.1，原始数据见表5.5。

表5.5　不同数据处理方式对结果影响的比对

参数	测量参数					
	L_0^*	L^*	a_0^*	a^*	b_0^*	b^*
平均值	99.181	99.181	−0.344	−0.344	0.958	0.958
最小	97.932	98.307	−1.481	−0.656	−0.836	0.248
最大	99.781	99.593	0.611	0.077	5.874	2.882
最大与最小差	1.849	1.286	2.092	0.733	6.710	2.634
平均偏差	0.235	0.199	0.193	0.071	0.555	0.181
标准偏差(S)	0.291	0.242	0.246	0.090	0.714	0.225
相对平均偏差/%	0.235	0.199	0.193	0.071	0.555	0.181
相对标准偏差 RSD/%	0.291	0.242	0.246	0.090	0.714	0.225

注：下标是0的为未降噪处理，无下标的为经过降噪处理。

由于数据处理是同时对 L^*，a^*，b^* 同步处理，因此要选择相同的处理方式和次数。建议对数据进行降噪程序处理。

5.2.2　处理数据效果比对图示

下标是0的为未经降噪处理，无下标的为经降噪处理（图5.56至图5.58）。

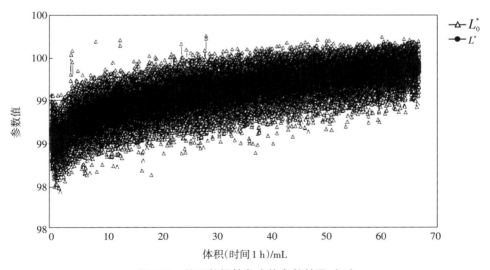

图 5.56　处理数据的色度值参数效果（L^*）

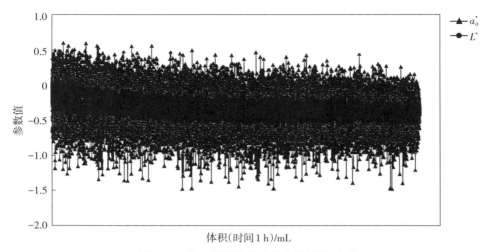

图5.57 处理数据的色度值参数效果（a^*）

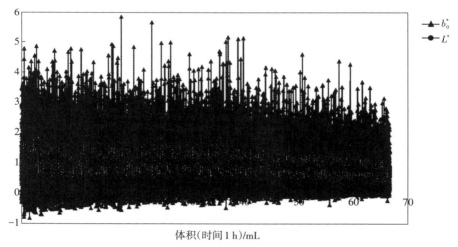

图5.58 处理数据的色度值参数效果（b^*）

5.2.3 小波变换处理方式对结果的影响

为考察数据处理对测量分析的影响，选用相同溶液进行连续4641次测量，先后采用不降噪、一次降噪和二次降噪方式，对实验数据进行处理后。数据汇总见表5.1，原始数据见表5.6。

表5.6　不同数据处理方式对结果影响的比对

参数	测量参数								
	L_0^*	L_1^*	L_2^*	a_0^*	a_1^*	a_2^*	b_0^*	b_1^*	b_2^*
平均值	88.728	88.728	88.727	0.907	0.907	4.355	4.355	0.907	4.355
最小	88.4	88.437	88.448	0.540	0.714	3.927	3.620	0.729	4.037
最大	89.1	89.049	89.040	1.260	1.085	4.838	5.170	1.078	4.8
最大与最小差	0.7	0.613	0.592	0.720	0.370	0.912	1.550	0.349	0.763
平均偏差	0.1410	0.1424	0.1433	0.0796	0.0415	0.0942	0.1742	0.0384	0.0871
标准偏差(S)	0.1589	0.1586	0.1593	0.0996	0.0521	0.1173	0.2190	0.0480	0.1084
相对平均偏差/%	0.1589	0.1605	0.1615	8.7752	4.5750	2.1629	3.9996	4.2337	2.00
相对标准偏差 RSD/%	0.179	0.179	0.180	10.977	5.743	2.694	5.028	5.289	2.488
精度	0.01	0.01	0.01	0.01	0.01	0.01	0.01	0.01	0.01

注：下标是0的为未降噪处理，下标是1的为一次降噪处理，下标是2的为二次降噪处理。

数据分析结果显示：

对于 L^*：未降噪处理、一次降噪处理和二次降噪处理的相对标准偏差 RSD 依次为0.179%，0.179%，0.180%，没有明显差别。

对于 a^*：未降噪处理、一次降噪处理和二次降噪处理的相对标准偏差 RSD 依次为10.977%，5.743%，2.694%，存在明显差别，一次处理约为未处理的一半，二次处理为一次处理的一半。

对于 b^*：未降噪处理、一次降噪处理和二次降噪处理的相对标准偏差 RSD 依次为5.028%，5.289%，2.488%，也存在明显差别，一次处理与二次处理相差不大，二次处理为一次处理的一半。因为数据处理是同时对 L^*，a^*，b^* 同步处理，所以要选择相同的处理方式和次数。

建议数据至少要进行一次降噪程序处理，根据实际需要，也可进行二次降噪程序处理。

5.2.4　小波处理数据效果比对图示

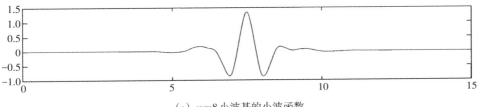

（a）sym8小波基的小波函数

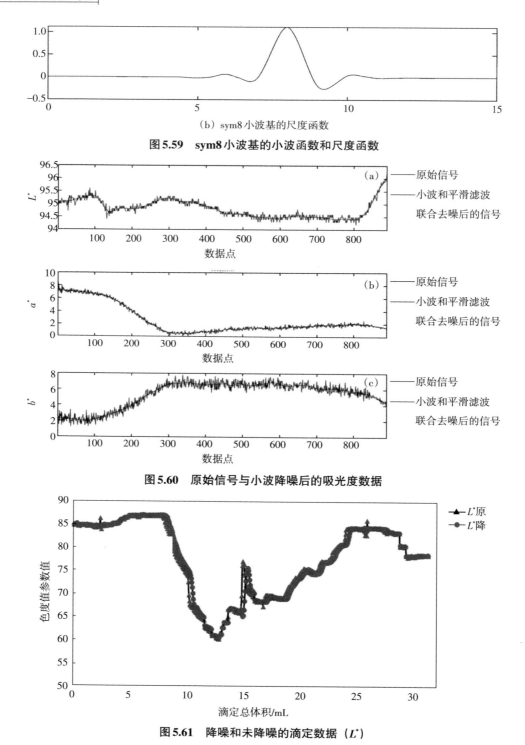

（b）sym8小波基的尺度函数

图5.59　sym8小波基的小波函数和尺度函数

图5.60　原始信号与小波降噪后的吸光度数据

图5.61　降噪和未降噪的滴定数据（L^*）

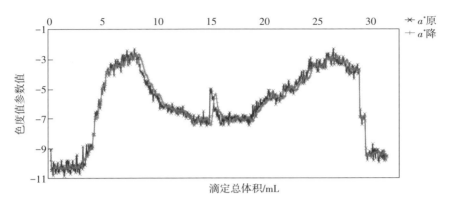

图5.62 降噪和未降噪的滴定数据（a^*）

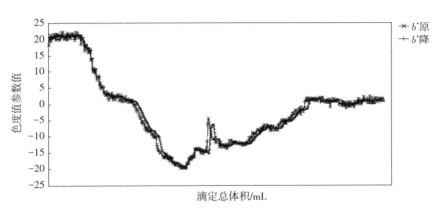

图5.63 降噪和未降噪的滴定数据（b^*）

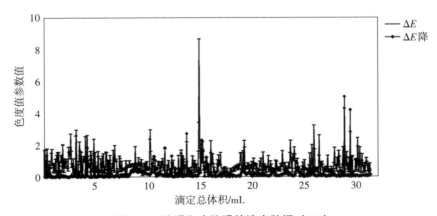

图5.64 降噪和未降噪的滴定数据（ΔE）

第6章
人工滴定（感官滴定）与全光谱滴定

6.1　滴定技术比较

滴定技术按测量方式基本可以分为感官滴定（人工滴定）、电位滴定技术、温度滴定技术、光度滴定和全光谱滴定技术五类。见表6.1。

表6.1　滴定技术比较

分类	发明人	时间	距今	优缺点
感官滴定技术	法国，Joseph Louis Gay-Lussac	1824年	200年	现况：历经200年的发展，建立了深厚的理论、应用生态圈、标准体系
				优点：简单、直观。仍是滴定分析领域的主流方法
				缺点：主观方法，误差大，无法量值溯源
				前景：逐步被淘汰、替代
电位滴定技术	德国，Rorber Behrend	1893年	131年	现况：历史久，研究充分
				优点：测量精确，图形化操作，可量值溯源
				缺点：属间接测量，操作条件多，需要根据测量对象适配器材，要求高，温度和浓度影响大，干扰化学反应、信号延迟
				前景：适合细分专业领域应用，市场有限
温度滴定技术	迪图瓦和格罗贝特	1913年	111年	现况：目前通常作为电位滴定仪的附件。目前有与电位滴定连用的趋势
				优点：反应灵敏，不干扰反应过程，可量值溯源
				缺点：属间接测量，应用于简单反应体系
				前景：应用面狭小，市场很有限

表6.1（续）

分类	发明人	时间	距今	优缺点
光度滴定技术	Muller 和 Partidge	1957年	67年	现况：受朗伯-比尔定律限制，应用面窄
				优点：对部分测量有较高的灵敏度，简单，成本低
				缺点：单波长测量，对基质要求高，存在红移或蓝移
				前景：有厂家将其作为附件与电位、温度联合
全光谱滴定技术	中国，王飞	2011年	13年	现况：新技术尚未上市。理论、标准方法尚待完善，实验室样机在进行验证，未有商品机机型 对部分指示剂的测量进行了全光谱滴定技术表征，发现多处与传统文献不符的地方；部分应用方法的应用
				优点：属直接测量技术，颜色测量原理高准确度、高可靠性；不受温度影响、不干扰化学反应、曲线终点明显；可量值溯源，操作简单，应用面广
				缺点：不能分析混浊、固体和半固体及终点无色变的化学反应溶液。新技术推广应用尚不普及，技术应用生态圈尚待完善
				前景：逐步替代感官滴定方法，成为滴定分析领域的主导技术

6.2 感官滴定的缺陷与全光谱滴定应用前景

滴定分析的最早方法是感官滴定（sensory titration），历史最久、应用范围最广。随着社会的进步，感官滴定明显不适应现代生产领域的需求。

6.2.1 人的生理条件不一致

人眼作为一种光学器官传感器，存在无法克服的进化缺陷，很难有新的提高。对于具有理想光学质量的人眼来说，限制其视觉质量的主要因素是衍射效应，并最终受视网膜感光细胞分布密度的影响。而对于平常人眼，视网膜的成像质量受人眼光学系统的像差和衍射的综合作用影响。在正常的光照条件下，当瞳孔尺寸为3 mm左右时，人眼的瞳孔尺寸和眼球系统的光学像差达到一个很好的平衡点；当照明度增加时，视网膜的分辨率会有所提高，瞳孔尺寸会因为生理反应逐渐变小，此时衍射效应会成为限制视觉质量的主要因素；而当瞳孔尺寸变大时，视网膜的成像质量主要受瞳孔区域的光学像差影响，人眼视觉质量与照明度、瞳孔尺寸、衍射效应、眼球光学像差等有着密切的关系。

研究结果已经证明，不同背景颜色下的视觉阈值辨别特性，对于人眼视觉的辨色机理以及均匀颜色空间和色差评价模型的改善和发展具有重要意义。当环境中的背景颜色与溶液视觉中心的颜色不同时，人眼的视觉辨色灵敏度明显降低。具体来说，溶液的各种背景颜色对红-绿和黄-蓝方向辨色特性的影响程度差异很大，所有颜色在红-绿方向上的改变量均小于黄-蓝方向。对于红色或黄色液体的视觉中心，不同于颜色中心的各种颜色背景所对应的视觉灵敏度大致相同，而不同背景颜色对灰、绿和蓝色区的视觉灵敏度影响较大；在黄色背景下的视觉灵敏度普遍较低，而在蓝色背景下的辨色灵敏度相对较高。人体器官的感官阈值限制，致使感官滴定在颜色判断的精度上很难有新的提高。

6.2.2　色评价条件难以满足要求

相同测试样品溶液在不同光源的照明下会呈现不同的颜色趋向，这一现象严重影响颜色测量的重现性，也影响测定结果和颜色信息的交流。研究结果表明，在 CIELAB 色空间体系中，等明度的 a^*-b^* 平面上，各色区及各颜色方向上人眼的辨色特性是各向异性的，即 CIELAB 色空间的 a^*-b^* 平面为非视觉均匀；人眼在 5 个 CIELAB 色空间基本颜色中心区域上红-绿方向的视觉色差尺度均小于黄-蓝方向。局部视觉均匀性随背景颜色色调的改变有一致的变化趋势，当背景颜色与颜色中心相同时，人眼具有最高的视觉灵敏度，即 erispening 效应。灰色、黄色和蓝色中心的局部视觉均匀性随背景颜色色调的改变有一致的变化趋势，红色和绿色中心的局部视觉均匀性几乎不受背景颜色的影响。当观察视场范围变化时，人眼视觉系统中的中央凹锥体细胞或杆体细胞均参与了作用，致使人眼视觉匹配函数也发生变化。当环境中的背景颜色与溶液视觉中心的颜色不同时，视觉辨色灵敏度明显降低。

颜色测定要求照明条件能够在相当的时间内保持稳定，光谱功率分布应该与要求的照明条件一致。在自然光照射下，由于各观察者的位置及自然环境的变化，自然白昼光在光谱功率分布和照度上都很难重复前次条件。选择人工照明时，用于目测评估的光源与自然白昼光在光谱功率分布和照度上无法达到一致，特别是感官实验室还没有采用显色指数用于评估人造光源的差别。测试样品溶液的呈色与照明光源和照明环境有着密切的关系，相同测试样品溶液在不同光源的照明下会呈现不同的颜色趋向，这一现象严重影响颜色测量的重现性，也影响测定结果和颜色信息的交流。

为了统一颜色的评价标准和进行色度计算，CIE 对于颜色的测量和计算推荐统一的几种标准照明体和标准光源具，各标准照明体代表不同色温的自然光，其中包括标准照明体 A（2856 K）、B（4874 K）、C（6774 K）和代表各时相日光的相对光谱功率分布的标准照明体 D55（7500 K）、D65（6500 K）、D75（5500 K）等。其中，标准照明体 D65 近似平均自然昼光，与整个天空的散射光和阳光同时照射在一个水平面上的情况有很好的一致性，它是相关色温在 6000 ~ 7000 K 范围内的全球日光的平均值。全球日光一般被认为是在任何地方的日出后两小时到日落前两小时的日光及从多云到晴朗的天空光的平均相对光谱功率分布。为了达到颜色测量的标准化，CIE 建议尽量使用标准照明体 D65，而 D55 和 D75 一般作为在特定场合下的替代光源。此外，周围场、背景、样品形状等也受到严格限定。该指标也是滴定中要求的光照环境，尚没有能满足标准色评价条件的实验室进行颜色滴定分析。

利用平面色卡进行比对、校正评价的颜色结果，可能产生错误或误导。用来作为对比的色卡等参照标准物有单色彩变化均匀的特点，这是通过大量样本建立起来的一维颜色标尺样本。用一维的色卡表示三维的色彩的变化会丢失很多信息，在形成同色异谱的情形下，做出一个可靠的颜色判断是不现实的。因为颜色是一个立体的三维空间结构，虽然有各种不同色度体系在应用，但都是基于明度（lightness）、色调（hue）和饱和度（chroma）才能进行颜色评价，颜色只能在三维空间里才能被正确地描述。例如，偏黄色的样品如果在偏红色或偏蓝色的环境下，人眼的视觉感官辨色判断极可能不准确。这也是一些基于一维色度原理的仪器、方法、色卡等只能针对特定颜色色调的物品的原因。

6.2.3　感官的语言描述与理解无法统一

百年来的化学分析历史所建立的感官滴定滴定终点，是将液体颜色变化在人的感官接受过程中的、普遍认可的色度突变点或渐变过程作为感官终点。目前，众多替代方法不是用模拟感官原理的方法进行数字化测定与表示，无法模拟感官终点，只好想当然地将突变点、转折点、化学等当点等同于感官终点。测量的是电位突变点、光功率的突变点、波长的改变等，而不是与人感官相符合的感官终点。由于测定原理不同，测定结果与感官滴定测定结果存在难以统一的差异，实际测定过程中的电位突变点、光功率的突变点、波长的移位等突变并非与感官终点重合。目前应用的各仪器方法存在检测结果无法相互交换和验证、误差大和适用范围小的缺陷。

目前，尚未找到一个检测方法及检测方法标准，对变色过程的描述能够使不同人的理解相同，也无法找到现存技术方法中的语言描述，以进行数字化分析。滴定变色过程，包括指示剂变色范围的颜色描述，均是模糊的、不确定的、容易引起歧义的"红色""粉红色""浅红色""淡红色""砖红色"等模糊语言，无法使操作者确定滴定终点的颜色特征是否为规定或统一的颜色。

6.2.4　无法实现量值传递

感官滴定需要人眼观察、大脑记录，无法同时进行滴定过程的记录，滴定结果依靠操作者的主观记录，无法复现整个滴定过程，致使事后分析完全依靠人的记忆，量值溯源断档。在实验室进行感官颜色滴定时，依靠肉眼进行颜色判断，根据经验判断滴定终点。当操作人员感官阈值影响、操作环境条件不一致、非数字的描述性语言的理解差异和影响、实验过程无法同步记录，会造成相同样品的实验室间重复性结果差异大、测定结果不准确、不能满足滴定要求等问题。

鉴于以上常规化学滴定分析测定的现状，化学分析工作人员和研究人员迫切希望提升感官滴定分析所需的化学分析装置水平，以适应不断发展的社会工作需要和促进有关结构化学的发展。

6.2.5　全光谱滴定技术的原创与先进性

国内外色度滴定方法和各种应用仪器的原理和应用，没有统一的、通用的颜色体系，测定结果无法拟合人眼感官特性的测定结果；不同厂家生产的仪器测定结果无法通用比较；追求色度突变，没有考虑样液的突变终点与感官测定的业内公认的终点存在差异。这些问题阻碍了色度分析技术的发展，如何实现标准化和数字化是亟待解决的关键问题。

至今，除全光谱滴定技术外，没有一种在化学分析颜色滴定过程中模拟人眼感官颜色理论模型的应用，也没有建立在该理论上的设备和技术应用于化学滴定领域的案例。

2020年，笔者委托中科院情报所做了国内外查新，检索结论为"共查询了相关数据库及网站，查出可对比文献17篇，包括该项目课题组发表成果7篇。……除委托方外，在国内外公开文献中未见相同报道"。全光谱滴定技术处于世界领先水平。

经过多年对科技展会、同行业进行调研，尚未发现有类似原理的商品机面市。

6.2.6 人工滴定方法与全光谱滴定方法的优缺点

从表6.2中的优缺点对比可以看到，鉴于以上常规化学滴定分析测定的现状，化学分析工作人员和研究人员迫切希望提升感官滴定分析装置的水平，以适应不断发展的人工防护、提高效率、提高准确度和精度的需要。

6.2.7 反应溶液的颜色变化分类与液滴形态

全光谱滴定的颜色伴随化学反应进程在而变化，也与检验方法有关。一般来讲，检验方法是将一个或多个不同的化学反应组合到一起，以达到测量目的。故此，检验方法通常是由不同的反应过程组成的颜色变化过程。

颜色变化是连续的光谱改变，人为地隔断、分类是不科学的。为了尊重传统习惯，尝试分类为单色变为单一的颜色变化、双色变为两种颜色变化和多色变为多种颜色变化。

6.2.7.1 单色变

单色变为单一的颜色变化，从无色到有色终点的变化。例如，在二氧化硫的处理中，用氢氧化钠滴定样品的馏出液（二氧化硫蒸出后，被过氧化氢溶液氧化为硫酸），以甲基红乙醇溶液为指示剂，其滴定过程的颜色变化为：浅紫红色→黄色。又例如，在氢氧化钠标准溶液的标定中，用氢氧化钠溶液滴定硫酸，以酚酞乙醇溶液为指示剂，其滴定过程的颜色变化为：无色→淡粉色→粉色→深粉色。

对于全光谱滴定的色度值参数曲线，有的没有曲线交叉现象。对于有曲线交叉现象的，也有可能出现二次终点现象。二次曲线交叉终点现象的滴定曲线见图6.1，此时的二次终点现象的颜色是由反应过量造成的。还有一种情况是不同颜色的相互转变，情况在色品图上会有明显的辨识。

表6.2　人工滴定方法与全光谱滴定方法的优缺点比对

程序	项目	人工滴定方法	全光谱滴定方法	优缺点	
				人工滴定方法	全光谱滴定仪法
环境	D65标准照明体	不具备	仪器自备	很难符合	完全符合
	照度	不标准	仪器自备	很难符合	完全符合
	$U_e \geq 80\%$	不标准	仪器自备	很难符合	完全符合
	$R_a \geq 90\%$	无法随时评价	仪器自备	很难符合	完全符合
	10°色评价视场	需要	仪器自备	很难符合	完全符合
	观察条件	不具备	仪器自备	很难符合	完全符合
	反射干扰光	不具备		很难符合	完全符合
操作者	左手	酸式滴定管：左手无名指和小指弯向手心，其余三根手指控制旋塞旋转。不要将旋塞向外顶，也不要向里紧扣　碱式滴定管：左手无名指和中指夹住尖嘴，拇指与食指向侧面挤压玻璃珠所在部位稍向上处的乳胶管，使溶液从缝隙中流出。滴定时，左手不能离开旋塞	点击屏幕，选择条件后，自动操作	费时费力，操作技术要求高	不需要
	右手	夹住，旋转敲滴定溶液的容器，转动腕关节，使溶液向一方向旋转，不可接触滴定尖嘴	自动滴定，呈现滴定曲线	费时费力，操作技术要求高	不需要
	眼睛	要观察溶液颜色的变化，不要注视滴定的液面	自动滴定，呈现滴定曲线	易造成溶液用量大，使实验失败	观察屏幕滴定的色变曲线
滴定准备	洗涤	将洗涤剂洗至内壁有一层均匀的水膜，不挂水珠，也不成股流水；然后用自来水充分洗涤，再用蒸馏水荡洗3次	点击屏幕，选择条件	操作步骤繁杂，劳动强度大	自动操作

表6.2（续）

程序	项目	人工滴定方法	全光谱滴定方法	优缺点	
				人工滴定方法	全光谱滴定仪法
滴定准备	密封	酸式滴定管：用凡士林密封旋塞，防止漏水。涂抹要均匀、少量，旋转上橡皮圈，再套上橡皮波纹，防止旋塞脱落	操作前检查。一般不需要	操作步骤繁杂	出厂时已经处理完毕。只需按期保养
	检漏	用水充满至"0"刻度线附近，用吸水纸擦干滴定管外，静置2 min，检查管尖或旋塞周是否有水渗出。再将旋塞转动180°，重新检查	安装时已经处理好，一般不会泄漏。实验前只需要观察管道连接处有无泄漏即可	每次滴定都需要进行该步操作	发现泄露只需要拧紧旋钮或更换密封压环
	润洗	在滴定管中加入适量待滴定溶液，水平端滴定管慢慢旋转，让溶液布全部管壁内壁，然后从上端放出	点击屏幕，选择条件后，自动操作	每次滴定前必须做	不需要
	装液	左手拿滴定管使之倾斜，右手拿试剂瓶，从滴定管上口中向间入试剂，使溶液至"0"刻度线以上		每次滴定都需要进行该步操作。有试剂污染和沾污的危险	
	赶气泡	酸式滴定管：用右手拿住滴定管，使之倾斜约30°，左手迅速打开旋塞，用溶液冲走气泡；碱式滴定管：用手捏住橡皮管右上方，利用排出的液体冲走气泡	管道中如有气泡，选择条件后，自动操作	复杂，要求经验丰富	自动操作
	调节零点	确定溶液在"0"刻度线以上大约5 mm处，保持滴定管直立状态1 min，慢慢打开旋塞使液面下降至0.00 mL处，将滴定管固定在滴定管夹上	自动操作	费时费事	不需要

表 6.2（续）

程序	项目	人工滴定方法	全光谱滴定方法	优缺点	
				人工滴定方法	全光谱滴定仪法
滴定过程	滴定速度、方式、滴定精度	需要操作者掌握以下三项技能：①连续滴加技能：在滴定初始阶段的速度快，可以达到10 mL/min（3～4滴/秒，见滴成线）；②逐滴滴加：接近终点时，改为一滴一滴地加入；③半滴滴加：先使溶液悬挂在出口尖嘴上，以容器口内壁接触液滴，再用少量蒸馏水吹洗内壁，或用玻璃棒将半滴溶液承载入容器中；或者倾斜容器，将半滴溶液依附在容器内壁，再用容器内溶液洗涤至溶液中	在线调整并保持 0.002～20 mL/min 的任一速度。最小滴定体积根据不同的产品型号为0.415～2.0096 μL（相当于1%～4%滴）范围设定	对实验员素质、操作技能要求非常高，需要长时间培训才能掌握技能。特别在接近滴定终点时的微量滴定（半滴滴加），操作或1/4滴滴加，操作速度慢，要求高，最高滴定精度按照半滴（标准滴）每滴 50 μL 为 25 μL，极少量达到的技能为1/4滴 12 μL	自动操作。精确度高，精度提高25～120倍
	搅拌	实验中，需要用右手不停旋转容器，快速混合溶液，使反应充分	在线调整并保持	劳动强度极大，且溶液混合不均匀造成反应不均匀；溶液容易溅出，对实验者造成伤害，影响实验结果	自动操作
	滴定结束清洗	需要清洗滴定容器	程序控制	弃去管内溶液，洗净滴定管、用水充满滴定管	自动操作
	惰性气体保护	对空气敏感的滴定项目，需要隔绝空气后滴定。滴定过程中需要用惰性气体隔绝空气	气体流量旋钮控制滴定体内气体保护	敞口环境，无法进行惰性气体的保护性滴定	气体流量旋钮控制

表6.2（续）

程序	项目	人工滴定方法	全光谱滴定方法	优缺点 人工滴定方法	优缺点 全光谱滴定仪法
滴定过程	意外事故	滴定过程中产生气泡、高温会使容器破裂、液体飞溅	无接触。滴定舱内金属壳体保护	操作人员裸露，反应容器与手直接接触，反应容器面对人脸部。无防护	全方位安全防护
	废气	滴定过程中产生刺激性气体、废气	单向通风，管道强制排出。无刺激性气污染	只有戴口罩，或者在通风厨内操作可减少危险	
读数	无色、浅色溶液	要读从弯月面下缘的最低点点在相同水平线上对应的刻度	不需要	人眼观测、估算，误差大	自动计算
	深色溶液	要从视线与液面的最高点相切处对应的刻度读数		人眼观测、估算，误差大	
	精度	数值必须读至小数后读2位，即最准能估读到0.01 mL（10 μL）	自动记录，0.415~2.0096 μL	人眼观测、估算，误差大	读数精度至少提高10倍
计算	常规滴定实验	边读数边记录	自动储存数据、自动计算、同步显示	人为操作，极易出现遗漏和错误	自动记录
	实验记录	实验的最终目的是得到准确的数据	一键打印	眼看、脑想、手写，容易出错	按键打印即可

345

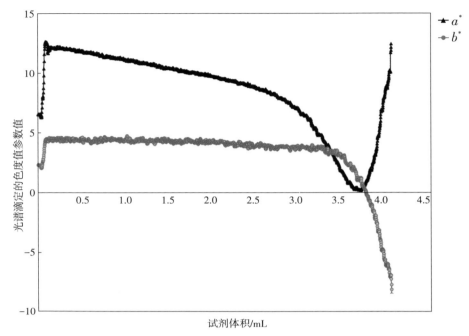

图6.1 葡萄酒中酸度的全光谱滴定图谱（色度值曲线）

　　二次曲线交叉终点的现象的滴定终点曲线见图6.2，此时会有2个或2个以上的终点峰值。选择前后不同的信号峰得出不同的滴定结果，需要在方法建立中与标准方法或标准物质进行比对验证。

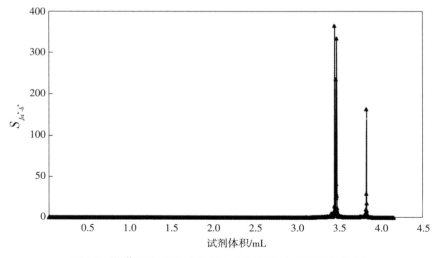

图6.2 葡萄酒中酸度的全光谱滴定图谱（滴定终点曲线）

图6.1和图6.2是葡萄酒中酸度的全光谱滴定图谱。图6.1是全光谱滴定的 a^* 和 b^*。图6.2是全光谱滴定的滴定终点图，其参数 $S_{Ja^*-b^*}$ 有三个真实的信号峰，前面两个信号峰是由第一个交叉点信号值波动造成的，分别对应图6.1中的 a^* 和 b^* 曲线的两个交叉点。前面的峰是滴定终点峰，后面的峰是过量滴定造成的颜色变化（感官滴定也叫"返色""回色"）。

6.2.7.2 双色变

双色变是从一种颜色到另外一种颜色的改变。

6.2.7.3 多色变

多色变为多个颜色变化。

图6.3为依据《铁矿石 全铁含量的测定 氯化亚锡还原滴定法》（GB/T 6730.70—2013）绘制的全光谱滴定轨迹图。

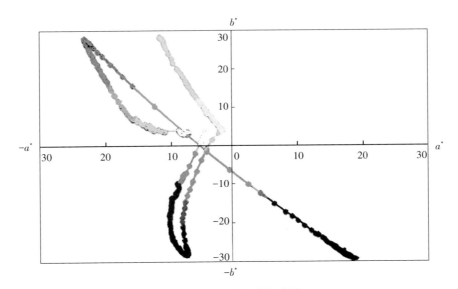

图6.3 全光谱滴定轨迹图

表6.3 化学反应滴定分析颜色变化分类表

分类		反应颜色变化						文献来源
种类	案例	起始色→终点色						
		1→	2→	3→	4→	5→	6	
单色变	1	无	粉红色					杨雪梅，林玉，白正伟.钍试剂滴定测定硫化裂化催化烟气中二氧化硫和三氧化硫的含量[J].理化检验(化学分册)，2015，51(7)：893—896
	2	无	粉红色					化学试剂 标准滴定溶液的制备：(GB/T 601—2016)[S].北京：中国标准出版社，2016
双色变	1	酒红色	亮黄色					李望，朱晓波，汤森.二乙基二乙胺三胺五乙酸滴定测定赤泥酸浸液中三氧化二铝[J].冶金分析，2017，37(8)：54—58
	2	黄色	蓝色					王勇，刘宝林，王欣，等.滴定法滴定稻米油酸值的影响分析[J].中国油脂，2014，39(11)：79—82
多色变	1	无	黄色	粉红色				张宁，刘海波，江泓，等.EDTA差减滴定法测定粗锡中的铅[J].中国铅锌业，2010，34(4)：28—30
	2	无	紫红色	黄色				范丽新，陆青.EDTA滴定法测定粗锡中铅[J].冶金分析，2017，37(5)：68—72
	3	无	红紫色	亮黄色				王敏薔，迟姣玲.硝酸铝容量法测定钼精矿中钼量[J].有色矿冶，2007，23(3)：95—96
	4	无	紫红色	纯蓝色				张建辉.配位滴定法测定生活用水的硬度研究[J].当代化工研究，2017(2)：109—110

表6.3（续）

分类		反应颜色变化						文献来源
种类	案例	起始色→终点色						
		1→	2→	3→	4→	5→	6	
多色变	5	无	上层蓝绿色	下层蓝色	上层无色			李华娟. 用溴甲酚绿碱性分相滴定法测定石油酸磺盐的质量浓度 [J]. 广东化工, 2016, 43 (320): 163-164
	6	无	淡黄色	蓝色	蓝消			张红艳. 影响动植物油及其制品中过氧化值测定的因素 [J]. 食品安全导刊, 2017 (21): 79
	7	无	蓝色	黄色	橙红色			王芸, 肖吉群. EDTA返滴定测定铀铝合金中铝含量 [J]. 中国无机分析化学, 2014, 4 (3): 57-60
	8	无	紫红色	亮黄色	紫红色	亮黄色		pb-bi铅铋混合液中铅和铋的连续滴定
	9	蓝	蓝黑色	紫黑色	紫红色	橘黄色		刘烨, 潘秀霞, 张家训, 等. 直接滴定法测定葡萄酒中还原糖的研究 [J]. 食品安全质量检测学报, 2017, 8 (6): 2180-2184
	10	无	淡黄色	蓝色	无	蓝色	无色	水质 二氧化氯的测定 碘量法 (暂行): HJ 551—2009 [S]. 北京: 中国环境科学出版社, 2010
	11	无	红色	无色清亮	紫红色	果绿色	紫红色	硅铁中铝含量的测定 EDTA滴定法: SN/T 5253—2020 [S]. 北京: 中国标准出版社. 2020

6.2.7.4 试剂滴加方式与表面张力

传统的感官滴定的试剂加入方式见图6.4。由于受液滴的表面张力影响，液滴在从图6.4（a）至（g）的每一滴滴定过程中，其液滴尺寸是有最小体积的。业内公认的液滴标准体积为50 μL，即使采用高水平的半滴技术，其最小滴定体积也不会低于20 μL。这是感官滴定技术的试剂加入的极限值。

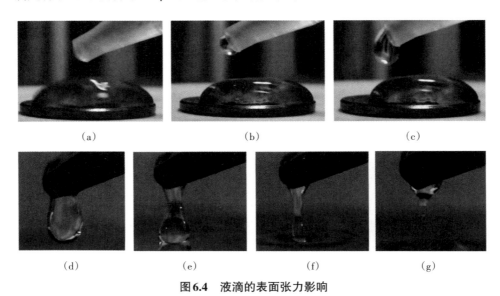

（a）　　　　　　　　（b）　　　　　　　　（c）

（d）　　　　（e）　　　　（f）　　　　（g）

图6.4　液滴的表面张力影响

黑龙江省绥芬河市绥芬河海关综合技术中心刘烨，在2020年公开了一种弹性石英毛细管滴定装置，并获得中国专利。其原理是用很细的弹性石英管代替滴定管的出液端，插入被滴定液体液面下。该方法巧妙地避免了液体表面张力的影响，使最小滴定量为标准滴定管的1/10或更低，但由于使用毛细管，因此在滴定过程中无法实现快速滴定。

全光谱滴定技术采用注射泵控制加入，可以实现宽流量范围的滴定，滴定范围为0.1～20 mL/min。技术上采用内径约2 mm的聚四氟乙烯管道，出口端用单向逆止阀防止液体反渗透，出口端插入被滴定液体液面下。该方法同样避免了液体表面张力的影响，最小可以达到0.426 μL/步，为标准滴定管的1/100，同时也可以满足快速滴定的需求。

6.2.8　滴定终点的图形化曲线选择

VSTT技术可实现滴定过程的数字化、滴定过程图形化、滴定终点峰值化。

通过色变曲线可以获知每一测量周期的颜色参数以及对应的体积，实现测量周期的颜色描述。利用CIELAB色空间参数及计量参数J的体积，建立27个色变曲线S的计算方法以适应不同需求。包括用全光谱滴定的色变曲线S_s的计算公式的明度值的差值与加入反应液体中试剂体积的计算公式S_{sL^*-V}、明度值的差值与加入反应液体中试剂体积的差值的计算公式$S_{\Delta sL^*-V}$、红-绿色品指数的差值与加入反应液体中试剂体积的计算公式S_{sa^*-V}、红-绿色品指数的差值与加入反应液体中试剂体积的差值的计算公式$S_{\Delta sa^*-V}$、黄-蓝色品指数的差值与加入反应液体中试剂体积的计算公式S_{sb^*-V}、黄-蓝色品指数的差值与加入反应液体中试剂体积的差值的计算公式$S_{\Delta sb^*-V}$、彩度值的差值与加入反应液体中试剂体积的计算公式$S_{sC_{ab}^*-V}$、彩度的差值与加入反应液体中试剂体积的差值的计算公式$S_{\Delta sC_{ab}^*-V}$、色调角的差值与加入反应液体中试剂体积的计算公式S_{shab-V}、色调角的差值与加入反应液体中试剂体积的差值的计算公式$S_{\Delta shab-V}$、色差的差值与加入反应液体中试剂体积的计算公式$S_{s\Delta E-V}$、色差的差值与加入反应液体中试剂体积的差值的计算公式$S_{\Delta s\Delta E-V}$等12个计算公式，以及全光谱滴定色度值曲线相交类型的色变曲线算法S_J系列的明度值与红-绿色品指数值的计算公式$S_{JL^*-a^*}$、明度值与黄-蓝色品指数值的计算公式$S_{JL^*-b^*}$、明度值与彩度值的计算公式$S_{JL^*-C_{ab}^*}$、明度值与色调角的计算公式$S_{JL^*-h_{ab}}$、红-绿色品指数值与黄-蓝色品指数值的计算公式$S_{Ja^*-b^*}$、红-绿色品指数值与彩度值的计算公式$S_{Ja^*-C_{ab}^*}$、红-绿色品指数值与色调角的计算公式$S_{Ja^*-h_{ab}}$、黄-蓝色品指数值与彩度值的计算公式$S_{Jb^*-C_{ab}^*}$、黄-蓝色品指数值与色调角的计算公式$S_{Jb^*-h_{ab}}$、彩度值与色调角的计算公式$S_{JC_{ab}^*-h_{ab}}$、明度值与色差的计算公式$S_{JL^*-\Delta E}$、红-绿色品指数值与色差的计算公式$S_{Ja^*-\Delta E}$、黄-蓝色品指数值与色差的计算公式$S_{Jb^*-\Delta E}$、彩度值与色差的计算公式$S_{JC_{ab}^*-\Delta E}$、色调角与色差的计算公式$S_{Jh_{ab}-\Delta E}$等15个计算公式。

同时，建立了与滴定体积同步的11种图，包括6种CIELAB色空间参数图、波长-吸光度曲线图、全pH阈的L^*-a^*-b^*的三维视觉模型滴定曲线图，

CIELAB 色空间的等明度值的 a^*-b^*（红–绿色品指数–黄–蓝色品指数）图、等黄–蓝色品指数的 a^*-L^*（红–绿色品指数–明度指数）图和等红–绿色品指数的 b^*-L^*（黄–蓝色品指数–明度指数）图。

　　由于 VSTT 采用了计量参数同步技术，所有计量参数都有唯一的对应关系，而且被自动记录。因此，滴定过程的每一步数据均可事后复原，从而实现量值溯源。

　　光谱滴定学是新建立的学科，用7个规则搭建基础框架，用不同算法探索全光谱与静态、动态反应中呈色因子变化关联、关系，其化学反应与光谱关系尚未完全清楚，初步研究中新发现光谱表征没有找到理论解释，实际应用中的巨量标准需求没有得到满足。光谱滴定学在理论研究、测量仪器、应用方法方面任重而道远。

参考文献

［1］ 王飞.化学光谱滴定技术［M］.北京:中国质检出版社,2019.

［2］ 王飞,张昂,吕萍萍,等.光谱滴定技术在指示剂中的应用与解析［M］.秦皇岛:燕山大学出版社,2024.

［3］ 武汉大学.分析化学［M］.4版.北京:高等教育出版社,2000.

［4］ 杭州大学化学系分析化学教研室.分析化学手册［M］.2版.北京:化学工业出版社,1997.

［5］ 李梦龙,蒲雪梅.分析化学数据速查手册［M］.北京:化学工业出版社,2009.

［6］ 滕秀金,邱迦易,曾晓栋.颜色测量技术［M］.北京:中国计量出版社,2007.

［7］ 王飞. Spectral-potentiometric-thermometric multi-dimensional titration analysis instrument and use method thereof:US11353470B2［P］.2019-12-23.

［8］ 王飞,邹明强,张昂,等.スペクトル電位温度多次元滴定分析装置およびその使用方法:JP2019572718［P］.2019-07-22.

［9］ 王飞,张昂,崔宗岩,等.化学分析用氢氧化钠标准溶液配制的 CIE 1976 $L^*a^*b^*$色空间法:201610090734.2［P］.2016-02-07.

［10］ 王飞,刘晓茂,钱云开,等.化学分析液体颜色 CIE 1976 $L^*a^*b^*$色空间测定方法:201610090735.7［P］.2016-02-07.

［11］ 王飞,张昂,王宇曦,等.化学分析用颜色测定仪:201720160799.X［P］.2017-02-22.

［12］ 王飞,王宇曦,张昂,等.一种反应容器:201720160523.1［P］.2017-02-22.

［13］ 王飞,张昂,王海洋,等.一种用于光学分析与检测的反应容器:201710096158.7［P］.2017-02-22.

［14］ 王飞,钟亚莉,李响,等.一种多维滴定分析的数据处理方法及其应用:201910808541.X［P］.2019-08-29.

[15] 王宇曦,高飞,钟亚莉,等. 一种多维滴定分析的信号采集方法：201910808542.4[P]. 2019-08-29.

[16] 全国颜色标准经技术委员会. 物体色的测量方法：GB/T 3979—2008[S]. 北京：中国标准出版社,2008.

[17] 全国颜色标准经技术委员会. 标准照明体和几何条件：GB/T 3978—2008[S]. 北京：中国标准出版社,2008.

[18] 全国颜色标准经技术委员会. 均匀色空间和色差公式：GB/T 7921—2008[S]. 北京：中国标准出版社,2008.

[19] 全国颜色标准经技术委员会. 中国颜色体系：GB/T 15608—2006[S]. 北京：中国标准出版社, 2006.

[20] 王海朋,褚小立,陈瀑,等. 光谱基线校正算法研究与应用进展[J]. 分析化学,2021,49(8):1270-1281.

[21] LU L,SHENG W,SHI B,et al. Study on the spectral recovery effect of spectrometer based on apodization function, advanced optical imaging technologies III[J]. SPIE.,2020,11549:185-191.

[22] KAUPPINEN J K,SAARINEN P E,HOLLBERG M R. Linear prediction in spectroscopy[J]. Journal of molecular structure,1994,324(1/2):61-74.

[23] KATTNIG A,JAECK J,GAZZANO O,et al. Spectrum estimation from truncated, non-linearly phase shifted or irregularly sampled interferograms[J]. Optics express,2020,28(9):13871-13883.

[24] WANG X,CHEN X.Baseline correction based on a search algorithm from artificial intelligence[J]. Applied spectroscopy,2021,75(5):531-544.

[25] YANG G F,DAI J X,LIU X J,et al. Multiple constrained reweighted penalized least squares for spectral baseline correction[J]. Applied spectroscopy,2020,74(12):1443-1451.

[26] JIANG X Y,LI F S,WANG Q Y,et al. Baseline correction method based on improved adaptive iteratively reweighted penalized least squares for the X-ray fluorescence spectrum[J]. Appl. Optics.,2021,60(19):5707-5715.

[27] CHEN H,XU W L,NEIL G R. An Adaptive and fully automated baseline correction method for raman spectroscopy based on morphological operations and mollification[J]. Appl. Spectrosc.,2019,73(3):284-293.

[28] LI H, DAI J S, PAN T H, et al. Sparse Bayesian learning approach for baseline correction[J]. Chemometr.Intell.Lab.,2020,204:104088.

[29] XU X C, HUO X M, QIAN X, et al. Data-driven and coarse-to-fine baseline correction for 408 signals of analytical instruments [J].Anal.Chim.Acta., 2021,1157:338386.

[30] WAHAB M F, GRITTI F, O'HAVER T C.Discrete Fourier transform techniques for noise reduction and digital enhancement of analytical signals [J]. TrAC,2021(4):116354.

[31] XIE J, CHEN Y, QI S, et al. Extension of the RL algorithm for γ-ray spectra deconvolution and its experimental results [J]. Nucl.Instrum.Meth.A, 2022 (1035):166812.

[32] LE L V, KIM T J, KIM Y D, et al. Decoding 'Maximum Entropy' Deconvolution[J].Entropy,2022,24(9):1238.

[33] MORHAC M, MATOUSEK V. Complete positive deconvolution of spectrometric data[J]. Digit.Signal.Process.,2009,19(3):372-392.

[34] MOTONAKA K, MIYOSHI S. Connecting PM and MAP in Bayesian spectral deconvolution by extending exchange Monte Carlo method and using multiple data sets[J]. Neural Networks,2019,118:159-166.

[35] SHI R, TUO X, CHENG Y, et al. Applications of non-negative iterative deconvolution method in the analysis of alpha-particle spectra [J]. Eur. Phys. J. plus.,2020,135(2):1-10.

[36] LIU H, LIU S Y, ZHANG Z L, et al. Adaptive total variation-based spectral deconvolution with the split Bregman method [J].Appl. Optics., 2014, 53 (35):8240-8248.

[37] CUI H, XIA G, JIN S, et al. Levenberg-Marquardt algorithm with adaptive Tikhonov regularization for bandwidth correction of spectra [J]. J. Mod. Optic., 2020,67(7):661-670.

[38] HUANG T, LIU H, ZHANG Z, et al. Blind deconvolution using the similarity of multiscales regularization for infrared spectrum [J]. Meas. Sci. Technol., 2015,26(11):1-7.

[39] LIU T T, LIU H, ZHANG Z L, et al. Nonlocal low-rank-based blind deconvo-

lution of Raman spectroscopy for automatic target recognition[J]. Appl. Optics.,2018,57(22):6461-6469.

[40] DUBROVKIN J. Evaluation of undetectable perturbations of peak parameters estimated by the least square curve fitting of analytical signal consisting of overlapping peaks[J]. Chemometr.Intell.Lab.,2016,153:9-21.

[41] SHAN P, LIU J, HE Z, et al. A novel infrared spectral preprocessing method based on self-deconvolution and differentiation in the frequency domain[J]. Vibrational spectroscopy,2023,127:103562.